北京高等教育精品教材

高等院校电气信息类专业"互联网+"创新规划教材

新能源与分布式发电技术(第2版)

主　编　朱永强
参　编　朱凌志　赵红月

内 容 简 介

全书共 10 章，依据能源领域发展的新趋势，系统地介绍了各类能源及其利用技术，如太阳能、风能、潮汐能、互补发电与综合利用、分布式发电技术等，还涵盖了天文、地理、文学、历史等学科的相关知识。书中包含翔实的数据、大量的图片、诸多实例和生动的故事，让读者对新能源与分布式发电技术有直观和感性的认识，精心设计的各类小栏目更会让读者有耳目一新的感觉，能够提高读者的科学技能和人文素养，堪称新能源与分布式发电技术领域的"百科全书"。

本书主要作为普通高校教材，适用于电气专业、新能源专业的本科教学；也可供对新能源与分布式发电技术有兴趣的其他大学生选修，或供希望了解新能源与分布式发电技术的普通读者参考。

图书在版编目(CIP)数据

新能源与分布式发电技术/朱永强主编. —2 版. —北京：北京大学出版社，2016.9
(高等院校电气信息类专业"互联网+"创新规划教材)
ISBN 978-7-301-27495-8

Ⅰ.①新… Ⅱ.①朱… Ⅲ.①新能源—发电—技术—高等学校—教材 Ⅳ.①TM61

中国版本图书馆 CIP 数据核字(2016)第 205417 号

书　　名	新能源与分布式发电技术(第 2 版)
	XINNENGYUAN YU FENBUSHI FADIAN JISHU(DI-ER BAN)
著作责任者	朱永强　主编
策划编辑	郑双
责任编辑	黄红珍
数字编辑	陈颖颖
标准书号	ISBN 978-7-301-27495-8
出版发行	北京大学出版社
地　　址	北京市海淀区成府路 205 号　100871
网　　址	http://www.pup.cn　新浪微博：@北京大学出版社
电子信箱	pup_6@163.com
电　　话	邮购部 010-62752015　发行部 010-62750672　编辑部 010-62750667
印　刷　者	北京虎彩文化传播有限公司
经　销　者	新华书店
	787 毫米×1092 毫米　16 开本　19.5 印张　464 千字
	2010 年 8 月第 1 版　2016 年 9 月第 2 版
	2021 年 1 月修订　2021 年 12 月第 8 次印刷
定　　价	45.00 元

未经许可，不得以任何方式复制或抄袭本书之部分或全部内容。
版权所有，侵权必究
举报电话：010-62752024　　电子信箱：fd@pup.pku.edu.cn
图书如有印装质量问题，请与出版部联系，电话：010-62756370

第 2 版前言（修订）

新能源与分布式发电技术是能源领域的新兴重点发展方向。随着世界能源形势的日趋紧张，新能源与分布式发电技术越来越受到重视，相关的科研、生产活动也将得到更快的发展。目前这方面的实用教材还很少，现有的相关书籍要么太过专业，要么只是简单的科普，多数不适合作为高校教材使用。而展现在读者面前的这本《新能源与分布式发电技术》(第 2 版)，在广泛调研、收集素材的基础上，在人文精神和科技并存的前提下，结合编者数年实际教学经验编写而成，理论性和实用性并重。我们希望本书能成为相关领域广大师生的适用教材，并成为从业人员的参考。

本书以"严谨，实用"为宗旨，以"易读，好教"为目标，在各章节的设计上做了如下考虑：

(1) 开篇提出问题，引导读者快速建立相关知识体系的整体结构。
(2) 明确教学目标和要求，利于读者在学习过程中有的放矢，提高效率。
(3) 推荐阅读材料，帮助希望深入学习的读者扩展知识。
(4) 列出基本概念，便于读者了解和集中复习重点概念。
(5) 设置引例故事，建立读者原有知识与新能源利用的联系。
(6) 介绍应用历史，利于读者理解能源的重要性和技术发展趋势。
(7) 说明资源情况，有助于读者熟悉新能源的应用价值和发展远景。
(8) 详述利用技术，使读者掌握新能源的利用方式和基本原理。
(9) 提供典型实例，激发读者学习兴趣，促进感性认识。

此外，本书有特色的内容还包括：

(1) 世界之最、中国之最。
(2) 小档案、小知识、提示。
(3) 趣闻、发现故事等。

全书共 10 章，囊括了太阳能、风能、潮汐能、波浪能、海水温差能、盐差能、海流能、地热能、生物质能等可再生新能源，氢能和燃料电池等能源利用新技术，以及多种能源互补应用、冷热电联产、分布式发电等综合利用技术。

本书根据近年来新能源技术的发展状况，对相应的技术、装置、工程案例进行了更新和补充；与时俱进，顺应教材电子化、网络化的大趋势，在每章的重点、热点、难点部分加入二维码，读者可以通过扫描二维码了解相应的动画、视频等拓展内容，使教材内容更加丰富、更具可读性。

本书由华北电力大学朱永强老师主编和统稿，国网电力科学研究院清洁能源发电研究所的朱凌志博士完成部分章节的原理说明，赵红月女士负责实例编排。在本书的策划和编写过程中，还有很多学生参与素材收集、初稿整理、电子课件制作，在此一并表示衷心的感谢。参与第 1 版编写工作的有：丁泽俊、许郁、陈彩虹。参与第 2 版编写工作的有：王冠杰、李红贤、梁燕红、王欣、王彦伦、张体露、王若兰。参与第 2 版修订工作的有：胡鹏涛、马振、肖宇、龚萍、余泽泓、张远欣、白润泽等。

《新能源与分布式发电技术》于 2011 年被评为"北京高等教育精品教材"。

本书配有内容丰富、形式灵活的教学课件，可联系客服邮箱 3209939285@qq.com 索要。

【精彩汇总】

编　者

2020 年 12 月

本书课程思政元素

本书课程思政元素从"格物、致知、诚意、正心、修身、齐家、治国、平天下"的中国传统文化角度着眼，再结合"富强、民主、文明、和谐、自由、平等、公正、法治、爱国、敬业、诚信、友善"的社会主义核心价值观设计出课程思政的主题。然后紧紧围绕"价值塑造、能力培养、知识传授"三位一体的课程建设目标，在课程内容中寻找相关的落脚点，通过案例、知识点等教学素材的设计运用，以润物细无声的方式将正确的价值追求有效地传递给读者。

本书的课程思政元素设计以"习近平新时代中国特色社会主义思想"为指导，运用可以培养大学生理想信念、价值取向、政治信仰、社会责任的题材与内容，全面提高大学生缘事析理、明辨是非的能力，把学生培养成为德才兼备、全面发展的人才。

每个课程思政元素的教学活动过程都包括内容导引、展开研讨、总结分析等环节。在课程思政教学过程，老师和学生共同参与其中，在课堂教学中教师可结合下表中的内容导引，针对相关的知识点或案例，引导学生进行思考或展开讨论。

页码	内容导引	思考问题	课程思政元素
1-3	1.1 人类利用能源的历史	如何辩证看待人类能源利用的历史过程？	人与自然、环保意识
7	正文：化石燃料的开发利用对环境造成的影响。	如何正确看待人类活动与环境的关系？	可持续发展、绿水青山就是金山银山
11	正文：人类对能源的依赖越来越强烈	1. 讨论全球能源危机的原因。 2. 人类对能源的依赖不断增加会带来哪些问题？	能源安全、危机意识、全球议题
16	引例：阳燧取火	1. 我国古代劳动人民的智慧还有哪些体现？ 2. 你还知道哪些利用大自然取火的方法呢？	我国古代文明、文化自信
22	2.2.4 太阳能资源的特点	1. 讨论生活中哪些地方应用了太阳能。 2. 怎样全面看待传统化石能源和可再生能源的差异？	节能环保、可持续发展、辩证思考
39	发现的故事：光伏效应	基础科学理论的研究为何重要？	科学精神、科技发展
47	趣闻：美国和日本的太空光伏发电构想	建造太空光伏发电站的优势和困难有哪些？	创新思维与工程思维

续表

页码	内容导引	思考问题	课程思政元素
53	世界之最：桑尼能源 BIPV 案例——世界最大光伏建筑一体化屋顶发电系统项目	怎样评价光伏发电技术的合理性与成本优势？	开阔思路、学科融合、民族自豪感
65	3.3 风力机的种类	比较风力机不同技术路线的特点。	百家争鸣百花齐放
98	引例：洛阳桥与潮汐	1. 讨论一下借助潮汐可以解决哪些难题。 2. 生活中有哪些地方应用到了潮汐能？	历史文化、民族自豪感
99	正文：我国古人的科学家很早就认识到潮汐和月亮有关	我国传统文化中蕴含着的科学知识，你还能想到哪些？	文化自信、传承精华
116	4.6.2 我国潮汐发电的发展	讨论潮汐电站和其他电站的区别。	大国风范、民族自豪感、能源开发与环境保护
143	正文：墨西哥洋流在流经北欧时 1cm 长海岸线上提供的热量大约相当于燃烧 600t 煤所产生的热量	洋流产生的能量是怎么形成的？如何利用？	勤于思考、创新思路、专业与社会
161	引例：杨贵妃入浴华清池	1. 讨论地球内部丰富的资源如何利用。 2. 生活中有哪些地方用到了地下热能？	认识自然、利用自然、科学合理开发资源
200	趣闻：秸秆烧出来的洗衣粉	你还知道秸秆的哪些应用？	低碳生产、能源替代、回收利用、环保、可持续发展
222	引例：威力巨大的氢弹	如何看待我国两弹一星事业？	全球议题、民族自豪感
233	8.4.1 燃料电池的发展历史	了解技术发展的进程和多样性。	科学精神、创新发展
242	世界之最：第一辆安装直接甲醇型燃料电池的燃料电池汽车	1. 讨论哪些新能源可以应用于汽车。 2. 思考在科技创新上，国家与国家之间的竞争与合作。	科学无国界、国际交流、能源意识
247	引例：西藏单机容量最大的风-光互补发电系统	相比在西藏建设大电网，小型的风-光互补发电系统有何优势？	因地制宜、科学发展
251	世界之最：世界上第一个集风力发电、光伏发电、储能系统和智能输电于一体的风光储输示范工程	思考该示范工程的意义。	民族自豪感、大国工程、科技进步

目 录

第1章 能源概述 1
1.1 能源利用的历史 1
- 1.1.1 天然能源的原始利用 1
- 1.1.2 煤炭 2
- 1.1.3 石油 2
- 1.1.4 电力 2
- 1.1.5 核能和可再生能源 3

1.2 能源概述 3
- 1.2.1 资源与能源的概念 3
- 1.2.2 能源的分类 4
- 1.2.3 能源的品质 6

1.3 能源与环境问题 7
- 1.3.1 常规能源的环境影响 7
- 1.3.2 世界能源与环境问题 11

1.4 新能源发展战略 12
- 1.4.1 欧美的新能源发展政策与规划 12
- 1.4.2 我国的新能源发展政策与规划 13

习题 13

第2章 太阳能及其利用 15
2.1 太阳能利用的历史 17
2.2 太阳能资源及其分布 18
- 2.2.1 太阳能概述 18
- 2.2.2 世界太阳能资源分布 19
- 2.2.3 我国太阳能资源分布 20
- 2.2.4 太阳能资源的特点 22

2.3 太阳能的利用方式 22
- 2.3.1 太阳能热利用 23
- 2.3.2 太阳能发电 23
- 2.3.3 光化学转换 24

2.4 太阳能直接热利用 25
- 2.4.1 集热器的类型 25
- 2.4.2 太阳能热水器和太阳灶 27
- 2.4.3 太阳能空调 28
- 2.4.4 太阳池 31

2.5 太阳能热发电 32
- 2.5.1 太阳能热发电系统的构成 32
- 2.5.2 太阳能热发电系统的基本类型 33

2.6 太阳能光伏发电 39
- 2.6.1 光伏效应与光伏材料 39
- 2.6.2 光伏电池 40
- 2.6.3 光伏发电系统 42
- 2.6.4 光伏发电的特点 45

2.7 光伏发电的发展 46
- 2.7.1 光伏发电技术的发展历史 46
- 2.7.2 光伏发电产业的发展状况 48
- 2.7.3 我国光伏发电行业的发展状况 50

习题 54

第3章 风能与风力发电 55
3.1 风能利用的历史 57
- 3.1.1 世界风能利用历史 57
- 3.1.2 中国风能利用历史 58

3.2 风和风资源 59
- 3.2.1 风的形成 59
- 3.2.2 风的描述 60
- 3.2.3 世界风能资源 62
- 3.2.4 我国风能资源 63

3.3 风力机的种类 65
- 3.3.1 水平轴风力机 65
- 3.3.2 垂直轴风力机 68
- 3.3.3 新型风力机 71

3.4 水平轴风力机的结构和原理 72
- 3.4.1 水平轴风力机的基本结构 72

3.4.2 水平轴风力机的原理.....................74
  3.4.3 风力机的功率调节方式...............78
 3.5 风力发电机组......................................79
  3.5.1 风力发电机组及其构成...............79
  3.5.2 风力发电机......................................80
  3.5.3 传动和控制机构...............................82
  3.5.4 塔架和机舱......................................83
 3.6 风电场..83
  3.6.1 风电场的概念...................................83
  3.6.2 海上风电..85
  3.6.3 小风电应用......................................87
 3.7 风力发电的发展..................................89
  3.7.1 世界风电的发展状况.......................89
  3.7.2 我国风电的发展状况.......................92
 习题..95

第4章 潮汐能与潮汐发电.....................97

 4.1 人类对潮汐的认识和利用..................98
  4.1.1 人类对潮汐的认识.........................98
  4.1.2 人类对潮汐的早期利用.................100
 4.2 潮汐能资源..100
  4.2.1 潮汐的描述和分类.........................100
  4.2.2 潮汐能资源及其分布.....................101
 4.3 潮汐发电原理和电站构成................106
  4.3.1 潮汐发电的原理.............................106
  4.3.2 潮汐电站的结构.............................108
 4.4 潮汐电站的类型................................110
  4.4.1 单库单向潮汐电站.........................110
  4.4.2 单库双向潮汐电站.........................111
  4.4.3 双库连续发电潮汐电站.................111
 4.5 潮汐发电的特点................................112
  4.5.1 潮汐发电的优点.............................112
  4.5.2 潮汐发电的不足.............................113
 4.6 潮汐发电的发展................................114
  4.6.1 世界潮汐发电的发展.....................114
  4.6.2 我国潮汐发电的发展.....................116
 习题..117

第5章 海洋能多种发电技术..................119

 5.1 海洋的概念..121
 5.2 海洋能资源..122
  5.2.1 世界海洋能资源.............................122
  5.2.2 我国海洋能资源.............................122
  5.2.3 海洋能的特点.................................123
 5.3 波浪发电..124
  5.3.1 波浪的成因和类型.........................124
  5.3.2 波浪能资源的分布和特点.............126
  5.3.3 波浪发电装置的基本构成.............128
  5.3.4 波浪能的转换方式.........................129
  5.3.5 波浪能装置的安装模式.................131
  5.3.6 典型的波浪能发电装置.................132
  5.3.7 代表性波浪能发电项目.................137
  5.3.8 波浪发电的发展.............................142
 5.4 海流发电..142
  5.4.1 海流和海流能.................................142
  5.4.2 海流发电的原理.............................144
 5.5 温差发电..146
  5.5.1 海水的温差和温差能.....................146
  5.5.2 温差发电的原理.............................147
  5.5.3 温差发电的发展.............................149
 5.6 盐差发电..152
  5.6.1 海洋的盐差和盐差能.....................152
  5.6.2 渗透和渗透压.................................153
  5.6.3 盐差能发电的方法.........................154
  6.6.4 盐差发电的发展状况.....................158
 习题..159

第6章 地热能及其利用..........................160

 6.1 地热资源的形成................................162
  6.1.1 地球的构造和热量来源.................162
  6.1.2 地热资源的概念.............................163
 6.2 地热资源的类型................................164
  6.2.1 地热资源的存在形态.....................164
  6.2.2 地热田..166

6.3 地热能资源及其分布 167
   6.3.1 地热能的蕴藏量 167
   6.3.2 世界地热资源分布 168
   6.3.3 我国的地热资源 170
6.4 地热能利用的发展 172
   6.4.1 世界地热能直接利用 172
   6.4.2 我国地热能直接利用 173
   6.4.3 世界地热发电的发展 174
   6.4.4 我国地热发电的发展 177
6.5 地热能的一般利用 179
   6.5.1 地热能的利用方式 179
   6.5.2 地热用于供暖 180
   6.5.3 地热用于农业和养殖业 181
   6.5.4 地热用于温泉洗浴和医疗 181
6.6 地热发电 182
   6.6.1 地热发电的原理 182
   6.6.2 蒸气型地热发电系统 183
   6.6.3 热水型地热发电系统 184
   6.6.4 联合循环地热发电系统 186
   6.6.5 干热岩地热发电系统 187
习题 188

第7章 生物质能及其利用 189

7.1 生物质和生物质能 191
   7.1.1 生物质的概念 191
   7.1.2 生物质的来源 192
   7.1.3 生物质及其特点 194
   7.1.4 我国的生物质资源 195
7.2 生物质能利用概述 197
   7.2.1 生物质能利用的历史 197
   7.2.2 生物质能利用的形式 198
7.3 生物质燃料 198
   7.3.1 固体生物质燃料 198
   7.3.2 气体生物质燃料 201
   7.3.3 液体生物质燃料 203
7.4 生物质能发电简介 205
   7.4.1 生物质能发电的基本原理 205
   7.4.2 生物质能发电的特点 206

   7.4.3 生物质能发电的发展状况 207
7.5 生物质能发电技术 210
   7.5.1 直接燃烧发电 210
   7.5.2 沼气发电 211
   7.5.3 垃圾发电 213
   7.5.4 生物质燃气发电 214
7.6 典型的能源植物 215
   7.6.1 薪炭树种 215
   7.6.2 石油树 216
   7.6.3 巨藻 218
习题 219

第8章 氢能和燃料电池 221

8.1 氢和氢能概述 223
   8.1.1 氢和氢能简介 223
   8.1.2 氢能及其利用方式 223
   8.1.3 氢能的应用历史和现状 224
8.2 氢的制取 227
   8.2.1 化石燃料制氢 227
   8.2.2 水分解制氢 228
   8.2.3 生物制氢 229
   8.2.4 太阳能制氢 230
   8.2.5 制氢方式总结 230
8.3 氢的储存 231
   8.3.1 对储氢系统的要求 231
   8.3.2 氢气的储存 231
   8.3.3 液氢储存 232
   8.3.4 固体金属氢化物储存 232
   8.3.5 研究中的新储氢方法 233
8.4 燃料电池概述 233
   8.4.1 燃料电池的发展历史 233
   8.4.2 燃料电池的基本原理 235
   8.4.3 燃料电池系统的构成 236
   8.4.4 燃料电池发电的特点 237
   8.4.5 制约燃料电池行业
         发展的因素 238
8.5 燃料电池的类型 239
   8.5.1 碱性燃料电池 239

8.5.2 磷酸型燃料电池 239
　　8.5.3 熔融碳酸盐型燃料电池 240
　　8.5.4 固体氧化物型燃料电池 241
　　8.5.5 质子交换膜型燃料电池 241
　　8.5.6 直接甲醇型燃料电池 242
8.6 燃料电池的应用领域 242
　　8.6.1 发电站 242
　　8.6.2 交通工具的动力 243
　　8.6.3 仪器和通信设备电源 243
　　8.6.4 军事上的应用 244
习题 244

第9章 互补发电与综合利用 246

9.1 互补发电的概念和特点 248
　　9.1.1 互补发电的概念 248
　　9.1.2 互补发电的特点 248
9.2 风能-太阳能互补发电 249
　　9.2.1 风-光互补发电的基础 249
　　9.2.2 风-光互补发电系统的
　　　　　结构和配置 249
　　9.2.3 风-光互补发电系统的
　　　　　应用 251
9.3 其他互补发电系统 252
　　9.3.1 风能-水能互补发电 252
　　9.3.2 风电或光伏-柴油机
　　　　　互补应用 253
　　9.3.3 微型燃气轮机-燃料电池
　　　　　互补发电 255
9.4 能源的综合开发利用 255
　　9.4.1 冷热电联产 255
　　9.4.2 太阳能房 257
　　9.4.3 综合型潮汐电站 258
　　9.4.4 地热能的综合利用 259
　　9.4.5 海洋温差发电的综合开发 259
习题 260

第10章 分布式发电技术 262

10.1 分布式发电的概念 264
　　10.1.1 分布式发电简介 264
　　10.1.2 分布式发电的特点 264
　　10.1.3 分布式发电的适用场合 266
10.2 分布式电源 266
　　10.2.1 新能源分布式电源 266
　　10.2.2 微型燃气轮机 268
10.3 分布式供电系统和微电网 268
　　10.3.1 分布式供电系统 268
　　10.3.2 微电网 270
　　10.3.3 微电网的运行控制 272
10.4 分布式发电系统的储能装置 273
　　10.4.1 常用的储能技术 273
　　10.4.2 储能装置在分布式
　　　　　　系统中的作用 277
10.5 分布式发电的发展应用 278
　　10.5.1 发展分布式发电的
　　　　　　意义和存在的问题 278
　　10.5.2 国外分布式发电的
　　　　　　发展状况 279
　　10.5.3 我国分布式发电的
　　　　　　发展状况 280
习题 282

附录 284

附录A 能源的计量 284
附录B 数量等级 285
附录C 常规能源发电技术 285
附录D 国外著名新能源研究机构 290
附录E 推荐网站 290
附录F 光伏发电组件参数与能耗 291
附录G 风力机规格与参数 292

参考文献 295

第 1 章

能 源 概 述

能源问题已经成为世界性的问题。什么是能源？能源有哪些类型？怎么评价能源的优劣？人类面临着什么样的能源和环境问题？新能源利用可以发展起来吗？这些问题可以在本章中找到答案。

 推荐阅读资料

1. 彭士禄. 寻找永恒的动力——著名科学家谈能源科学[M]. 长沙：湖南少年儿童出版社，2019.
2. 能源利用对环境的影响. http://energy.sjtu.edu.cn/.
3. 苏山. 新能源基础知识入门. 北京：北京工业大学出版社，2013.
4. 刘涛. 能源利用与环境保护：能源结构的思考. 北京：冶金工业出版社，2011.
5. 王仲颖，张有生. 生态文明建设与能源转型. 北京：中国经济出版社，2016.
6. 关于生态和能源的纪录片
1) Positive energy. http://www.jlpcn.net/vodhtml/3460.html.
2) 创新中国第 2 集：能源. https://v.qq.com/x/cover/4gmw8h2f07o212t/r0025xknebj.html.
3) 超级工程Ⅲ第 2 集：能量之源. https://v.qq.com/x/cover/lwyplwj0mhbasn0/h00262726we.html.

自然资源： 有时简称资源，是指在一定时间和地点，在一定条件下具有开发价值，能够满足或提高人类当前和未来生存与生活状况的自然环境因素的总和。

能源： 就是在一定条件下可以转换为人类利用的某种形式能量的自然资源。

一次能源： 以天然形态存在于自然界中，可直接取得而不需改变其基本形态的能源。简单地说，就是自然界中现成存在的天然能源。

二次能源： 由一次能源经加工转换而获得的另一种形态的能源。为了满足生产和生活的需要，一次能源通常需要经过加工进行直接或间接的转换，变为二次能源才能使用。

新能源： 是指由于技术、经济或能源品质等因素而未能大规模使用的能源。

可再生能源： 可以循环使用，能够有规律地不断得到补充的能源。

1.1 能源利用的历史

人类利用能源的历史，也就是人类认识和征服自然的历史。

1.1.1 天然能源的原始利用

自从几十万年以前远古人类学会了用火，在过去漫长的岁月里，人类一直以柴草为生活能量的主要来源，燃火用于烧饭、取暖和照明。后来，人类逐渐学会将畜力、风力、水力等自然动力用于生产和交通运输。

这种初级形式的能源利用一直到 19 世纪中期都没有太大的突破,在当时的世界能源消费结构中,薪柴和农作物秸秆仍占能源消费总量的 73.8%。

1.1.2 煤炭

2000 多年以前人类就知道煤炭可以作为燃料,先秦时期的《山海经》就有关于煤的记载。

14 世纪的中国、17 世纪的英国,采煤业都已相当发达,但煤炭长期未能在世界能源消费结构中占据主导地位。

18 世纪 70 年代,英国的瓦特改良了以煤炭作为燃料的蒸汽机。蒸汽机的广泛应用使煤炭迅速成为第二代主体能源。煤炭在世界一次能源消费结构中所占的比重,从 1860 年的 24% 上升到 1920 年的 62%。

1.1.3 石油

人类很早就发现了可燃的液体——石油,《汉书·地理志》就有关于这种液体燃料的记载,宋代沈括在《梦溪笔谈》中对石油的描述已经比较详细。

不过,直到 19 世纪,石油工业才逐渐兴起。1854 年,美国宾夕法尼亚州打出了世界上第一口油井,被认为是现代石油工业的开端。

1886 年,德国人本茨和戴姆勒研制出世界上第一辆以汽油为燃料、由内燃机驱动的汽车,大规模使用石油的汽车时代到来了。

石油和天然气逐渐取代了煤炭,在世界能源消费构成中占据了主要地位。1965 年,在世界能源消费结构中,石油首次取代煤炭占居首位,成为第三代主体能源。到 1979 年,石油所占的能源份额达到 54%,相当于煤炭的三倍(煤炭和天然气各占 18%)。

1.1.4 电力

1881 年,美国的爱迪生建成世界上第一个发电站,同时还研制出电灯等实用的用电设备。从此以后,电力的应用领域越来越广,发展规模也越来越大,人类社会逐步进入了电气化时代。石油、煤炭、天然气等化石燃料被转换成更加便于输送和利用的电能,进一步推动了工业革命,带来了巨大的技术进步。图 1.1 所示为输电线路。

图 1.1 输电线路

1.1.5 核能和可再生能源

自从 1942 年美国在芝加哥建立世界上第一座核反应堆，1954 年苏联建成世界上第一座核电站，1956 年美国的核电站投入运行，核能利用迅速发展起来，在世界能源结构中占据了重要位置。到 20 世纪 90 年代，核能发电所提供的电力占全世界发电总量的 17%左右。核反应堆 3D 模型如图 1.2 所示。

图 1.2　核反应堆 3D 模型

(图片来源：千图网)

进入 21 世纪以来，太阳能、风能、海洋能、生物质能等可再生新能源发展很快，并且逐渐走向成熟和规模化，所占的份额也有望大幅度提高，为人类解决能源和环保问题开辟新的天地。

1.2　能　源　概　述

1.2.1　资源与能源的概念

在一定时期和地点，在一定条件下具有开发价值，能够满足或提高人类当前和未来生存与生活状况的自然环境因素的总和，称为自然资源，有时简称资源。地球上的自然资源一般包括气候资源、水资源、矿物资源、生物资源、能源等。

能源就是在一定条件下可以转换为人类利用的某种形式能量的自然资源，包括所有的燃料、流水、阳光、地热、风等，通过适当的转换手段可使其为人类生产和生活提供所需的能量。例如，煤和石油等化石能源燃烧时能够提供热能，流水和风可以提供机械能，阳光可转化为热能或电能。

常见的自然能源有固体燃料、液体燃料、气体燃料、核能、水能、太阳能、生物质能、风能、海洋能和地热能等。其中，以煤炭、石油、天然气为主的取自天然的燃料统称化石燃料或化石能源。这些自然能源还可以在一定条件下转换为电能等更加便于利用的能源。

1.2.2 能源的分类

能源的种类很多，人们通常按其形态特征或转换与应用的层次进行分类。

1. 一次能源和二次能源

按形成条件(即是否经过复杂加工或转换)，能源可分为一次能源和二次能源。

以天然形态存在于自然界中，可直接取得而不需改变其基本形态的能源，称为一次能源。简单地说，一次能源就是自然界中现成存在的天然能源。例如煤炭、石油、天然气等化石燃料，以及风能、地热能、核能、潮汐能、生物质能等。

自然界中一次能源的初始来源，大致有三种情况：①来自地球以外天体(主要是太阳)的能量，例如，可以通过光和热的形式直接利用的太阳能，以化石或生物体等物质形式存储的能量，以风、水流、波浪等形式体现的能量；②来自地球内部的能源，主要是核能和地热能；③地球与其他天体相互作用产生的能量，例如月亮、太阳引力变化形成的海洋潮汐能。

为了满足生产和生活的需要，有些能源通常需要经过加工或进行直接或间接的转换才能使用。由一次能源经加工转换而获得的另一种形态的能源，称为二次能源。例如焦炭、沼气、液化气、酒精、汽油和其他各种石油制品，以及蒸汽、氢能、激光等。电能是最重要的二次能源。一次能源和二次能源分类如图 1.3 所示。

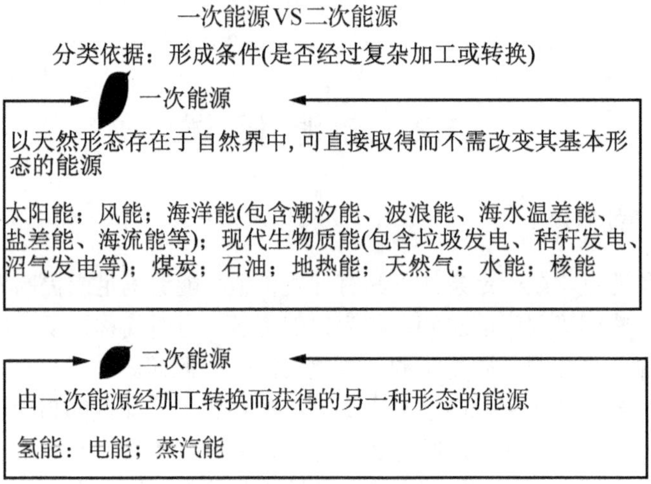

一次能源VS二次能源
分类依据：形成条件(是否经过复杂加工或转换)

一次能源
以天然形态存在于自然界中,可直接取得而不需改变其基本形态的能源

太阳能；风能；海洋能(包含潮汐能、波浪能、海水温差能、盐差能、海流能等)；现代生物质能(包含垃圾发电、秸秆发电、沼气发电等)；煤炭；石油；地热能；天然气；水能；核能

二次能源
由一次能源经加工转换而获得的另一种形态的能源

氢能；电能；蒸汽能

图 1.3 一次能源和二次能源分类

提示

一次能源无论经过多少次的转换，所得到的其他能源都称为二次能源。

一次能源大部分都转换成容易输送、分配和使用的二次能源，以适应人类的需要。

2. 常规能源与新能源

常规能源是指在当前的技术水平和利用条件下，已被人们广泛应用了较长时间的能源，现阶段主要是指煤炭、石油、天然气、水能、核(裂变)能等。这类能源使用较普遍，技术较成熟。目前，世界能源消费绝大部分靠这五大能源来供应。

新能源是指由于技术、经济或能源品质等因素而未能大规模使用的能源，如太阳能、风能、海洋能、地热能、生物质能、氢能、核聚变能等。这类能源已经开始或即将被人们推广利用，但目前还没有被大规模使用，有的甚至还处于研发或试用阶段。

常规能源和新能源的分类是相对的，在不同的历史时期可能会有变化，这取决于它们的应用历史和使用规模。现在的常规能源过去也曾是新能源，今天的新能源将来也会成为常规能源。例如，在 20 世纪 50 年代，核(裂变)能曾属于新能源，但随着其开发和利用的日益广泛，世界上不少国家已把它划归为常规能源。

有些能源虽然应用的历史很长，但正经历着利用方式的变革，而那些较有发展前途的新型应用方式因尚不成熟或规模还小，也被归为新能源，如太阳能、风能等。

提示

在中国，新能源是指除常规化石能源和大中型水力发电、核裂变发电能量之外的一次能源，包括太阳能、风能、海洋能、地热能、生物质能等。

3. 非再生能源和可再生能源

非再生能源，也称不可再生能源，其用完后不可重新生成(至少在短期内无法恢复)，总有枯竭的一天。例如煤、石油、天然气等化石燃料和核燃料均为非再生能源。据估计，按照现有的探明储量和开采程度，地球上的化石燃料最多还可使用几百年。

可再生能源，是可以循环使用，能够有规律地不断得到补充的能源，没有使用期限，也不会因长期使用而减少。例如太阳能、水能、风能、海洋能、地热能和生物质能，均为可再生能源。

大中型水电和传统的生物质能利用为旧的可再生能源，其开发相对比较成熟，但对环境有较大的不利影响。太阳能、风能、地热能、海洋能、现代生物质能、氢能等为可再生新能源。

非再生能源面临枯竭的危机，可再生能源的开发和利用成为满足人类未来能源需求的希望。

4. 含能体能源和过程性能源

根据能源存在和转移的形式，一次能源又可分为两类，即含能体能源和过程性能源。

含能体能源是指包含着能量的物质或实体，如煤、石油、天然气等化石燃料，核燃料，生物质，地热水和地热蒸汽等。这类能源可以直接储存和运输。

过程性能源是指随着物质运动而产生，并且仅以运动过程的形式存在的能源，如天上刮的风、河里流的水、涨落的海潮、起伏的波浪、地球内部的地热等，都是过程性能源。这类能源无法被人们直接储存和运输。

5. 清洁能源和非清洁能源

清洁能源是指对环境没有污染或污染较小的能源，有时也称绿色能源。清洁能源可以是本身就不产生污染物的能源，如太阳能、风能、海洋能；也可以是利用能源与环境保护相结合的开发方式"变废为宝"，例如垃圾发电、沼气等生物质能的利用。

非清洁能源是指可能对环境造成较大污染的能源，如煤炭等化石燃料。

清洁与非清洁能源的划分也是相对的。与煤炭相比，过去曾认为石油是清洁能源。而与风能、太阳能等相比，石油就显得不够清洁了，也会产生氧化氮、氧化硫等有害物质。

能源分类如图 1.4 所示。

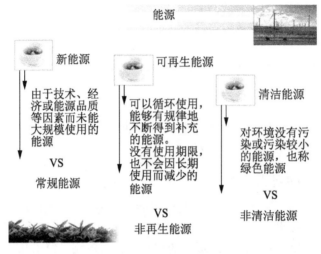

图 1.4 能源分类

1.2.3 能源的品质

各种能源均有优点与不足。能源优劣可从以下几个方面进行评价和比较。

1. 能流密度

能流密度是指在单位空间或单位面积内，能够从某种能源中获得的功率。化石燃料与核燃料的能流密度大，各种可再生能源的能流密度一般都比较小。能流密度较小的太阳能、风能等可再生能源，小规模应用的技术已经相当成熟，大规模开发时需要安排较大的接收面积。能流密度太小，则不利于开发利用，因为经济性太差。

2. 开发费用和设备造价

化石能源与核燃料，勘探、开采、加工、运输都需要投入大量人力、物力，本身也要消耗能源。太阳能、风能等可再生能源，开发费用主要是开发能源的一次性投资。不过，可再生能源利用的设备造价比较高。而使用天然气和石油的发电设备以及水电设备，单位容量的初期投资较小。

3. 存储的可能性与供能的连续性

存储的可能性与供能的连续性是指能源是否可以连续供应,需要能量时能否马上提供,不用时能否大量存储。基于能源自身的特点,化石燃料都比较容易存储,也便于连续供应。而太阳能、风能等可再生能源则不易保存,能量供应也可能有波动性和间断性。

4. 运输费用与损耗

能源的资源分布与能源利用的需求分布,往往并不一致。从能源的开发地点到使用地点,运输过程本身也需要投资并消耗能源,远距离运输的成本和损耗会影响能源的使用。太阳能、风能、地热能,是难以运输的。化石燃料可以运输,但要考虑运输的成本和耗能。

5. 对环境的影响

环境问题已经成为影响人类生存和未来发展的全球性重大问题。致力于能源的利用,也要考虑其可能对环境造成的影响。化石燃料燃烧过程中会排放二氧化碳(CO_2)等温室气体,甚至还有一些有毒的或腐蚀性的物质,对环境影响较大。核燃料有放射性污染及废料处理的问题。可再生能源大多是洁净能源,对环境的影响较小。

6. 蕴藏量

作为可以长期利用的能源,在地球上的蕴藏量要足够丰富。此外,能源的地理分布对其开发利用也有影响。化石燃料等非再生能源,蕴藏量是有限的,总有用完的时候。太阳能、风能等可再生能源,可以循环使用,不断得到补充,即使每年更新的数量有限,长期来看也是无穷无尽的。

7. 能源品位

能源品位反映的是能源利用的方便程度。一般来说,二次能源的能源品位都比一次能源高。能够直接转换成机械能和电能的能源(如水力和风能)的品位,要比那些必须先经过热利用环节转换的能源(如化石燃料)的品位高一些。

1.3 能源与环境问题

1.3.1 常规能源的环境影响

任何一种能源的开发利用都会给环境造成一定的影响。以化石燃料为代表的常规能源造成的环境问题尤为严重,主要表现在以下方面。

1. 大气污染

化石燃料的利用过程会产生一氧化碳(CO)、二氧化硫(SO_2)、氮的氧化物(NO_x)等有害气体,不仅导致生态系统的破坏,还会直接损害人体健康。在很多国家和地区,因大气污染造成的直接和间接损失已经相当严重。2019年经济合作与发展组织(OECD)发布报告指出，预计到 2060 年，全球气候变化造成的经济损失几乎占 GDP 的 3%，空气污染造成的经济损失约占 GDP 的 1%。工厂大量排放废气污染大气如图 1.5 所示。城市雾霾如图 1.6 所示。

图 1.5　工厂大量排放废气污染大气

图 1.6　城市雾霾

2. 温室效应

大气中二氧化碳(CO_2)的浓度增加一倍，地球表面的平均温度将上升 1.5～3℃，在极地可能会上升 6～8℃，结果可能导致海平面上升 20～140cm，将给许多国家造成严重的经济和社会影响。全球化石燃料燃烧和工业活动排放的 CO_2 每 10 年都有所增长，由 20 世纪 60 年代的年均 11.4Gt(1Gt=10 亿吨)上升到 2009—2018 年的 34.7Gt。联合国气候峰会(COP25)上发表的 Global Carbon Budget 2019 报告表示，2019 年碳排放量增幅远低于过去，但仍持续增长，距离实现巴黎气候协定的 21 世纪中叶达到零净碳排的目标还很遥远。

1990—2019 年全球碳排放量如图 1.7 所示。温室效应示意如图 1.8 所示。

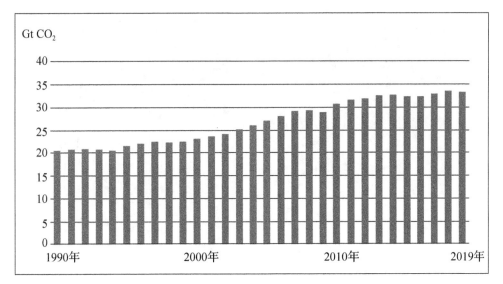

图 1.7　1990—2019 年全球碳排放量

(图片来源：国际能源署 2019 年度全球碳排放报告)

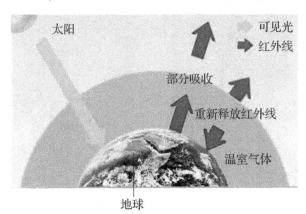

图 1.8　温室效应示意

3. 酸雨

化石能源燃烧产生的大量二氧化碳(SO_2)、氮的氧化物(NO_x)等污染物，通过大气传输，在一定条件下形成大面积酸雨，改变酸雨覆盖区的土壤性质，危害农作物和森林生态系统，改变湖泊水库的酸度，破坏水生生态系统，腐蚀材料，造成重大经济损失。酸雨还导致地区气候改变，造成难以估量的后果。酸雨对建筑物和森林的损害如图 1.9、图 1.10 所示。

若再考虑能源开采、运输和加工过程中的不良影响，则损失将更为严重。平均每开采 1 万吨煤，受伤人数为 15～30 人，可能造成 2000 平方米土地塌陷。全球平均每年塌陷的土地有 200 多平方千米。

核能的利用虽然不会产生上述污染物，但也存在核废料问题。世界范围内的核能利用，将产生成千上万吨的核废料。如果不能妥善处理核废料，其放射性危害或风险将持续几百年。

(a) 60 年前　　　　　　　　　(b) 60 年后

图 1.9　酸雨对建筑物的损害严重

图 1.10　酸雨对森林造成毁灭性的打击

提示

参考图文

当一个系统到达临界点，情况便难以扭转。突破临界点后，微小的改变就会造成系统的重大变化，这个概念对全球气候而言同样适用。一组著名科学家在《自然》杂志发文警告，在 10 年前确定的气候临界点中，从南极洲、亚马孙雨林到大堡礁，从大西洋到格陵兰岛和北极，有一半以上现或许已经到达临界点，从而会产生多米诺骨牌效应，威胁人类的生存。

1.3.2 世界能源与环境问题

世界人口从 1900 年的 16 亿到目前的 60 多亿,净增加了 2 倍多,而统计的能源消耗却增加了 16 倍。这说明人类对能源的依赖越来越强烈。

2019 年,全球一次能源消费总量达到 583.90EJ(10^{18}J),同比增长 1.3%,全球一次能源消费量和消费结构分别如图 1.11(a)、图 1.11(b)所示。从燃料来源构成看,石油占全部能源消费总量的 33.06%,天然气占 24.23%,煤炭占 27.03%,水电占 6.45%,核能占 4.27%,可再生能源占 4.96%。

(a) 全球一次能源消费量

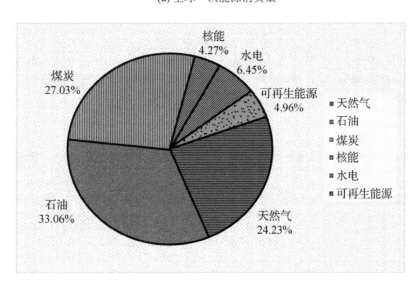

(b) 全球一次能源消费结构

图 1.11 2019 年全球一次能源消费量和消费结构

(图片来源:《BP 世界能源统计年鉴(2020 年版)》)

可见，目前石油、煤、天然气这些化石能源在世界能源消费结构中所占的份额仍然很高。如果没有新的替代能源充分发展，按目前的消耗情况估算，21世纪人类将面临新的能源危机。另外，人类大量使用化石燃料，令环境污染日益严重，生态平衡惨遭破坏，直接危及人类的生存和发展。

以挪威前首相布伦特兰夫人为首的联合国世界环境与发展委员会完成了调查报告《我们共同的未来》，提出了可持续发展的概念。这一概念及其构想早在1992年联合国环境与发展大会上就得到世界100多个国家的认同。可持续发展就是"满足当代人的需求，又不损害子孙后代满足其需求的能力的发展"。

1.4 新能源发展战略

1.4.1 欧美的新能源发展政策与规划

1. 美国

进入21世纪以来，美国的新能源利用发展迅速，并重新成为世界风电大国。2001—2007年，美国风电增加了300%，居世界之首。

近年来，为了实现新能源技术的突破，美国不断加大投资用于支持风能、太阳能、生物燃料及新式电池等能源的研究。2015年，风能和光伏电力的增长速度在美国能源增速中跃居首位，对美国新增发电能力的贡献达三分之二。

同时，美国不少州和地方政府重申发展低碳经济的承诺，例如，纽约州州长表示将按计划实现奥巴马政府提出的减排目标：到2020年将碳排放量在2005年基础上削减26%~28%。他呼吁参加《地区温室气体排放限制计划》(RGGI)的各州，在实现2020年减排目标之后继续努力，争取到2030年将总体排放水平再降低30%。加利福尼亚州政府宣布将继续推进全美最高的减排目标：到2030年将碳排放水平在1990年基础上降低40%，并通过吸收新参加者扩大其率先建立的碳交易体制的地域范围。

2. 欧洲

欧洲公布了一系列新能源发展规划，具有比较完整的新能源发展战略，新能源利用发展很快。

1997年欧盟发布可再生能源发展白皮书，计划2010年可再生能源份额达到6%~12%。
2000年欧盟发布能源安全绿皮书，计划2010年可再生能源电力供应达到14%~22%。
2003年欧盟制定生物液体燃料发展规划。
2005年欧盟制订生物质能发展行动计划。
2006年欧盟发布欧洲可持续、可竞争、安全的能源战略绿皮书。
2011年欧盟委员会公布新能源战略，提出未来10年需要在能源基础设施等领域投资1万亿欧元，以保障欧盟能源供应安全和实现应对气候变化目标。
2014年欧盟委员会公布2030年气候和能源政策目标，规定欧盟成员国在2030年之前将温室气体排放量削减至比 1990 年水平减少 40%，并保证新能源在欧盟能源结构中至少占 27%。

2018 年欧盟委员会还提出了 2050 年的气候愿景，这充分说明了欧盟愿意领导全球在应对气候变化方面做出努力，并支持到 2050 年实现全碳中和的目标。

1.4.2 我国的新能源发展政策与规划

1995 年 12 月，我国政府颁布的《电力法》第一章"总则"中明确宣布，国家鼓励和支持利用可再生能源和清洁能源来发电。

2005 年，国务院发布《国家中长期科学和技术发展规划纲要(2006—2020 年)》，把"能源"作为重点领域。

2015 年 3 月，国务院发布新电改方案，方案中提出：全面放开用户侧分布式电源市场。积极开展分布式电源项目的各类试点和示范。

2016 年国家发改委印发了《可再生能源发展"十三五"规划》，计划中明确了 2016—2020 年我国可再生能源发展的指导思想、基本原则、发展目标、主要任务、优化资源配置、创新发展方式、完善产业体系及保障措施，为实现 2020 年非化石能源占一次能源消费比重 15%的目标，加快建立清洁低碳、安全高效的现代能源体系，促进可再生能源产业持续健康发展指明了方向。

2017 年，国家发改委、国家能源局联合印发《清洁能源消纳行动计划(2018—2020 年)》为全面提升清洁能源消纳能力确定明确目标：2018 年，清洁能源消纳取得显著成效；到 2020 年，基本解决清洁能源消纳问题。

2020 年 4 月，国家能源局发布关于做好可再生能源发展"十四五"规划编制工作有关事项的通知，明确了可再生能源发展"十四五"规划重点。优先开发当地分散式和分布式可再生能源资源，大力推进分布式可再生电力、热力、燃气等在用户侧直接就近利用，结合储能、氢能等新技术，提升可再生能源在区域能源供应中的比重。

为了避免可能出现的新的能源危机，解决日益严重的环境问题，加紧开发低污染乃至无污染的可再生新能源已迫在眉睫。新能源的大规模开发利用是解决能源与环境问题，实现经济和社会可持续发展的重要途径，长远来看甚至可能是唯一的途径。

在此，本书将对各种可再生新能源的利用(尤其是发电技术)进行全面的介绍。

习　　题

一、填空题

1. 在目前的世界能源消费结构中，所占份额排在前三位的依次是_____、_____、_____。

2. 我国应用最多的常规能源，除了化石燃料外，还有_____、_____等。

二、选择题

1. 应用历史最为悠久的能源是（　　）。
    A．化石燃料　　　B．生物质能　　　C．太阳能　　　D．风能
2. 下列各项属于二次能源的有（　　）。
    A．太阳能　　　B．氢能　　　C．核能　　　D．电能
3. 下列能源中，能量来源于太阳的有（　　）。
    A．潮汐能　　　B．风能　　　C．地热能　　　D．化石燃料

三、分析设计题

1. 设计表格总结能源的分类情况，至少包括类型、名称、含义和举例。
2. 简述可持续发展的含义和实现途径。

第 2 章

太阳能及其利用

万物生长靠太阳。太阳的能量是怎样形成的？又有多少能量赐予了地球上的人类？人类什么时候开始了对太阳能的利用？太阳能利用的方式有哪些？太阳能热发电和光伏发电的原理是怎样的？其经历了怎样的发展历程，发展状况如何？爱因斯坦的诺贝尔奖与光伏发电有什么关系？这些问题都可以在本章中找到答案。

教学目标

- 了解太阳能资源及分布情况；
- 掌握太阳能利用的多种方式及各自的原理和主要设备；
- 理解太阳能发电的重要意义。

教学要求

知识要点	能力要求	相关知识
太阳能利用的历史	了解人类利用太阳能的历史和方式	海盐制作、太阳能小泵
太阳能资源及分布	(1) 了解太阳能的来源； (2) 了解全球太阳能资源的总量和分布； (3) 了解我国太阳能资源的总量和分布； (4) 了解太阳能资源的特点	大气环流、日照时间
太阳能的利用方式	掌握太阳能的几种能量转换和利用方式	—
太阳能直接热利用	(1) 掌握太阳能集热器的类型和各自特点； (2) 了解太阳能热水器、太阳灶、太阳能空调、太阳房、太阳池的原理和应用情况	光学聚焦原理
太阳能热发电	(1) 理解太阳能蒸汽动力发电的原理和系统构成； (2) 掌握四种太阳能热电系统的特点和发展应用	蒸汽轮机发电原理
太阳能光伏发电	(1) 理解光伏效应，了解光伏材料的应用情况； (2) 理解光伏电池的结构和原理，了解其类型； (3) 掌握光伏发电系统的构成； (4) 理解和掌握光伏发电的特点	(1) 半导体 P-N 结； (2) 逆变器原理
光伏发电的发展	(1) 了解世界光伏发电的发展历史和现状； (2) 了解我国光伏发电的发展历史和现状	—

推荐阅读资料

1. 冯垛生，张淼，赵慧，等. 太阳能发电原理与应用[M]. 北京：人民邮电出版社，2007.
2. Mukund R. Patel. Wind and Solar Power System: Design, Analysis, and Operation [M].Second Edition. Boca Raton: CRC Press, 2006.

基本概念

集热器：用于收集太阳的辐射能并将其转换为热能的装置，也称集热装置。

太阳能的热利用：利用集热装置将太阳辐射能收集起来，再通过与介质的相互作用转换为热能，进行直接或间接的利用。

太阳能热发电：利用太阳辐射所产生的热能发电，一般需要先将太阳辐射能转换为热能，再将热能转换为电能。

太阳能热发电有两种类型，一种是蒸汽热动力发电，另一种是热电直接转换。通常所说的太阳能热发电是指前一种情况。

光伏效应：当光照在不均匀半导体或半导体与金属组合材料上时，在不同的部位之间产生电位差的现象。

光伏电池：利用光伏效应将太阳能直接转换为电能的器件，也称太阳电池。

光伏发电：利用光伏效应产生电能的发电方式。

引例：阳燧取火

《周礼》是儒家经典之一，其中有一篇《秋官司寇》，记载了"司烜氏掌以夫燧取明火于日"，说的是周朝人使用"夫燧"的事。秋官司烜氏负责用夫燧向太阳取明火。东汉高诱对《淮南子•天文训》中"故阳燧见日，则燃而为火"的注解是："阳燧，金也。取金杯无缘者，熟摩令热，日中时，以当日下，以艾承之，则燃得火也。"王充的《论衡•说日》中也有"验日阳燧，火从天来"的说法。

夫燧也称阳燧、金燧，是用金属制成的尖底杯，放在日光下，可以把光线聚集到杯底。如果事先在杯底放一些艾绒之类的易燃物，经过一段时间的高强度光照就能燃起火来。图2.1(a)所示为出土阳燧。

(a) 出土阳燧 (b) 凹面镜

图 2.1 古代阳燧

(来源：盛世收藏网站)

后来更常用的阳燧是用金属制成的凹面镜,如图 2.1(b)所示。《考工记》和《古今注》都记载了用金属为镜,以其凹面向日取火的方法。

可见我国人民很早就懂得利用聚光原理在阳光下取火。阳燧至少可以追溯到3000多年前的周代,这可能是对太阳能利用的最早记载。

2.1 太阳能利用的历史

古代人对太阳非常崇拜,世界上许多历史悠久的国家,如古埃及、古希腊和中国,都有过很多关于太阳的传说。例如,古希腊有普罗米修斯盗取天火给予人间的神话故事,中国有夸父逐日的神话传说。

世界上最早利用太阳能的国家可能就是中国。儒家典籍《周礼·秋官司寇》有用"夫燧"向太阳取明火的记载。说明至少在 3000 多年前的周代,我们的祖先就已经开始利用太阳能了。

虽然早在 3000 多年前人类就开始了对太阳能的利用,但早期的应用主要是在白天接受太阳的烘晒和引火取暖。

从世界范围来看,将太阳能作为一种能源动力加以利用,还不到 500 年的历史。

小档案:第一个太阳能动力设备

1615 年,法国工程师所罗门·德·考克斯发明了第一台利用太阳能抽水的机器,利用太阳能加热空气,使其膨胀做功来抽水。这可能是世界上第一个以太阳能为动力的设备。

【参考视频】

到 19 世纪末,世界上又研制出多台太阳能动力装置和一些其他太阳能装置。其中,比较成熟的产品是太阳灶。

进入 20 世纪以后,太阳能科技获得了比较快的发展,但其发展道路比较曲折。

1901 年,美国在加州建成一台太阳能抽水装置,在其后的几年中,美国建造了 5 套双循环太阳能发动机。1913 年,埃及建成一台由 5 个抛物槽镜组成的太阳能水泵。

由于矿物燃料的大量开发利用和第二次世界大战的爆发,参加研究工作的人员和研究项目都大为减少,世界太阳能技术发展走入低谷。第二次世界大战结束后,一些有远见的人士已经注意到石油和天然气资源正在逐渐减少,开始出现太阳能学术组织。对太阳能真正意义上的大规模开发利用,就是从第二次世界大战以后开始的。

1952 年,法国国家研究中心在比利牛斯山东部建成一座功率为 50kW 的太阳炉。

1954 年,美国贝尔实验室研制成实用型硅太阳电池,为光伏发电大规模应用奠定了基础。

【参考视频】

1960 年,带有石英窗的斯特林发动机问世。

后来太阳能由于利用技术尚不成熟,投资大、效果不佳,发展再度陷入停滞。

1973 年中东战争爆发,引发了能源危机。许多工业发达国家,重新加强了对太阳能等可再生能源技术发展的支持。1973 年美国制订了政府的阳光发电计划。1974 年日本政府制订了"阳光计划"。我国也于 1975 年在河南安阳召开"全国第一次太阳能利用工作经验交流大会"。

20 世纪 80 年代以后，石油价格大幅度回落，使尚未取得重大进展的太阳能利用技术再度受到冷落。直到全球性的环境污染和生态破坏凸显，对人类的生存和发展构成突出威胁，太阳能利用才又得到人们的重视。

1992 年在巴西召开的联合国"世界环境与发展大会"，通过了《里约热内卢环境与发展宣言》《21 世纪议程》等一系列重要文件。1996 年在津巴布韦召开的"世界太阳能高峰会议"，发表了《哈拉雷太阳能与持续发展宣言》，并讨论发布了《世界太阳能 10 年行动计划(1996—2005 年)》《国际太阳能公约》《世界太阳能战略规划》等重要文件。

我国也提出了相应对策和措施，明确要因地制宜地开发和推广太阳能等清洁能源，并制定了《中国 21 世纪议程》，进一步明确了太阳能重点发展目标。

太阳能利用的主要形式，包括太阳能供热、太阳能热发电、太阳能光伏发电。其中以太阳能供热技术最为成熟，应用范围广泛，经济效益也最明显，有些方面已经可以与常规能源相竞争。

【参考视频】

2.2　太阳能资源及其分布

2.2.1　太阳能概述

太阳是一个发光发热的巨型气态星体(图 2.2)，直径大约为 139 万 km(1.39×10^9 m)，体积约为 1.42×10^{27} m³(大约是地球的 130 万倍)，质量约为 1.98×10^{30} kg(大约是地球的 33 万倍)，平均密度只有地球密度的四分之一。

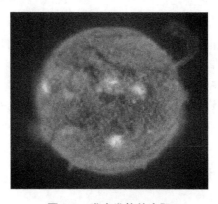

图 2.2　发光发热的太阳

太阳内部不停地发生着由氢聚变成氦的热核反应，并向宇宙释放出巨大的能量。太阳辐射到茫茫宇宙空间的阳光，有一部分辐射到地球，向地球输送了大量的光和热，成为地球上万物生长的源泉。

事实上，风能、水能、生物质能、海洋能等可再生能源，追本溯源，都来自太阳能的转化。就连目前广泛使用的煤、石油等化石燃料，从根本上说也是由远古以来储存下来的太阳能。广义的太阳能包括了上述各种能源。

当把太阳能作为可再生能源的一种进行讨论时，太阳能特指的是直接照射到地球表面的太阳辐射能(包括光和热)；通常所说的太阳能利用，是指太阳辐射能的直接转化和利用。

太阳的能量，来自其内部进行的热核反应(由 4 个氢核聚变成 1 个氦核)。太阳以光辐射的形式，每秒向太空发射约 $3.74×10^{26}$ J 的能量，即辐射功率约为 $3.74×10^{26}$ W。

 小知识

根据爱因斯坦的质能方程，核反应过程中物质损失的质量 m 可转化为能量 E，其转化关系为 $E = mc^2$，其中 c 为光速($3×10^8$ m/s)。例如，1g 物质可转化为 $9×10^{13}$ J 的能量。

【参考视频】

地球和太阳的平均距离约为 $1.5×10^8$ km，因距离遥远，太阳释放的能量只有 22 亿分之一左右投射到地球上。到达大气层上界的太阳辐射功率约为 $1.73×10^{17}$ W，其中约 30%被大气层反射回宇宙空间，约 23%被大气层吸收。能够投射到地面的太阳辐射功率只有 47%左右，约为 $8.1×10^{16}$ W。尽管如此，每年到达地球表面的太阳能仍高达 $1.05×10^{18}$ kW·h，相当于 1300 万亿吨标准煤，是当代全球能耗的上万倍。

小知识

据粗略估计，大约 40min 照射在地球上的太阳能，便足以满足全球人类一年能量的消费。

由于陆地面积只占地球表面的 21%，再除去沙漠、森林、山地及江河湖泊，实际到达人类居住区域的太阳辐射功率为 $7×10^{15}\sim10×10^{15}$ W，占到达地球大气层的太阳总辐射功率的 5%~6%。不过，这也相当于近 1000 万个百万千瓦级发电厂的总功率。

小知识

如果把目前全世界每年所用的全部常规能源比作 1t 黄色炸药爆炸的能量，那么每年可供人类利用的太阳能就相当于第一颗原子弹爆炸时所放出的能量。

根据恒星演化的理论，太阳目前正处于稳定而旺盛的中年时期，按照目前的功率辐射能量，大约还可以持续 100 亿年。100 亿年后，太阳将变为一个散发着奇特光芒的红巨星，最终将完全熄灭。100 亿年，相对于人类发展历史的有限年代(百万年的量级)而言，可以说是"无穷无尽"了。

太阳能是各种可再生能源中最重要的基本能源，其分布最广，也最容易获取。如果能有效地利用太阳提供的能量，那么人类未来就不会为能源的枯竭而担忧了。

2.2.2　世界太阳能资源分布

太阳能资源的丰富程度一般以单位面积的全年总辐射量和全年日照总时数来表示。太阳能全年总辐射量难以计算，一般只能根据实际测量得到。

太阳能资源的分布与各地的纬度、海拔高度、地理状况和气候状况等有关。全球太阳能平均辐射总量如图 2.3 所示。

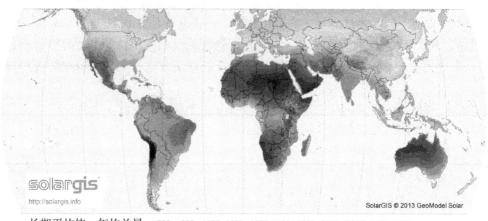

长期平均值：年均总量 <700 900 1100 1300 1500 1700 1900 2100 2300 2500 2700> kW·h/m²
日均总量 <2.0 2.5 3.0 3.5 4.0 4.5 5.0 5.5 6.0 6.5 7.0 7.5>

图 2.3　全球太阳能平均辐射总量

就全球而言，美国西南部、非洲、澳大利亚、中国西藏、中东等地区的全年太阳总辐射量或日照总时数最大，为世界太阳能资源最丰富地区。而且，其中有很多地区属于发展中国家，在这些地方利用太阳能发电具有很多优势。

美国国家航空航天局(NASA)建有一个包含各地日照数据的数据库，其中世界各主要城市的日照数据见表 2-1。

表 2-1　世界各主要城市的日照数据

排　序	地　点	日照量/[kW·h/(m²·y)]	排　序	地　点	日照量/[kW·h/(m²·y)]
1	马德里	1785	9	北京	1430
2	悉尼	1675	10	纽约	1300
3	雅典	1665	11	巴黎	1220
4	旧金山	1580	12	慕尼黑	1085
5	曼谷	1560	13	阿姆斯特丹	975
6	罗马	1535	14	伦敦	950
7	香港	1525	15	汉堡	920
8	东京	1460			

2.2.3　我国太阳能资源分布

我国位于欧亚大陆东部，陆地占世界陆地面积的十四分之一，而且大部分处于北温带，因此，我国的太阳能资源十分丰富，每年陆地接收的太阳辐射总量约为 1.9×10^{16} kW·h，相当于 2.4 万亿吨标准煤。

国家有关单位的测量资料表明，全国各地太阳年辐射总量基本都在3340～8400MJ/m²，平均值超过5000MJ/m²(相当于170 kg/m²标准煤的热量)。而且全国三分之二的国土面积年日照时间都超过2200 h。

据来自中国气象局太阳能风能资源评估中心的资料，我国陆地的太阳能资源分布情况示意如图2.4所示。

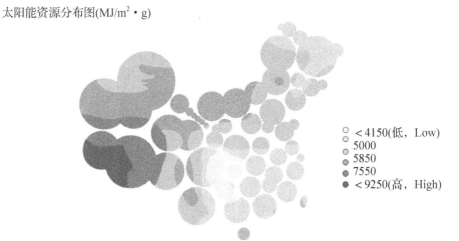

图 2.4　我国陆地的太阳能全年总辐射量分布示意

由图2.4可以看出，我国西藏、青海、新疆、甘肃、宁夏、内蒙古高原的太阳总辐射量和日照时数均为全国最高，属世界太阳能资源丰富地区之一。四川盆地、两湖地区、秦巴山地是太阳能资源低值区。我国东部、南部及东北为太阳能资源中等区。

我国太阳能资源分布，西部高于东部，而且基本上南部低于北部(除西藏、新疆例外)，与通常随纬度变化的规律并不一致，纬度低的地区反而低于纬度高的地区。这主要是由大气云量及山脉分布的影响造成的。例如，我国南方云量明显比北方大。而青藏高原地区，平均海拔在4000m以上，大气层薄而清洁，透明度好，日照时间长，因此太阳能资源最丰富，最高值达920 kJ/(cm²·y)。

有关专家根据20世纪末期的太阳能分布数据，将我国陆地划分为4个太阳能资源带。各太阳能资源带的全年太阳能总辐射量见表2-2。

表 2-2　我国陆地4个太阳能资源带的全年太阳能总辐射量

资源带号	资源带分类	年辐射量/(MJ/m²)
Ⅰ	资源丰富带	≥6700
Ⅱ	资源较丰富带	5400～6700
Ⅲ	资源一般带	4200～5400
Ⅳ	资源缺乏带	<4200

前3类地区覆盖了中国的大部分国土面积,具有利用太阳能的良好条件。IV类地区的太阳能资源较差,但其中有的地方还是有相当丰富的太阳能可以开发利用的。

2.2.4 太阳能资源的特点

与煤炭、石油、天然气、核能等常规能源相比,太阳能具有以下优点。

(1) 储量丰富。一年内到达地面的太阳辐射能总量,要比地球上现在每年消耗的各种能源的总量大几万倍。对于人类的有限需求,太阳能可以说是取之不尽。

(2) 维持长久。相对于人类历史而言,太阳的寿命几乎是"永久"的。因此,可以认为太阳能是源源不断、永不枯竭的,可以保证能源的长期持续供应。

(3) 分布广泛。 阳光普照,遍及全球,太阳能几乎是到处都有,就地可用。太阳能既不需要费力地探寻开采,也不需要火车、轮船的长途运输。对于解决交通不便的偏远地区及沙漠、海岛、山区的能源问题,太阳能利用的优越性,尤其明显。

(4) 维护方便,运行成本低。经一次性投资安装好太阳能利用设备后,后续的运行维护费用比其他各种能源利用形式要小得多。

(5) 清洁,无污染。太阳能的利用过程,不产生废渣、废水、废气和任何形式的对人体有害的物质,也没有噪声,因而不会污染环境。

太阳能的主要缺点表现在以下几个方面。

(1) 能量的分散性(能量密度低)。即使是晴朗白昼的正午,在垂直于太阳光方向的地面上,每平方米所能接收的太阳能平均也只有1kW左右,大多数情况下甚至低于500W。在实际利用中要得到较大的功率,需要设立面积相当大的太阳能收集设备,其占地面积大、材料用量多、结构复杂、成本增高。

(2) 能量的不稳定性。阳光的辐射角度随着时间不断发生变化,再加上气候、季节等因素的影响,到达地面某处的太阳直接辐射能是不稳定的,具有明显的波动性甚至随机性。生活经验表明,同一个地点在同一天内,日出和日落时的太阳辐射强度远远不如正午前后;而在同一个地点的不同季节里,冬季的太阳辐射强度显然远远比不上夏季。这给经济、可靠的大规模太阳能利用带来了不少困难。

(3) 能量的间歇性或不连续性。随着昼夜的交替,到达地面的太阳直接辐射能具有不连续性。夜间没有太阳直接辐射,散射辐射也很微弱,大多数太阳能设备在夜间无法工作。为克服上述困难,就需要研究和配备储能设备,把在晴朗白昼收集的太阳能(正常使用之后的剩余部分)储存起来,供夜晚或阴雨天使用。

2.3 太阳能的利用方式

按太阳能利用的能量转换过程,大致可分为太阳能热利用、太阳能发电和光化学转换等几种太阳能利用形式。

2.3.1 太阳能热利用

直接把太阳能转换为热能供人类使用(如加热和取暖)，称为太阳能热利用，或者称为光热利用。太阳能热利用是最古老的太阳能利用方式，也是目前技术最成熟、成本最低、应用最广泛的太阳能利用模式，详见 2.4 节。

【参考视频】

2.3.2 太阳能发电

100 多年前，人们就开始了太阳能发电的研究。实用性的太阳能发电也已经有近半个世纪的历史了。太阳能发电将是未来太阳能大规模利用的主要发展方向。

太阳能发电主要有太阳能热发电和太阳能光发电两种方式。

1. 太阳能热发电

太阳能热发电就是利用太阳辐射所产生的热能发电，是在太阳能热利用的基础上实现的。太阳能热发电一般需要先将太阳辐射能转换为热能，然后将热能转换为电能，实际上是"光—热—电"的能量转换过程。

太阳能热发电有两种类型：一种是蒸汽热动力发电，另一种是热电直接转换。

蒸汽热动力发电是先利用太阳能提供的热量产生蒸汽，再利用高温高压蒸汽的热动力驱动发电机发电。目前，实际应用中的太阳能热发电技术主要是这种形式，该技术已经比较成熟，规模也较大。

热电直接转换，即利用太阳能提供的热量直接发电(多是依靠特殊的物理现象或化学反应)，可能的实现形式有半导体或金属材料的温差发电，真空器件中的热电子和热离子发电，碱金属热发电转换和磁流体发电，等等。这类发电方式的优点是发电装置本体没有活动部件，但一般发电量都很小，有的方法尚处于原理性试验阶段。相对成熟一些的，主要是太阳能半导体温差发电。

【参考视频】

> **发现的故事：塞贝克效应与温差发电**
>
> 1821 年德国化学家塞贝克(Seebeck)发现，把两种不同的金属导体接成闭合电路时，如果把它的两个接点分别置于温度不同的环境中，则电路中就会有电流产生。这一现象称为塞贝克效应，这样的电路称为温差电偶，这种情况下产生电流的电动势称为温差电动势。例如，铁与铜的冷接头处为 1℃，热接头处为 100℃，则有 5.2mV 的温差电动势产生。
>
> 金属温差电偶产生的温差电动势较小，常用来测量温度差。但将温差电偶串联成温差电堆时，也可作为小功率的电源，这称为温差电池。用半导体材料制成的温差电池，温差电效应较强。如果热端和冷端的温度差大于 800℃，N-P 型半导体(例如碲化物)温差电池的发电效率可达 15%~20%，可以作为小型动力源在很多领域应用。

2. 太阳能光发电

太阳能光发电是指不通过热过程而直接将光能转换为电能的发电方式。广义的光发电，包括光伏发电、光化学发电、光生物发电和光感应发电等。

光化学发电和光生物转换，主要通过光化转换的过程实现。

光感应发电，是利用某些有机高分子团吸收太阳的光能后变成光极化偶极子的现象，分别将积聚在受感应的光极化偶极子两端的正负电荷引出，即得到光电流。由于要寻找合适的光感应高分子材料，使它们的分子团有序排列，并要在高分子团上安装极为精细的电极，这些步骤都具有很高的难度，因此这项技术目前还处于原理性实验阶段。

光伏发电，是利用某些物质的光电效应(光生伏特效应)，将太阳光辐射能直接转换成电能。目前这一应用方式的高端产品(光伏电池)已经成熟，是当前和未来太阳能发电的主流。

当今实际应用的太阳能发电方式，基本上都是太阳能热发电和光伏发电。

2.3.3 光化学转换

光化学转换，是指将太阳的光辐射能转换为化学能储存，或者利用太阳光照的作用实现某些特定的化学反应过程。

利用光化学转换实现发电的方式，有光化学电池和光生物发电两类。

1. 光化学电池

将太阳的光辐射能通过某种化学反应过程转换为电能，称为光化学发电。光化学发电通常是指浸泡在溶液中的半导体电极受到光照后，电极上有电流输出的现象。光化学发电一般还可细分为液结光化电池、光电解电池和光催化电池等。

液结光化电池，在电解液中只含有一种氧化还原物质，正、负电极之间可进行氧化还原可逆反应。在光照作用下，半导体电极与溶液间存在的界面势垒(称为液体结)分离光生电子和空穴对，并向外界提供电能，电解液主体不发生变化。

光电解电池，在电解液中存在两种氧化还原离子，在光照作用下发生化学变化，把光能有效地转换为化学能。

光催化电池，由光能提供进行化学反应所需的活化能，光照后电解液发生化学变化。

光化学发电具有液相组分，容易制成直接储能的太阳能光化蓄电池。不过目前光化学发电尚处于研究试验阶段。

2. 光生物发电

绿色植物的光合作用就是一种光化学转换过程。通过光合作用将太阳能转换成生物质能的过程，称为光生物利用。做这种用途的植物主要有速生植物、油料作物和巨型海藻等。这些植物都可以作为燃料用于发电或制造乙醇等液体燃料。

光生物发电，通常是指叶绿素电池发电，也是一种光化学转换过程。叶绿素在光照作用下能产生电流，这是最普遍的生物现象之一。但由于叶绿素细胞不断进行新陈代谢，要做成稳定的叶绿素电池目前还比较困难。

有人参考光合作用过程，提出将多种染料涂在多孔氧化钛类半导体上构成固态仿生物光合作用电池，可达到10%的光电转换效率。这种电池具有低成本、高效率的优点，但也有严重的光老化等问题需要解决。

2.4 太阳能直接热利用

太阳能的热利用，是目前技术最成熟、成本最低、应用最广泛的一种太阳能利用方式。其基本原理是利用集热装置将太阳辐射能收集起来，再通过与介质的相互作用转换成热能，进行直接或间接的利用。

根据集热器所能达到的温度和用途，通常可把太阳能热利用分为低温利用(低于200℃)、中温利用(200～800℃)和高温利用(高于800℃)。

目前，低温利用主要有太阳能热水器、太阳能干燥器、太阳能蒸馏器、太阳房、太阳能温室、太阳能空调制冷系统等；中温利用主要有太阳灶、太阳能热发电聚光集热装置等；高温利用主要有高温太阳炉等。实际上，对于各种太阳能直接热利用方式，其基本原理都是类似的，只是在不同的场合用不同的名称。

【参考视频】

我国的太阳能光热应用面积已占到全球的76%，相当于整个欧美地区的4倍多，并以每年20%～30%的速度持续递增。

2.4.1 集热器的类型

集热器就是用于收集太阳的辐射能并将其转换为热能的装置，也称集热装置。

理论上讲，集热器有以下几种分类方式。

(1) 按集热器的传热工质类型分为液体集热器和空气集热器。
(2) 按进入采光口的太阳辐射是否改变方向分为聚光型集热器和非聚光型集热器。
(3) 按集热器是否跟踪太阳分为跟踪集热器和非跟踪集热器。
(4) 按集热器内是否有真空空间分为平板型集热器和真空管集热器。
(5) 按集热器的工作温度范围分为低温集热器、中温集热器和高温集热器。

事实上，上述分类的各种太阳集热器是相互交叉的。下面主要介绍3种目前广泛使用的太阳集热器。

1. 平板集热器

平板集热器的吸热部分主体是涂有黑色吸收涂层的平板。按照结构的差别，平板集热器又可分为直晒式平板集热器和透明盖板式集热器，分别如图2.5(a)和图2.5(b)所示。

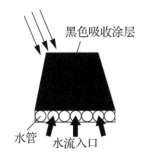
(a) 直晒式平板集热器

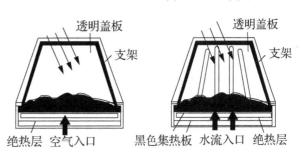
(b) 透明盖板式集热器

图2.5 平板集热器示意图

直晒式平板集热器的受热面是一个或多个平板，涂有高吸收、低发射的选择性涂层，直接让阳光照射到涂有吸收涂层的平板上，水管等传热结构放置在集热平板的背光一面，通过水循环将热量传递到水箱中。

透明盖板式集热器则是根据"热箱原理"设计的。"热箱"面向阳光的一面为透明的盖板，可用玻璃、玻璃钢或塑料薄膜制作；其他几面为不透气的保温层，并且内壁涂黑。太阳光透过透明的盖板进入箱内，被内壁涂层吸收，转换为热能。热箱内的集热介质可以是空气，也可以是水。

平板集热器的外观如图 2.6 所示。这类集热器接收太阳能辐射的面积和吸热体本身的面积相等。由于太阳能的能流密度较低，集热介质的工作温度一般也比较低，而且为了接收足够多的太阳能，往往需要很大的集热面积。

图 2.6 平板集热器外观

2. 真空管集热器

如果将透明盖板式集热器的集热板与透明盖板、侧壁之间抽成真空，同时在结构上做成圆管形状，就变成了真空管集热器，如图 2.7 和图 2.8 所示。其核心部件是真空管，按照材料来分，有全玻璃真空管和金属真空管两类。比较常见的是黑色镀膜的真空玻璃管。

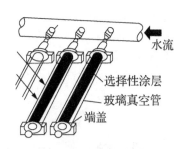

图 2.7 真空管集热器示意　【参考视频】　图 2.8 真空管集热器外观

真空管集热器是一种比较新型的太阳能集热装置，利用真空隔热，并采用选择性吸收涂层，集热效率高，热损失小，集热器的温度也较高，一般可以常年使用。目前真空管集热器已获得大规模商业化应用。

3. 聚焦型集热器

聚焦型集热器采用特定的聚焦结构，将太阳辐射聚集到较小的集热面上，从而可以获得很高的能流密度和集热温度。这类集热器结构比较复杂，造价也较高。

常见的聚焦结构包括以下几种(图 2.9)。

(1) 点聚焦结构，如复合抛物面反射镜(聚光倍率 1.5～10)、菲涅尔透镜(100～1000)和定日镜式聚光器(1000～3000)等。

(2) 线聚焦结构，如槽型抛物面反射镜和柱状抛物面反射镜(15～50)。

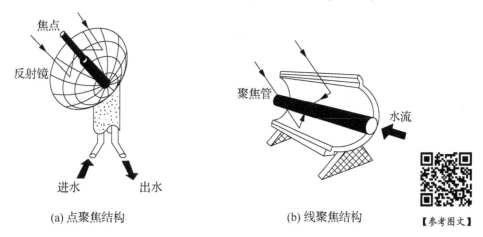

(a) 点聚焦结构　　　　　(b) 线聚焦结构

图 2.9　聚焦型集热器示意图

2.4.2　太阳能热水器和太阳灶

利用太阳能供热，最典型的应用就是太阳能热水器和太阳灶。

1. 太阳能热水器

太阳能热水器就是利用太阳辐射的热量进行加热从而提供热水的设备。由于可以节省用于加热的电能，太阳能热水器被认为是最重要的环保节能措施之一。在太阳能热利用的各种方式中，发展和应用最完善的就是太阳能热水器。

常见的太阳能热水器系统如图 2.10 所示。

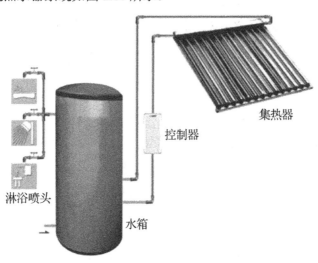

图 2.10　常见的太阳能热水器系统

太阳能热水器种类繁多，常根据集热器的类型进行分类，如常见的真空管热水器、平板式热水器等。

世界之最：我国的太阳能热水器应用稳居世界第一

2005 年我国太阳能热水器年推广量达 1500 万 m^2，占世界热水器推广总量的 70%以上，比欧美 10 年的总和还多。全国总保有量达 7500 万 m^2，成为世界太阳能热水器总量和太阳能节能环保第一大国。2008 年，我国太阳能热水器使用量超过 1.25 亿 m^2，占世界使用总量的 60%以上，继续稳居世界第一位。我国太阳能热水器行业保持了 10 多年的快速增长，2019 年产量达到 27300 万 m^2，产值达到 3800 亿元。据《新能源和可再生能源产业发展规划》，到 2021 年我国太阳能热水器的安装将达到 3 亿 m^2。

2. 太阳灶

太阳灶是一种收集太阳能并将吸收的热量用于炊事的装置。

小知识

一个直径 20cm 的铝壶放在地面(面积约为 $0.03m^2$，太阳辐射功率只有 15～30W)，若壶中装有 2L 温度为 20℃的水，用太阳能加热，即使没有任何损耗，能接收到的太阳能全部用于加热，将水烧开也要将近 10h。

太阳灶常采用球面的点聚焦型集热器，如图 2.11 所示。

图 2.11 太阳灶

目前，太阳灶的应用相当广泛，技术也比较成熟。

【参考图文】

世界之最：世界上最早的太阳灶

世界上第一个太阳灶的设计者是法国的穆肖。1860 年，他奉拿破仑三世之命，研究用抛物面镜反射太阳能，将太阳能集中到悬挂的锅上，供驻扎在非洲的法军使用。

2.4.3 太阳能空调

太阳能空调是比较常见的利用太阳能制冷的方式。太阳能制冷，是指利用太阳提供的热能直接或间接驱动制冷机的制冷方式。

一般的太阳能热利用项目，如采暖、提供热水等，在应用需求上往往与太阳能的供应并不完全一致。天气越冷、人们越需要温暖的时候，太阳能的提供往往越少。而太阳能空调的能量需求和太阳能的供应就比较一致。白天太阳辐射越强，天气越热的时候，人们需要空调的负荷也越大；在夏季空调负荷高峰时，正是太阳辐射最强时，太阳能空调具有良好的季节适应性。这是太阳能空调应用最有利的客观因素。从这方面来看，太阳能空调应该是最合理的太阳能应用方案之一。

太阳能空调的技术种类繁多，成熟度也各有不同，其产业化进程比较缓慢。但不可否认的是，随着能源政策对清洁能源的倾斜，太阳能空调的推广普及前景无限美好。

目前的太阳能空调技术，主要采用太阳能吸收式制冷和光电转换电能驱动制冷。

1. 太阳能吸收式制冷

太阳能吸收式制冷是利用热能直接制冷的最常用方式。

吸收式制冷机使用的工质是两种沸点相差较大的物质组成的二元溶液，其中沸点低的物质是制冷剂，沸点高的物质是吸收剂，因此又称其为制冷剂-吸收剂工质对。目前比较成熟的是"溴化锂-水溶液"吸收制冷和"氨-水溶液"吸收制冷，其中"溴化锂-水溶液"吸收制冷采用溴化锂(沸点1265℃)作为吸收剂，水是制冷剂；而在"氨-水溶液"吸收制冷中采用水作为吸收剂，氨(沸点33.4℃)是制冷剂。

图2.12所示为太阳能空调主机的工作原理。

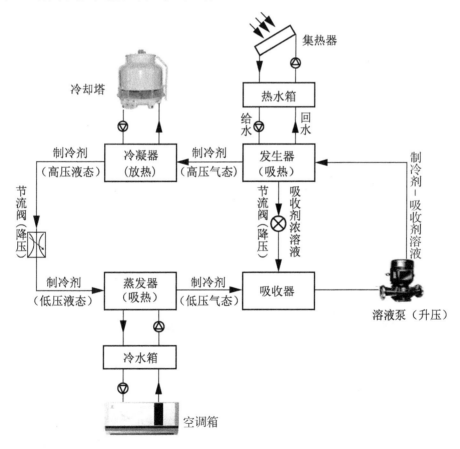

图2.12 太阳能空调主机的工作原理

图 2.12 中左半部分为制冷剂循环,属逆循环,由冷凝器、节流装置和蒸发器组成。高压气态制冷剂在冷凝器中向冷却介质放热被凝结为低温高压的液体,之后通过节流阀(或称膨胀阀)进入蒸发器时,急速膨胀而汽化,并在汽化过程中大量吸收蒸发器内冷媒水的热量,制冷机产生的冷媒水通向空调箱,以达到制冷空调的目的,同时吸取被冷却介质的热量产生制冷效应。

图 2.12 中右半部分为吸收剂循环,属正循环,主要由吸收器、发生器和溶液泵组成。在吸收器中,用液态吸收剂不断吸收蒸发器产生的低压气态制冷剂,以达到维持蒸发器内低压的目的;吸收剂吸收制冷剂蒸气而形成的制冷剂-吸收剂溶液,经溶液泵升压后进入发生器;在发生器中该溶液由太阳能集热器的集热介质直接加热、沸腾,其中沸点低的制冷剂汽化形成高压气态制冷剂,进入冷凝器液化,而剩下的吸收剂浓溶液则返回吸收器再次吸收低压气态制冷剂。

氨水吸收式制冷可产生-20~20℃的冷冻水,能满足从冷冻到空调区域的温度要求,但要求有精馏装置,系统较复杂;溴化锂吸收式制冷技术相对成熟,可产生 7~20℃的冷冻水。

此外在冬季,太阳能空调先将集热器加热的热水存入储水箱,当热水温度达到一定值时,由储水箱直接向空调箱提供热水,以达到供热采暖的目的。

小知识

水的蒸发温度和压力有关,压力越小,水的蒸发温度越低。具体数值可参考水的饱和蒸汽压表。

图 2.13 所示为斯里兰卡 Power Star 公司设计的太阳能空调示意图。

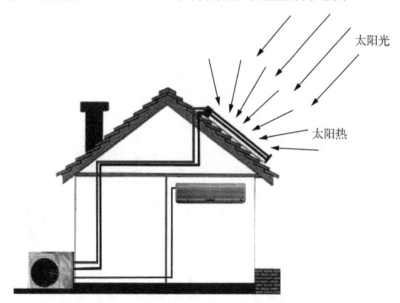

图 2.13　斯里兰卡 Power Star 公司设计的太阳能空调示意图

2. 光电转换电能驱动制冷

光电转换电能驱动制冷,实际是先把太阳能转换为电能(是光伏发电方式),再用电力驱动空调。这种方式的关键技术在于光伏发电,而不在于空调,在此不作详细讨论。

图 2.14 所示为 Greencore 公司设计的 10200 移动式太阳能空调。

图 2.14　Greencore 公司设计的 10200 移动式太阳能空调

2.4.4　太阳池

由于太阳对地面的辐射具有波动性和不连续性，若想实现太阳能的连续供应，就要在阳光充足的时刻尽量多地收集太阳能，并将用不完的部分设法储存起来，以便在阳光不足的时候甚至在没有阳光的夜间使用。

太阳池就是一种集中储存太阳能的方式，并可作为热源使用。

太阳池的池底深而黑，吸收太阳辐射的能力很强。池水为天然咸水或者加入氯化钠和氯化镁形成的盐水，具有一定的浓度梯度，一般表层为清水，越往深处盐度越大，底层甚至处于饱和状态。光辐射被池底吸收转变为热能后，除了池底的有限散热，基本不会向水池表面散热。这是因为稳定的盐溶液不能对流，而水本身的导热性又差，上层水实际上成为厚厚的保温层。太阳不断辐射、底层水不断储热，水温就越来越高。将太阳池底部的热取出，就可以进行各种应用，而且这种热源还比较稳定。

天然海洋和盐湖，都具有类似的储热特性。太阳池的工作示意图如图 2.15 所示。

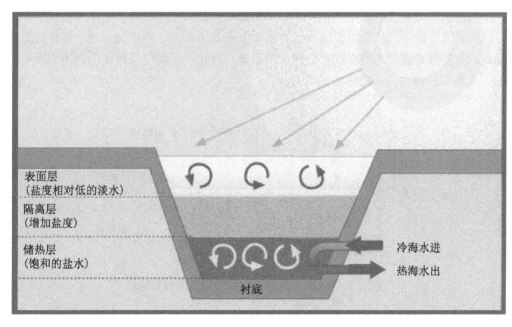

图 2.15　太阳池的工作示意图

> **世界之最：世界上最早的太阳池**

1902年，匈牙利物理学家凯莱劳斯基在其著作《物理学》中描述太阳池现象。大约60年后，以色列人哈里·泰勃在死海建立了第一个太阳池试验装置，并正式命名为"太阳池"。该水池面积为625m^2，在水深80cm处，获得了90℃以上的热水。

1979年，以色列人在死海南岸的爱因布和克小镇上，建立起一座150kW的太阳池发电站。1981年，又一座5000kW的太阳池发电站在以色列投入运行。据称，以色列正在进行上万千瓦级的此类电站的设计，估计单位千瓦造价与水电站的投资大致相当。

美国、俄罗斯、加拿大、澳大利亚、印度、伊朗、日本等国都在进行太阳池的研究。我国于20世纪70年代末，也在甘肃省做过小型太阳池的试验。

2.5 太阳能热发电

通常所说的太阳能热发电，就是指太阳能蒸汽热动力发电。

2.5.1 太阳能热发电系统的构成

太阳能蒸汽热动力发电的原理和传统火力发电的原理类似，所采用的发电机组和动力循环都基本相同。区别就在于产生蒸汽的热量来源是太阳能，而不是煤炭等化石燃料。太阳能热发电系统一般用太阳能集热装置收集太阳能的光辐射并转换为热能，将某种工质加热到数百摄氏度的高温，然后经热交换器产生高温高压的过热蒸汽，驱动汽轮机旋转并带动发电机发电。

太阳能热发电系统，由集热部分、热传输部分、蓄热与热交换部分和汽轮发电部分组成。典型的太阳能蒸汽热动力发电系统的原理如图2.16所示，其中定日镜、集热器实现集热功能，蓄热器是蓄热与热交换部分的主要设备，汽轮机、发电机是发电的核心设备，凝汽器、水泵为热动力循环提供水和动力。

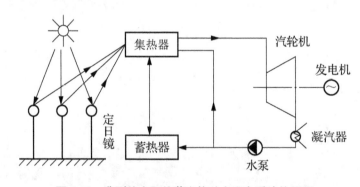

图2.16 典型的太阳能蒸汽热动力发电系统的原理

1. 集热部分

太阳能是比较分散的能源，定日镜(或聚光系统)的作用就是将太阳辐射聚焦，以提高其功率密度。大规模太阳能热发电的聚光系统，会形成一个庞大的太阳能收集场。为了能够聚集和跟踪太阳的光照，一般要配备太阳能跟踪装置，保证在有阳光的时段持续高效地获得太阳能。

集热器的作用是将聚焦后的太阳能辐射吸收，并转换为热能提供给工质，是各种利用太阳能装置的关键部分，目前常用的有真空管式和腔体式结构。

整个集热部分可以看成是庞大的聚光型集热器。

2. 热能传输部分

热能传输部分把集热器收集起来的热能传输给蓄热部分。对于分散型集热系统，通常要把多个单元集热器串联或并联起来组成集热器方阵。传热介质通常选用加压水或有机流体。为减少输热管的热损失，一般在输热管外加装绝热材料，或利用特殊的热管输热。

3. 蓄热与热交换部分

由于太阳能受季节、昼夜和气象条件的影响，为保证发电系统的热源稳定，需要设置蓄热装置。蓄热分低温(低于100℃)、中温(100～500℃)、高温(高于500℃)和极高温(1000℃左右) 4 种类型，分别采用水化盐、导热油、熔化盐、氧化锆耐火球等作为蓄热材料。蓄热装置所储存的热能，还可供光照短缺时使用。

为了适应汽轮发电的需要，传输和储存的热能还需通过热交换装置，转化为高温高压蒸汽。

4. 汽轮发电部分

经过热交换形成的高压高温蒸汽，可以推动汽轮发电机工作。汽轮发电部分是实现电能供应的重要部件，其电能输出可以是单机供电，也可以采用并网供电。

应用于太阳能热电的发电机组，除了通常的蒸汽轮机发电机组以外，还有用太阳能加热空气的燃气轮机发电机组、斯特林发动机等。

2.5.2 太阳能热发电系统的基本类型

太阳辐射的能流密度较低，对于较大规模的热发电系统，单个的聚焦型集热器已经不能满足要求，往往需要设计大面积的聚光系统，形成一个庞大的太阳能收集场，来实现聚光功能。

【参考视频】

根据太阳能聚光跟踪理论和实现方法的不同，目前太阳能热发电系统可以分为槽式线聚焦系统、线性菲涅尔式太阳能反射聚光系统、塔式定日镜聚焦系统和碟式点聚焦系统 4 个基本类型。

也有一些不用聚焦结构的太阳能发电系统，多采用真空管集热器，如图 2.17 所示。

图 2.17 真空管式太阳能集热器

1. 槽式太阳能热发电系统

槽式太阳能热发电系统，利用槽形抛物面或柱面反射镜把阳光聚焦到管状的接收器上，并将管内传热工质加热，在换热器内产生蒸汽，推动常规汽轮机发电，适用于大规模太阳能热发电应用。

图 2.18 所示为太阳能热发电系统的槽式聚光集热系统。整个槽式系统由多个呈抛物线形弯曲的槽型反射镜构成，有时为了制作方便，各槽式反射镜采用抛物柱面结构。每个槽式反射镜都将其接收到的太阳光聚集到处于其截面焦点的连线的一个管状接收器上。

图 2.18 太阳能热发电系统的槽式聚光集热系统

由于槽式系统的抗风性能最差，目前的槽式电站多处于少风或无风地区。

在美国加州西南的莫哈韦(Mojave)沙漠上，从 1985 年起先后建成 9 个太阳能发电站，总装机容量 354MW，年发电总量 10.8 亿 kW·h。随着技术不断发展，系统效率由起初的 11.5%提高到 13.6%；建造费用由每千瓦 5976 美元降低到每千瓦 3011 美元，发电成本由每千瓦时 26.3 美分降低到每千瓦时 12 美分。

2007 年 8 月，以色列索莱尔太阳能系统公司宣布将同美国太平洋天然气与电力公司在莫哈韦沙漠建造世界上最大的太阳能发电厂。该发电厂由 120 万块水槽型太阳电池板和约 510km 长的真空管组成，占地约 24km^2，全部建成后，最大发电能力为 553MW，可为加州中、北部 40 万户家庭提供电力。

我国西北阳光富足的地区往往是多风、大风甚至沙尘暴频发的地区。如果在我国开展此项应用或示范，必须增强槽式系统的抗风能力，因而成本必然在国外已有示范基础上大大增加。

此外，太阳能-燃气联合循环槽式热发电系统(简称 ISCC，又称一体化太阳能联合循环系统) 是将槽式太阳能热发电系统与燃气轮机发电系统相结合，以优化能源利用结构，提高能源利用效率。ISCC 作为槽式太阳能热发电系统的一种新兴形式，已越来越多地受到国际社会的关注。采用 ISCC 太阳能一体化装置，尽管太阳光每日每时的强度不同，但太阳能的发电效率提高了。与常规燃气发电机发电率 50%～55%相比，这种联合体装置在高峰时间发电率可以达到 70%。目前埃及的 Kuraymat 项目和摩洛哥的 AinBeni Mather 项目进入实施阶段，其中埃及的 Kuraymat 项目已投产运行。

2. 线性菲涅尔太阳能热发电系统

19 世纪，法国物理学家奥古斯汀·菲涅尔发现大透镜在被分成小块后，能实现相同聚焦效果。20 世纪 60 年代，太阳能利用先驱 Giorgio Francia 将这种方法应用到太阳能反射聚光上，在意大利热那亚制作了一个太阳能聚集系统，并将这种技术称为线性菲涅尔反射聚光技术。

20 世纪 90 年代，PAZ 公司研发了一种具有跟踪功能的线性菲涅尔反射聚光技术，并且采用了具有高聚光效率的 CPC 作接收器。随后澳大利亚的一家公司研发了一种紧凑式线性菲涅尔反射(CLFR) 聚光技术。

21 世纪最近 10 年是线性菲涅尔反射聚光技术真正开始发展的时期，许多公司开始线性菲涅尔反射聚光技术大型化示范工程的研究和建设。代表性工程有澳大利亚新南威尔士的 5MW 示范工程及西班牙里歌的 2MW 示范工程。此外，我国皇明集团在山东德州建设的 2MW 线性菲涅尔发射聚光技术的示范工程(图 2.19)也于 2011 年试机成功。图 2.20 所示为线性菲涅尔太阳能光热发电系统。

图 2.19　皇明集团的 2MW 线性菲涅尔反射聚光技术示范工程

图 2.20 线性菲涅尔太阳能光热发电系统

线性菲涅尔反射聚光技术的原理起源于抛物槽式反射聚光技术。菲涅尔系统用一组平板镜来取代槽式系统里的抛物面型的曲面镜聚焦，是简化了的槽式系统，通过调整控制平面镜的倾斜角度，将阳光反射到光热管中，实现聚焦加热。

线性菲涅尔反射聚光器主要由主反射镜场、接收器和跟踪装置三部分组成，有时在聚光器的顶部加装小型抛物面反射镜(二次聚光器)，以加强阳光的聚焦，如图 2.21 所示。主反射镜场是由平面镜条组成的平面镜阵列，平面镜的长轴(即转动轴)在同一水平面内；跟踪装置使平面镜绕转动轴转动，实现跟踪太阳移动，平面镜的反射光会聚到接收器的受光口；接收器接收主反射镜的反射光，并使之会聚到管式吸收器上，使光能转换为热能。

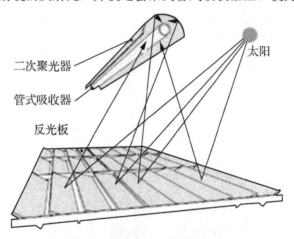

图 2.21 线性菲涅尔聚光系统示意图

(来源：www.solareuromed.com)

当电站规模达到兆瓦级时，需要配备多套聚光集热单元。为避免相邻单元的主镜场边缘反射镜相互遮挡，需要抬高集热器的支撑结构，相邻单元间的距离也需增大，土地利用率较低,于是,研究者们提出了紧凑型线性菲涅尔式反射聚光系统的概念,采用多个吸收器接收反射镜的反射光,如图 2.22 所示。

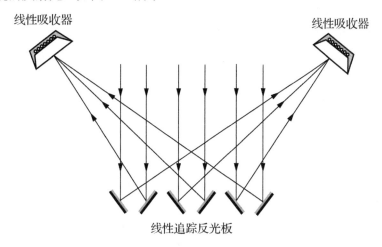

图 2.22　紧凑型线性菲涅尔聚光系统示意图

线性菲涅尔反射聚光技术较抛物槽式反射聚光技术有许多优点。

(1) 抛物槽式系统的镜面是曲面且面积很大,不易加工;线性菲涅尔式系统的镜面是平面,镜面面积相对较小,加工容易,成本较低。

(2) 线性菲涅尔式系统的每面镜条都自动跟踪太阳,相互之间可用联动控制,控制成本较低。

(3) 线性菲涅尔式系统镜场之间的光线遮挡较小,场地利用率高。

(4) 线性菲涅尔式系统的聚光比比相同场地的槽式系统要高,一般为 50～100。

小知识

聚光比是指抛物镜的开口面积或定日镜群的总面积与它们焦平面上光斑面积之比,是设计聚光型太阳能利用装置最重要的参数之一。由于接收器上的能量来自太阳,其最高温度不可能超过 6000K,因此无法使聚光比无限大。

3. 塔式太阳能热发电系统

塔式太阳能热发电系统,一般是在空旷平地上建立高塔,高塔顶上安装接收器;以高塔为中心,在周围地面上布置大量的太阳能反射镜群(能够自动跟踪阳光的定日镜群);定日镜群把阳光积聚到接收器上,加热工质(如水),产生高温高压蒸汽推动汽轮机发电。

塔式系统聚光比高,易实现较高的工作温度,系统容量大、效率高,因而适用于大规模太阳能热发电系统。

最早和最大的太阳能热电站,都是塔式太阳能热电站。

世界之最:最早的太阳能热电站

1950 年苏联设计建造了世界第一座塔式太阳能热发电小型实验装置。

世界上第一个实用的太阳能电站,是法国奥德约太阳能发电站,该发电站采用的是一个塔式太阳热发电装置,发电功率为64kW。同年法国在比利斯山区建成世界第一座功率达100kW的塔式太阳能热发电系统。

欧洲于1980年在意大利建成了一座发电功率为1000kW的塔式太阳能电站。这座塔式太阳能热电站位于意大利西西里岛,其太阳锅炉热功率为4800kW,是世界上第一个并网运行的太阳能电站。

世界之最:最大的太阳能光热电站

阿联酋迪拜马克图姆太阳能园区第四期950MW发电项目工程为全球最大的太阳能光热光伏混合发电项目。该项目原为700MW光热发电项目,后增加250MW光伏机组。目前,该项目的构成由原"光热"电站变为"光热+光伏"混合电站。对于整个项目的发电贡献,3×200MW槽式光热电站将贡献74%的电力输出,100MW塔式光热电站占比14%,250MW光伏电站占比12%。

该项目英文已正式命名为Noor Energy 1 CSP-PV Project(见图2.23)。该电站采用全球领先的"塔式+槽式"集中式光热发电技术,配置包括1套100MW塔式熔盐储热发电机组和3套200MW槽式熔盐储热发电机组,每台机组均配置15h的储热系统,项目合计发电容量达700MW,是目前全球规模最大光热电站项目。该项目的成功开发标志着光热发电技术进入新的发展阶段,是清洁能源领域的又一里程碑。整个项目计划在2021—2022年全部完工。

【参考视频】

图2.23 Noor Energy 1 CSP-PV Project

4. 碟式太阳能热发电系统

碟式太阳能热发电系统,又称抛物面反射镜/斯特林系统,由许多反射镜组成一个大型抛物面,类似大型的抛物面雷达天线(图2.24和图2.25),聚光比可达数百倍到数千倍;在该抛物面的焦点上安放热能接收器,利用反射镜把入射的太阳光聚集到热能接收器所在的很小的面积上,收集的热能将接收器内的传热工质加热到很高的温度(如750℃左右),驱动发电机进行发电。

图 2.24 碟式斯特林太阳能热发电系统

图 2.25 碟式太阳能热发电系统

美国热发电计划与 Cummins 公司合作，1991 年开发商用的是 7kW 碟式斯特林太阳能热发电系统。同时还开发了 25kW 的碟式太阳能热发电系统，成本更加低廉，1996 年在电力部门进行实验，1997 年开始运行。

受聚光集热装置的尺寸限制，碟式斯特林太阳能热发电系统的功率较小，更适用于分布式能源系统。

碟式斯特林太阳能热发电系统光学效率高，启动损失小，效率高达 29%，在三类系统中位居首位。今后的研究方向主要是提高系统的稳定性和降低系统发电成本两个方面。

2003 年，中国科学院电工研究所在北京通州区获得太阳能聚光热发电试验成果，这是我国首次采用碟式太阳能聚光技术进行的太阳能热发电。

【参考视频】

2.6 太阳能光伏发电

从目前的应用规模、发展速度和发展前景来看，太阳能光伏发电可能是未来发展最快、最有发展前途的一种新能源利用技术。

【参考视频】

2.6.1 光伏效应与光伏材料

光伏效应，是指当光照在不均匀半导体或半导体与金属组合材料上时，在不同的部位之间产生电位差的现象。光伏效应是物质吸收光能产生电动势的现象，是太阳的光辐射能通过半导体物质转换为电能的过程。

 发现的故事：光伏效应

1839 年，法国物理学家贝克勒尔意外地发现：将两片金属浸入电解质溶液所构成的伏打电池，在受到阳光照射时电压会突然升高。他在当年发表的论文中把这种现象称为"光生伏打效应(Photovoltaic Effect)"。1876 年，亚当斯等人又在金属和硒片上发现固态光伏效应。1941 年，奥尔在硅材料上发现了光伏效应，奠定了半导体硅在太阳能光伏发电中广泛应用的基础。

光伏效应在气体、液体和固体物质中都会发生，但是只有在固体材料中，才有较高的能量转换效率。尤其是在半导体材料中，光伏效应的效率最高。

能利用光伏效应产生电能的物质称为光伏材料。选用能量转换效率较高的光伏材料，制成光伏电池，就可以用于光伏发电。

光伏发电对光伏材料的一般要求是：要有较高的光电转换效率；材料本身对环境不造成污染；材料便于工业化生产，而且材料的性能要稳定；等等。

制造光伏电池的半导体材料，已知的有十几种。

第一代光伏电池主要基于硅晶片，采用单晶硅和多晶硅材料制成，目前仍是光伏产品市场的主流。硅元素在地壳中的储量仅次于氧，原材料相当丰富。不过，晶体硅作为光伏电池中的光伏材料，其成本较高(制作晶体硅电池的硅材料占电池成本的45%以上)。而且，硅晶体的尺寸也不能满足大面积的要求。

除了硅(包括单晶硅、多晶硅和非晶硅)以外，可用的光伏材料还有砷化镓、磷化铟等Ⅲ-Ⅴ族化合物(砷化镓光伏电池能耐高温，在 250℃的条件下光电转换性能良好，适合做高倍聚光光伏电池；但是成本高，主要材料砷化镓制备较难)，硫化镉等Ⅱ-Ⅵ族化合物，铜铟硒等多元化合物，以及某些功能高分子材料和研制中的纳米晶体材料。

 趣闻：爱因斯坦与光伏效应

1905年是世界物理史上的神奇之年。26岁的爱因斯坦以超人的智慧迸发出耀眼的光芒，在没有其他外界学术联系的情况下，一年之中发表了3篇震撼物理学界的论文：光的量子说(解释光伏效应)、布朗运动(证明分子的存在)和狭义相对论(修正了牛顿力学)。1915年，爱因斯坦又发表了一篇惊世名作——广义相对论，取代了牛顿的万有引力定律，成为迄今为止最成功的近代引力理论。1921年，爱因斯坦获得诺贝尔物理学奖，成为世界上家喻户晓的大科学家。

很多人至今都以为爱因斯坦的获奖是因为他的相对论，可实际上并非如此。爱因斯坦获得诺贝尔奖的真正原因是他用量子理论解释了光伏效应。

2.6.2 光伏电池

光伏电池，是利用光伏效应将太阳能直接转换为电能的器件，也称太阳电池。

常见的光伏电池都是由很多单体光伏电池构成的。单体光伏电池是指具有正、负电极，并能把光能转换为电能的最小光伏电池单元。

典型的单体硅光伏电池(图2.26)由纯度较高的N型或P型单晶硅棒，制成厚度为0.25～0.5mm、形状为圆形(直径为 30～100mm)或方形(2cm×2cm、1cm×2cm)的单晶片，构成电池基体部分(也称衬底，图 2.26 中的 4)。在表面扩散一些与该材料异性的杂质，形成厚度为 0.3μm 左右的扩散顶区(图2.26 中的 3)，构成 P-N 结，这是光伏电池的核心部分。从电池表面引出的电极为上电极，一般采用铝银材料制成细长的栅线形结构；由电池底部引出的电极为下电极，一般将下电极用镍锡材料制成板形结构。上、下电极(图2.26 中的1、5)的作用是引出光生电动势；为了增加硅片表面光能吸收量，减小光反射损耗，在电池表面还要镀敷一层用二氧化硅等材料构成的减反射膜，而盖板(图 2.26 中的 2)的主要作用是防湿、防尘。

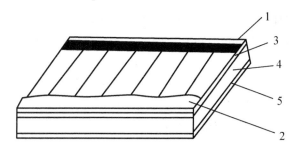

1—上电极；2—减反射膜及盖板；3—扩散顶区；4—基体或衬底；5—下电极或称底电极

图 2.26　常规的单体硅光伏电池结构示意图

制造晶体硅光伏电池的核心步骤有两个：一是晶体硅片的制备；二是在硅片上制造光伏电池。21 世纪以来，国际市场上晶体硅一直供不应求，我国 80%的多晶硅原料依赖进口。

晶体硅太阳能光伏电池的工作原理如图 2.27 所示。当 N 型硅和 P 型硅结合时，N 型区的电子(带负电荷)扩散到 P 型区，P 型区的空穴(带正电荷)扩散到 N 型区[图 2.27(b)]。此时，N 型区带正电，P 型区带负电，在硅半导体内部产生内建电场[图 2.27(c)]，在 P-N 结的两边出现电压。当太阳光照射在半导体 P-N 结上时，太阳辐射中的光子打入半导体中，产生可以自由移动的电子和空穴，形成新的空穴-电子对。在 P-N 结电场作用下，空穴由 N 型区流向 P 型区，电子由 P 型区流向 N 型区。于是，P-N 结两端的接触电极将分别带上正电荷和负电荷。若接通 P-N 结两侧的电路，就会形成电流，从 P 型区经外电路流向 N 型区。若外电路接有负载，则会对负载输出电功率。

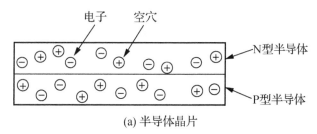

(a) 半导体晶片

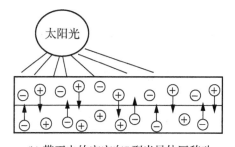

(b) 带正电的空穴向 P 型半导体区移动，
带负电的电子向 N 型半导体区移动

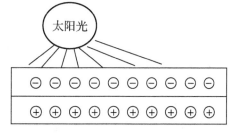

(c) 电子动 N 型区负电极流出负电，
空穴从 P 型区正电极流出正电

图 2.27　晶体硅太阳能光伏电池的工作原理

在这种发电过程中，光伏电池本身既不发生任何化学变化，也没有机械磨耗。

光伏电池输出电压的极性，以 P 端为正极，以 N 端为负极。当光伏电池独立作为电源使用时，它应处于正向供电状态，即电流从 P 端经外电路流向 N 端；当它与其他电源混合供电时，光伏电池极性接法的不同，决定了电池是处于正向偏置还是处于反向偏置的形式。

光伏电池的光电转换效率，主要与其结构、P-N 结特性、材料性质、电池的工作温度、放射性粒子辐射损坏和环境变化等有关。计算表明，在大气质量为 AM 1.5 的条件下进行测试，目前硅太阳能电池的转换效率的理论上限值为 33%左右，实际单晶硅光伏电池的效率为 12%~20%。

光伏电池按结构(主要是 P-N 结的特点)进行分类，可分为同质结光伏电池、异质结光伏电池、肖特基结光伏电池、复合结光伏电池、叠层光伏电池、非晶硅薄膜光伏电池(图 2.28)和湿式光伏电池。

图 2.28　非晶硅薄膜光伏电池

2.6.3　光伏发电系统

利用光伏电池将太阳辐射能转换为电能的发电系统，称为太阳能光伏发电系统。

光伏发电系统，一般由光伏电池方阵、储能蓄电池、保护和控制系统、逆变器等设备组成。

1.　光伏电池方阵

实现光电转换的最小单元是单体光伏电池，尺寸一般为 4~100cm^2，只能提供 0.45~0.50V 的电压，20~25mA/cm^2 的电流，远远低于实际供电的需要，因此不能直接作为电源使用。在实际应用时，常常根据功率需要，将多个光伏单体电池经串联、并联组织起来，并封装在透明的外壳内(既可防止外界对它的损害，延长其寿命，又便于安装使用)，组成一个可以单独作为电源使用的最小单元，即光伏电池组件。光伏电池组件，一般由 36 个单体电池组成，可产生 12~16V 的电压，功率从零点几瓦到几百瓦不等。还可把多个电池组件再串、并联起来并装在支架上，组成光伏电池阵列(多为矩形，因此也称光伏方阵)。

图 2.29 为光伏电池的单体(或称单片)、组件和阵列的示意图。

光伏电池阵列的面积可大可小。例如，设置一个 10kW 的方阵，需要 70~80m^2 的面积。光伏系统的容量，用标准光伏电池阵列功率(组件最大功率之和)表示。光伏系统的功率与太阳辐照度和光伏组件内的光伏电池单体的温度有很大关系。标准光伏电池阵列功率，一般是指在太阳辐射强度为 1kW/m^2、大气质量为 AM 1.5、单片温度为 25℃的标准条件下的最大功率。

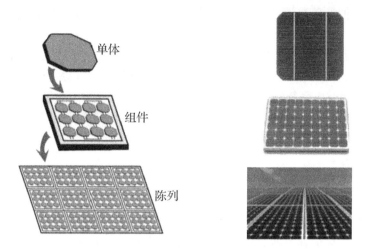

图 2.29 光伏电池的单体、组件和阵列示意图

光伏电池阵列可以摆成平板式，结构简单，适合固定安装的场合；也可以采用聚光式结构，通常采用平面反射镜、抛物面反射镜或菲涅尔透镜等装置来聚光，由于提高了入射光的辐照度，可以节省光伏电池的数量或增大输出功率，但通常需要装设向日跟踪装置和转动部件，可靠性降低。

2. 储能蓄电池

由于光伏发电输出功率的不稳定性和不连续性，独立工作的光伏发电系统常常需要配备储能装置，以保证对用户的可靠供电。阳光充足时，光伏电池阵列在向用户供电的同时，还用剩余的能量给蓄电池充电。在夜晚或阴雨天等缺乏日照的情况下，光伏电池不能发电或输出很少，就可以由蓄电池向用户供电。

常用的蓄电池有铅酸蓄电池、硅胶蓄电池和碱性镉镍蓄电池，其中铅酸蓄电池功率价格比最优，应用最广。

3. 保护和控制系统

光伏发电的保护和控制系统主要由电子元器件、测量仪表、继电器、控制开关等组成。

在小型或独立运行的光伏发电系统中，保护和控制功能主要是蓄电池的保护，防止过充电和过放电。防止蓄电池过充电和过放电的控制器，称为充放电控制器。

对于大中型或并网运行的光伏发电系统，保护和控制系统担负着平衡、管理系统能量，保护蓄电池及整个系统正常工作，显示系统工作状态等重要作用，有时需要配备数据采集系统和微机监控系统。

可以利用二极管的单向导电性，防止蓄电池在日照不足甚至没有时通过光伏电池放电。这些二极管称为防反充二极管。

4. 逆变器

逆变器是将直流电转换成交流电的电力电子设备。光伏电池和蓄电池输出的都是直流电。而常见的民用电气设备都用交流电，电网也都是交流电系统。光伏发电系统所用的逆变器，一般是把低压直流电逆变成 220V 的交流电，是光伏电池普及应用的关键技术之一。

按光伏发电系统的运行方式，逆变器可分为两类：一类用于独立运行的太阳能光伏发电系统，为独立负载供电；一类用于并网运行的太阳能光伏发电系统，将发出的电能送入电网，是联网光伏发电系统的核心部件和关键技术。当光伏发电系统输出的电力大于负载的消耗时，由并网逆变器把剩余的电力转换为电压、频率等指标等同于电网的电能，送入电网中。相反，如果用户从光伏发电系统获得的电力不够时，则由并网逆变器从电网中吸取补上不足的部分。

并网逆变器还可以在输出电压和电流随光伏电池温度及太阳辐照度而变化时，总是输出光伏电池的最大功率。

按照功率变换级数的不同，光伏并网逆变器可分为单级逆变器和多级逆变器。

单级逆变器使用元器件少，电路结构简单，故逆变器能量转换效率较高，成本较低。但需要一步实现电能直交逆变和最大功率点跟踪(MPPT)等多种功能，控制相对复杂。由于没有解耦环节，电网运行状况的变化(如低频扰动等)会对光伏发电系统功率输出产生影响；同时光伏发电系统产生的谐波也会直接注入电网，这在一定程度上降低了电网运行的效率和安全性。

多级逆变器主要是两级式逆变器，其将整个控制过程分为两步：DC/DC 和 DC/AC。DC/DC 环节用于完成 MPPT 和直流电压幅值的调节，DC/AC 环节用于完成并网控制和孤岛检测及对应保护等，控制器设计相对简单。但在结构上较单级式逆变器复杂，元器件使用较多，成本较高。

根据系统中有无变压器，光伏并网逆变器还可分为无变压器型(Transformerless)、工频变压器型(Line-Frequency Transformer，LFT)和高频变压器型(High-Frequency Transformer，HFT)三种。采用高频变压器和无变压器方式的并网逆变器，由于在成本、尺寸、质量及效率等方面具有优势，因此在小功率及分布式发电系统中成为目前研究的热点和发展趋势。

图 2.30～图 2.33 所示分别为单级无变压器并网逆变器结构、双级无变压器并网逆变器结构、单级工频变压器隔离的并网逆变器结构和高频变压器隔离的并网逆变器结构。

图 2.30 单级无变压器并网逆变器结构　　　　图 2.31 双级无变压器并网逆变器结构

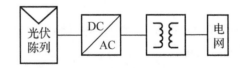

图 2.32 单级工频变压器隔离的并网逆变器结构

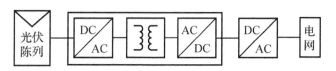

图 2.33　高频变压器隔离的并网逆变器结构

世界之最：世界首座太阳能光伏发电五星级酒店

2011 年 4 月 26 日，英利集团下属的电谷锦江国际酒店正式挂牌，成为世界首座太阳能光伏发电"五星级酒店"，如图 2.34 所示。酒店外立面创造性地安装光伏电池组件，利用太阳能并网发电。据介绍，酒店总装机容量 0.3MW，年发电量 26 万 kW·h，全年可节约 104t 标准煤，减少二氧化碳排放 270t，减少二氧化硫排放 2.3t，减少氮氧化合物排放 1t。

图 2.34　电谷锦江国际酒店

(来源：baike.baidu.com)

酒店不仅在太阳能发电功能上独树一帜，也在能源综合利用上堪称典范。整个酒店的供热和制冷采用的是污水源热泵技术，通过板热交换系统，提取污水温差，用于楼内的采暖、制冷和生活用水加热，使城市排放的污水实现循环利用，提供了可再生能源的利用效率，充分体现了"绿色、环保、节能"的理念。

2.6.4　光伏发电的特点

光伏发电有很多优点。

从太阳能资源的角度来看：太阳能是地球上最丰富、最广泛的可再生能源。不仅总量巨大，取之不尽、用之不竭，而且分布广泛，获取容易，不需要开采和运输。

从光伏发电系统的角度来看，其很多优点是其他能源无法比拟的，这主要是因为光伏发电系统主要由电子元器件构成，不涉及机械部件。

(1) 运输、安装容易。光伏组件结构简单，体积小，质量轻，因此，运输方便，安装容易，建设周期很短；而且规模可大可小，可以方便地与建筑物相结合等。又由于运输和安装都比较容易,只要是太阳能资源较好的地方就可以建设使用光伏发电,如沙漠地区。

(2) 运行、维护简单。光伏电池没有移动部件,容易启动,可随时使用;在光电转换过程中,光伏材料也不发生任何化学变化,因而没有机械磨损和消耗,故障率低,运行和维护都比较简单,可以实现无人值守。

(3) 安全,可靠,寿命长。光伏电池没有移动部件,也不发生任何化学变化,因而运行安全,可靠性高,没有物质损耗,使用寿命长。

(4) 清洁,环境污染少。光伏电池没有移动部件,也不发生任何化学变化,因而不会产生噪声,而且无气味,对环境的直接污染很少。在所有可再生和不可再生能源发电系统中,光伏电池对环境的负面影响可能是最小的。

但是,需要特别指出的是,晶体硅光伏电池生产前期的晶体硅片制造过程为高耗能、高污染过程。在某些薄膜光伏电池模块中,包含微量的有毒物质(如制造碲化镉的金属镉就有毒),因此存在着一旦发生火灾将释放出这些有毒化学物质的可能性。

如果不考虑制造过程和成本,只考虑能源的使用方便,光伏发电无疑是最理想的新能源利用技术。

光伏发电未能迅速地大面积推广应用,这说明它也存在一些不足。这些不足主要是由太阳能资源本身的弱点造成的。

(1) 能量分散(能量密度低)。太阳能的能量密度很低,在实际利用中要得到较大的功率,往往需要设立面积相当大的太阳能收集设备,因而占地面积大、材料用量多、结构复杂、成本增高。

(2) 能量不稳定。阳光的辐射角度随着时间不断发生变化,再加上气候、季节等因素的影响,到达地面某处的太阳直接辐射能是不稳定的,具有明显的波动性甚至随机性。这给经济、可靠的大规模利用带来了不少困难。

(3) 能量不连续。随着昼夜的交替,到达地面的太阳直接辐射能具有不连续性。夜间没有太阳直接辐射,散射辐射也很微弱,大多数太阳能设备在夜间无法工作。为克服上述困难,就需要研究和配备储能设备,把在晴朗白昼收集的太阳能(以及正常使用之后的剩余部分)储存起来,供夜晚或阴雨天使用。

2.7 光伏发电的发展

【参考视频】

2.7.1 光伏发电技术的发展历史

光伏发电技术的研究历史已经有100多年。

1839年,法国物理学家贝克勒尔发现光伏效应。

1883年,查尔斯·弗瑞斯试制了一个"硒光电池",用作传感器件,但效率只有1%。

1930 年，朗格首次提出用光伏效应制造"光伏电池"的想法，这是关于太阳能发电的最早提议。

1931 年，布鲁诺将铜化合物和硒银电极浸入电解液，在阳光下启动了一个电动机。

1941 年，奥尔在硅材料上发现了光伏效应，光伏电池的研究进入实用化阶段。

20 世纪 50 年代，光伏电池技术出现重大突破。

世界上第一个实用的光伏电池诞生于 1954 年。美国贝尔实验室的科学家恰宾和皮尔松，研制成功了效率为 6%的单晶硅光伏电池。这可以看作光伏电池产业化的开始。同年，韦克尔发现砷化镓有光伏效应，并在玻璃上制成了第一块薄膜光伏电池。

1955 年，第一个光电航标灯问世。

1958 年，单晶硅电池的转换效率已经达到 14%。同年 3 月 17 日美国发射的第二颗人造卫星"先锋 1 号"，以单晶硅光伏电池作为无线电发射器的电源。这是光伏电池在太空领域的首次应用。

1959 年，第一个多晶硅光伏电池问世，效率为 5%。

1960 年，硅光伏电池首次实现并网运行。

1974 年，日本开始执行阳光计划，对光伏发电系统实施政府补贴。

1975 年，非晶硅光伏电池问世。

1978 年，美国建成 100kWp 地面光伏电站。1983 年，建成 1MWp 光伏电站。1986 年，又建成 6.5MWp 光伏电站。

提示

Wp 是光伏电池或光伏发电系统的规格单位，表示在大气质量为 AM 1.5、太阳辐射强度为 $1kW/m^2$、电池温度为 25℃时，光伏电池的输出功率(Watt)，称为峰瓦(Peak Watt)。在大多数情况下，光伏电池的输出功率达不到其标称的 Wp。

1996 年，联合国在津巴布韦召开"世界太阳能高峰会议"，发表了《哈拉雷太阳能与持续发展宣言》，讨论了《世界太阳能 10 年行动计划(1996—2005 年)》《国际太阳能公约》《世界太阳能战略规划》等重要文件。

2000 年，光伏电池与建筑相结合的技术正式开始发展。

趣闻：美国和日本的太空光伏发电构想

辐射到大气层外的太阳光，经过大气层照射到地面时，能量损失超过 50%，而且在晚间和阴雨天还没有阳光。怎样才能充分利用太阳送给地球的能量呢？

1968 年，美国麻省里特咨询公司的工程师彼特·格拉斯(Peter Glaser)提出建造空间太阳能电站的想法，设想了地球外层空间的一个面积达 $50km^2$ 的光伏电池板阵列，其中每块电池板都能产生数千瓦的功率，发出的电力借助一个长达 1km 的天线以微波方式传回地球，再将微波转换为电能供人类使用。随后，美、日、俄等国相继开展了这方面的研究，也提出了多种方案，有的正在付诸实施。1979 年，美国宇航局发表了关于宇宙太阳能发电系统的构想，内容是向距地球 3.6 万 km 的宇宙空间发射装有长 10km、宽 5km 的巨大光伏电池，通过电子线路把电能转换为电磁波，传输到地球。

2000 年 5 月，日本设立宇宙太阳能发电系统实用化研究委员会，研究利用宇宙中的光伏电池发电并将电能传送到地球的可行性。2007 年，作为日本太空太阳能发电系统(SSPS)计划的重要组成部分，设在大阪的日本激光技术综合研究所利用太阳光生成了最高能量达 180W 的激光束。2008 年 2 月，北海道的日本科学家开始了新型电力传输系统的地上试验，这个系统可以将能源以微波形式从太空传送到地球。

2018 年 12 月 6 日，重庆市璧山区人民政府、重庆大学、中国空间技术研究院西安分院、西安电子科技大学签署合作协议——中国首个空间太阳能电站实验基地建设项目正式启动。

2.7.2 光伏发电产业的发展状况

自 20 世纪 50 年代出现第一块实用的单晶硅光伏电池，20 世纪 50 年代末光伏电池进入空间应用，20 世纪 60 年代末光伏电池进入地面应用以来，光伏发电技术已历经了半个多世纪。

2004 年，光伏电池在全世界能源市场开始蓬勃发展，开始形成产业。

光伏电池的功率级别非常丰富，大到 100kW～10MW 的太阳能光伏电站，小到手表、计算器的电源。最好的单晶硅光伏电池在实验室中的转化效率已达到 24%。多晶硅光伏电池的转化效率达到 22.8%，砷化镓光伏电池转化效率达到 27%，在实验室中特制的砷化镓光伏电池转化效率甚至已高达 35%～36%。

2007 年我国光伏电池的产量约为 1100MW，而欧洲、日本和美国的产量分别为 1062MW、920MW 和 266MW，中国已成为名副其实的光伏电池产量世界第一。2010—2018 年，全球光伏电池产量及我国的市场份额如图 2.35 所示。

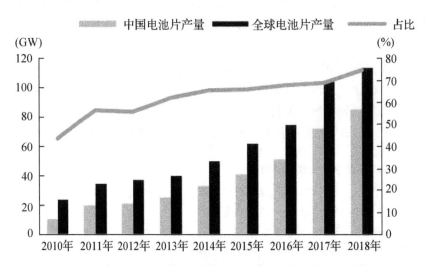

图 2.35 2010—2018 年全球光伏电池产量及我国的市场份额

(数据来源：中国光伏行业协会)

近 20 多年来光伏电池产量每增加一倍，光伏电池的价格即下降 20%。据美国能源部估计，2003 年光伏发电的成本大约是每千瓦时 30 美分，按照这些年的下降速度，要使光伏发电的价格下降到每千瓦时 2 美分,需要 20 多年的时间。如果采取一些有效的新技术,这一时间有望缩短到 10~15 年。国际可再生能源署(IRENA)在 2020 年发布的可再生能源成本报告显示,全球主要可再生能源技术成本在 2010—2019 年下降迅速,其中,光伏发电下降幅度超过 82%,成为所有可再生能源品类中降幅最大的能源。光伏发电正向最具竞争力电力产品进发,越来越低的中标电价不断创造着可再生能源发电的新纪录。2020 年 8 月,位于葡萄牙的光伏项目最低电价达到了创世界纪录的每千瓦时 0.0112 欧元。2020 年,我国青海海南州光伏竞价项目以每千瓦时 0.2427 元的价格中标,打破了内蒙达拉特旗每千瓦时 0.26 元的纪录。随着光伏发电逐步由"奢侈品"走向"平价品",光伏平均初始投资已经由 6 万元/千瓦降至 4000~5000 元/千瓦,降幅达 92%左右。2011 年至今,我国光伏项目的标杆电价由每千瓦时 1.15 元,降至今年的每千瓦时 0.35~0.49 元,降幅近 70%。

光伏发电的小功率应用已经比较普遍,而今正向大功率应用发展。

太阳能光伏发电的装机量随着生产量的增大而逐年增加,如图 2.36 所示。光伏发电装机容量从 2013 年的 135.76GW,逐步增长到 2017 年的 403.5GW,再飞跃到 2018 年的 510GW。2019 年全球光伏新增装机量为 114.9GW,连续第三年突破 100GW 门槛,同比增长 12%,光伏累计装机量达到 627GW。

图 2.36　全球光伏发电的累计装机量及年装机量

图 2.37(a)、(b)分别展示了全球前十国家光伏新增和累计装机量,2019 年的光伏装机前十名的国家依次为中国、美国、印度、日本、越南、西班牙、德国、澳大利亚、乌克兰、韩国。全球前十国家新增装机占比达到 73%,较 2018 年有所下降。

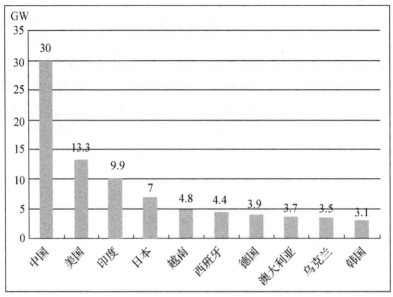

(a) 2019年全球前十国家光伏新增装机量

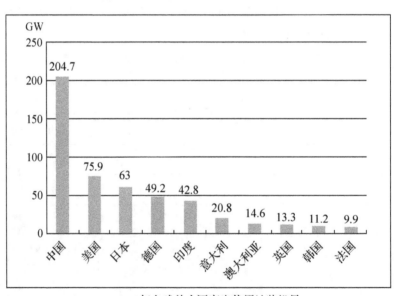

(a) 2019年全球前十国家光伏累计装机量

图 2.37 2019 年全球前十国家光伏新增、累计装机量

(数据来源：国际可再生能源署)

2.7.3 我国光伏发电行业的发展状况

我国从 20 世纪 50 年代开始研制光伏电池。

1958 年，中国电子科技集团公司第十八研究所(简称天津十八所)、中国科学院半导体研究所，分别设立了光伏电池研究课题。1960 年，天津十八所试制出了多晶硅光伏电池，这是第一块国产的光伏电池，转化效率为 1%。

1962年，两家单位各自试制出了P型单晶硅光伏电池，转化效率为6%～8%。1964年，双方紧密交流合作，将转化效率提高到12%～13%。

1971年，我国发射的第二颗人造卫星"实践1号"上配备了天津十八所研制生产的装有多块单晶硅光伏电池的组合板(转化效率10%)，在8年服役期限内，光伏电池功率衰降不到15%。

从20世纪70年代开始，陆续有中国科学院长春应用化学研究所、上海长宁电池厂(后组成上海航天局811所)、南开大学、西安交通大学、云南师范大学、高等教育研究所、北京有色金属研究总院等科研单位，以及各地的一些电池厂纷纷开展光伏电池的研究，涉及的类型主要包括晶体硅光伏电池和非晶硅薄膜光伏电池等。

1987年，电子部第六研究所在内蒙古朱峰建成国内第一个风光互补系统，容量为0.56kW。1990年初，电子部第六研究所又在西藏高原建成了国内第一个10kW光伏电站。

1994年，中国科学院电工研究所建造了许多小型户用光伏发电系统和100kW独立光伏电站等。

1999年底，世界银行设立了中国可再生能源商业化项目(CREF)，我国及时成立了国家发改委世行项目办和中国可再生能源产业协会(CREA)，极大地推动了中国光伏产业的发展。

到2003年年底，中国成为世界上最大的庭院灯等光伏消费品的生产国。

2007年10月，一座205kW的太阳能聚光光伏示范电站在内蒙古建成。同年，崇明岛的兆瓦级光伏电站发电示范工程正式并网发电。

2009年4月，国内首座大型太阳能光伏高压并网电站(位于西宁市经济技术开发区)建成发电。

2010年我国光伏电池产量约8000MW，占全球光伏电池市场的50%，继续稳居世界第一。在光伏电池制造技术方面，我国已达到世界先进水平。2019年全国太阳电池(光伏电池)产量达12862万kW，同比2018年增长33.9%。2020年9月全国太阳电池(光伏电池)产量为1640.4万kW，同比增长33.3%。2020年1—9月全国太阳电池(光伏电池)产量为11381.8万kW，同比增长24.6%。2010—2019年我国光伏电池产量如图2.38所示。2020年中国光伏电池产量如图2.39所示。

	日期	累计产量/万kW	累计增长(%)
1	2010年	595.22	117
2	2011年	1298.38	68.4
3	2012年	2050.43	19.9
4	2015年	5863	22.7
5	2016年	7681	17.8
6	2017年	9453.9	30.6
7	2018年	9605.3	7.7
8	2019年	12862.1	26.8

(a) 2010—2019年我国光伏电池累计产量及增长率

图2.38 2010—2019年我国光伏电池产量

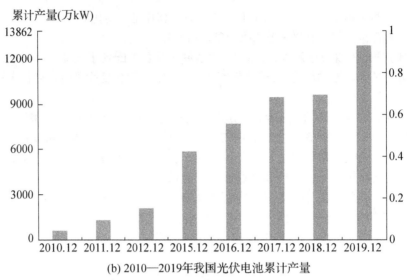

(续)图2.38 2010—2019年我国光伏电池产量

(数据来源:中商产业研究院)

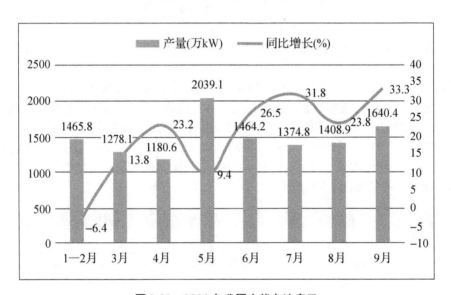

图2.39 2020年我国光伏电池产量

(数据来源:中商产业研究院)

2019年虽然我国光伏新增装机再次同比下降,从2017年的53.0GW到2018年的43.4GW,再到2019年的30.1GW,但是新增光伏装机容量仍继续保持全球第一。在累计装机量方面,中国仍然处于领先地位,累计装机容量为204.7GW,同比增长17.1%,几乎占全球光伏装机容量的三分之一。2011—2019年我国累计光伏装机容量如图2.40所示。光伏技术不断创新突破、全球领先,并已形成具有国际竞争力的完整的光伏产业链。

随着技术进步,光伏项目的全部能量回收期越来越短,目前已经不足一年。即光伏项目一年所发电量,已经高于所有设备生产过程中的耗电量。光伏项目能量回收期的计算方法如图 2.41 所示。

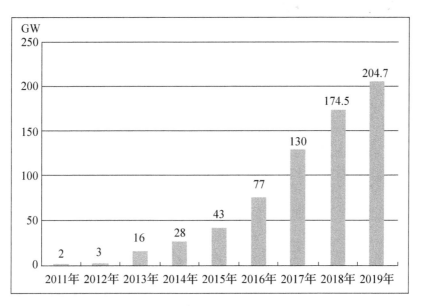

图 2.40　2011—2019 年我国累计光伏装机容量

(数据来源:国家统计局)

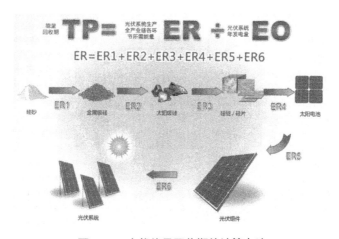

图 2.41　光伏能量回收期的计算方法

(图片来源:《光伏发电环境友好》)

世界之最:桑尼能源 BIPV 案例——世界最大光伏建筑一体化屋顶发电系统项目

桑尼能源世界最大工业厂房光伏建筑一体化——常石集团 19MW 屋顶分布式光伏发电项目案例,位于浙江省舟山市,项目采用"自发自用、余电上网"模式,为造船厂的生产及办公提供日常所需电力。

项目依托 20 余万 m² 屋顶,利用桑尼能源自主研发的 BIPV 一体化屋顶技术,替换了原有的彩钢瓦屋顶，到期屋面材料被钢化玻璃封装的光伏组件替换，铝合金支架与不锈钢紧固件使整体 BIPV 屋顶结构重量轻且耐用结实。光伏组件既能发电，又能作为厂房屋顶，减少了建筑物的整体造价。电站共使用 72000 多块光伏组件，其全寿命期的总发电量超过 4.18 亿 kW·h。该项目不仅是舟山市最大的分布式光伏电站，也是世界最大的工业厂房光伏建筑一体化电站。该电站于 2017 年 8 月 3 日正式并网。

习　题

一、填空题

1. 太阳能发电的方式可分为_____和_____两大类。
2. 按集热方式，目前广泛使用的太阳能集热器可分为_____、_____和_____三类。
3. 根据太阳能聚光跟踪理论和实现方法的不同，太阳能热发电系统可分为_____、_____、_____和_____四个基本类型。
4. 按光伏电池的结构(主要是 P-N 结的特点)分类，有同质结光伏电池、异质结光伏电池、_____、_____、_____、_____和湿式光伏电池。

二、选择题

1. 太阳能热发电系统，由(　　)组成。
   A．集热部分　　　　　　　　　B．热传输部分
   C．蓄热与热交换部分　　　　　D．汽轮发电部分
2. 光伏发电系统，一般由(　　)设备组成。
   A．光伏电池阵列　　　　　　　B．储能蓄电池
   C．保护和控制系统　　　　　　D．逆变器等设备
3. 下列各项中(　　)是太阳能光伏发电的缺点。
   A．运输、安装容易　　　　　　B．能量不稳定
   C．清洁，环境污染少　　　　　D．能量不连续

三、分析设计题

1. 你认为太阳能热发电在我国的发展前景如何？请说明你的根据。
2. 你认为光伏发电有哪些优缺点？
3. 比较一下光热发电和光伏发电。

第 3 章

风能与风力发电

风是最常见的自然现象之一。风是怎样形成的？人类从何时开始懂得对风能的利用？又是如何利用风能的？风力发电的原理是怎样的？风力发电的设备是什么样的？风力发电能达到什么样的规模？风力发电的发展状况如何？这些问题都可以在本章中找到答案。

 教学目标

- 了解风资源情况和风能利用的发展历史；
- 掌握风力发电的基本原理和主要设备；
- 理解风力发电的重要意义和发展前景。

 **教学要求**

知识要点	能力要求	相关知识
风能利用的历史	了解人类利用风能的历史和方式	帆船、风车、风筝
风和风资源	(1) 了解风的形成原因和类型； (2) 了解风向、风速、风能密度等概念； (3) 了解风能资源的储量和分布	气象学、流体力学
风力机的种类	了解风力机的种类和各自特点	水平轴风力机、垂直轴风力机
水平轴风力机原理	(1) 了解现代水平轴风力机的结构； (2) 理解翼型、升力、阻力、风能利用系数等概念及影响因素； (3) 掌握叶尖速比、容积比的概念及影响； (4) 理解工作风速、切入风速、切除风速等概念； (5) 了解风力机功率调节方式	空气动力学
风力发电机组	了解风电机组的构成及各部分的功能	—
风电场	(1) 掌握风电场的概念和特点； (2) 理解风电对环境的可能影响	陈列、安全距离、集成效应
风电的发展前景	(1) 了解风电发展的历史和现状； (2) 了解风电发展的美好前景	—

推荐阅读资料

1. 袁铁江，晁勤，李建林. 风电并网技术[M]. 北京：机械工业出版社，2012.
2. 潘文霞. 风力发电与并网技术[M]. 北京：中国水利水电出版社，2017.
3. 蔡旭，张建文，王晗. 风电变流技术[M]. 北京：科学出版社，2019.

基本概念

风轮：也称叶轮，由轮毂和若干叶片(也称桨叶)构成，可在风力的作用下旋转产生机械能。

风力机：一般由风轮、塔架和对风装置构成，可用于发电、提水等，早期也称风车。

风力发电：以风力为原动力的发电方式，过程是风力机捕获风能并转换为机械能，再驱动发电机输出电能。

风电场：在某一特定区域内建设的所有风力发电设备及配套设施的总称。

偏航系统：也称对风装置，用于在风向发生变化时控制叶轮对准主风向，使叶轮的旋转面与风向垂直。

叶尖速比：叶轮尖端的旋转速度与风速之比，该指标影响叶轮对风能的吸收效果。

引例：风车的故事

相信很多人都听说过唐·吉诃德大战风车的故事，这个故事来源于西班牙作家塞万提斯创作的著名小说《唐·吉诃德》。图3.1就描绘了故事中的场景，唐·吉诃德骑着瘦马，手持长矛，煞有介事地对风车发起了攻击，远处是一排风车的全景。

图3.1　唐·吉诃德大战风车

(来源：http://www.aug.edu/)

这种样式的风车是荷兰人发明的,因此被称为"荷兰式风车"。这种风车在中世纪的欧洲很盛行。荷兰被称为"风车之国",风车数量举世闻名。鼎盛时期的荷兰,1880年有风车一万多架。荷兰人视风车为国宝,目前还保留有900座老式风车(图3.2),专供来自世界各地的游客观赏。这些保留下来的风车已经成为人类文明的见证。

图 3.2 荷兰的中世纪传统风车

风能为人类服务的历史已经有几千年了。当人们发现可以将风力用来发电以后,"风车"就获得了空前的快速发展,样式也越来越多。风力发电是目前和未来最主要的风能大规模利用方式。

3.1 风能利用的历史

3.1.1 世界风能利用历史

人类利用风能的历史,至少可以追溯到5000多年以前。

埃及被认为是最早利用风能的国家。很早就有借助风力的帆船出现在尼罗河流域。经过长期发展的帆船,在交通运输方面,为世界文明发展建立了卓著功勋。

大约在2000多年以前,人类开始利用风力进行生产,例如,靠风力带动简易装置来碾米磨面、引水灌溉。在古埃及就有使用风车的记载。

在亚洲,公元前几百年,古巴比伦人、古波斯人也开始利用风能。古波斯人利用具有竖起转轴的"方形风车(Panemone)"带动石磨碾米。

10世纪,伊斯兰人开始用风车提水。到11世纪,风车在中东地区已经获得广泛的应用。

早期的风车大多属于垂直转轴的风车。

12世纪,风车的概念和设计从中东传入欧洲。1105年,法国制造了欧洲第一架风车,在海滨小镇阿尔勒(Arles)运行。

荷兰人发明了水平转轴的塔形风车(Tower Wind Mill),并且很快风靡北欧。荷兰风车是中世纪欧洲风车的代表形式。

13世纪，风车在欧洲已经比较盛行，到14世纪已成为欧洲不可缺少的动力设备。在中世纪的英格兰，风力和水力就是机械能的主要来源。

除了磨面、榨油、造纸、锯木等生产作业外，当时在一些地势较低的国家(如荷兰、比利时)还使用风车来排水。荷兰人利用风车排水，拦海造田，与海争地，在低洼的海滩地上建国立业，逐渐发展成为一个经济发达的国家。荷兰还制定出世界上最特别的法律——《风法》，授予风车主人以"风权"，他人不得在风车附近修筑其他建筑物。16世纪时，荷兰风车已经举世闻名。

在蒸汽机出现之前，风能作为重要的动力，广泛用于船舶航行、排水灌溉、磨面、锯木等诸多领域。

随着煤、石油、天然气的大规模开采和廉价电力的获得，风力机械由于成本高、效率低、使用不方便等原因，数目急剧下降，并且在很多地区逐渐被淘汰。

 趣闻：风力可能参与埃及金字塔建造

近年来，有科学家研究认为，古埃及建造金字塔的巨大石料，有可能就是系在风筝下面，利用风力运上去的。不过，目前还没有找到遗留下来的相关证据。

3.1.2 中国风能利用历史

我国也是世界上最早利用风能的国家之一。我国帆船和风车的应用，历史很悠久。

至少在3000年以前的商代，我国就出现了帆船。而且在后来的风力运用中，帆船的发展和应用也最为成功。古人有很多关于风帆的描述，既有"沉舟侧畔千帆过"的壮观景象，也有"长风破浪会有时，直挂云帆济沧海"的豪迈情怀。

中国最辉煌的风帆时代是明代，14世纪初伟大的航海家郑和下西洋，庞大的风帆船在那举世闻名的7次航行中功不可没。郑和的"准环球"旅行，比西方的哥伦布和麦哲伦早了好几百年。

 小档案：郑和下西洋的帆船

图3.3(a)所示为现代人制作的郑和船队帆船模型的照片。图3.3(b)所示为郑和船队帆船(大船)与同时期欧洲帆船(黑色小船)大小形态对比图，可见当时我国的造船水平很高。

(a) 现代人制作的模型　　　　　　　　(b) 与同时期欧洲帆船对比

图3.3　郑和船队的帆船

公元前数世纪我国人民就开始利用风力提水、灌溉、磨面、舂米等。

史料中有关于 1300 多年前一种"走马灯式"风车的记载,这是一种垂直轴风车(也称"立帆式"风车)。宋代是我国风车应用的第一次全盛时期。当时流行的"立帆式"风车,由木质主杆和 6~8 根支立杆构成桁架,垂直于地面,悬挂 6~8 面类似船帆的布篷。各布篷的安装位置使得整个风轮运行时不受风向的限制,总朝同一方向旋转。这种风车在中华人民共和国成立。后仍有使用 20 世纪 50 年代,在天津塘沽和江苏无锡一带仍有这种风车在运行。20 世纪 80 年代,江苏盐城地区还有"立帆式"风车在工作。

明代以后,风车得到了更为广泛的使用。宋应星的《天工开物》一书中就有对风车比较完善的记录——"扬郡以风帆数扇,俟风转车,风息则止"。

中国沿海、沿江地区的风力提水灌溉或制盐的做法,曾经非常盛行,仅在江苏沿海利用风力的设备就曾多达 20 万台。我国使用最广泛的是"斜杆式"风车,直到今天,沿海地区农田和盐场中仍有上千台之多。

3.2 风和风资源

【参考视频】

3.2.1 风的形成

地球从地面直至数万米高空被厚厚的大气层包围着。由于地球的自转、公转运动,地表的山川、沙漠、海洋等地形差异,以及云层遮挡和太阳辐射角度的差别,虽说是阳光普照,但地面的受热并不均匀。不同地区有温差,外加空气中水蒸气含量不同,就形成了不同的气压区。

空气从高气压区域向低气压区域的自然流动,称为大气运动。在气象学上,一般把空气的不规则运动称为紊流,垂直方向的大气运动称为气流,水平方向的大气运动称为风。

按照形成原因,风分为信风、海陆风和山谷风等几种。

(1) 信风(图 3.4)。赤道附近地区,受热多,气温高;两极附近,太阳斜射,受热少,气温低。由于热空气比冷空气密度小(想一想,为什么?),赤道附近的热空气上升,两极地区的冷空气下降,留下的"空缺"相互填补,就形成了热空气在高空从赤道流向两极、冷空气在地面附近从两极流向赤道的现象。由于地球本身自西向东旋转,大气环流在北半球形成东北信风,在南半球形成东南信风。

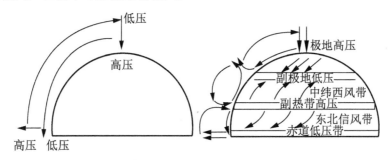

图 3.4 信风形成示意图

(2) 海陆风(图 3.5)。海洋与大陆的热容量不同。白天,在太阳照射下陆地温度比海面高,陆地上的热空气上升,海面上的冷空气在地表附近流向沿岸陆地,这就是海风。夜间,陆地比海洋冷却得快,相对温度较高的海面上的空气上升,陆地上较冷的空气沿地面流向海洋,这就是陆风。沿海地区,陆地与海洋之间的这种海陆风,方向是交替变化的,这是由昼夜温度变化造成的。

图 3.5　海陆风形成示意图

(3) 山谷风(图 3.6)。白天,太阳照射(一般不能垂直照射),山坡朝阳面受热较多,热空气上升;地势低凹处受热较少,冷空气从山谷流向山坡,形成谷风。夜间,山坡降温幅度大,上方的空气密度增大,沿山坡向下流动,形成山风。山谷风是在靠山地区形成的与山坡地形有关的风,对于平原地区感受此风的人来说,也可以称其为平原风。

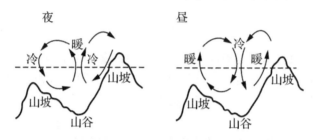

图 3.6　山谷风形成示意图

一般来说,在晴朗而且昼夜温差较大的沿海地区,白天吹来海风,夜晚则有陆风吹向海上。大型湖泊附近也有类似的情况。在山区,白天谷风从谷底向山上吹,晚上山风从山上向山下吹。

海洋与大陆的热容量差别,还会形成季节性的气压变化。以我国的华北地区为例,冬季内陆气温低,多形成高气压区,空气流向东南方向的海洋低气压区,所以在冬季多刮西北风。而夏季正好相反,我国大部分地区常刮东南风。

3.2.2　风的描述

风,方向多变,大小也随时随地不同。常用风向、风速、风能密度等来描述风的情况。

(1) 风向。风向就是风吹来的方向。例如,大气从南向北流动形成的风,就称为南风。

现在,气象台站把风向分为 16 个方位来进行观测,包括东、东南东、南东、南南东、南、南南西、……、东北东。

观测风向的仪器,目前使用最多的是风向标,它可以在转动轴上自由转动,头部总是指向风的来向。

第 3 章 风能与风力发电

 小档案：古代对风向的描述

早在 3000 多年以前的商代，中国就有了对风向的定义和观测。当时把东风称为谷风，西风称为彝风，南风称为凯风，北风称为凉风。

(2) 风速。风速就是单位时间内空气在水平方向上移动的距离。通常所说的风速，是指一段时间内的风速的算术平均值。

离地高度不同，风速也不一样。一般在几千米高度范围以内，随着高度的增加，风会逐渐增大。

在日常生活中，经常用风级来描述风的大小。风级是根据风对地面或海面物体产生影响而引起的各种现象，按风力的强度等级对风力大小的估计。1805 年英国人蒲福(Beaufort)拟定了风速的等级，这就是国际著名的"蒲福风级"。后来做过修订，但实际应用的还是 0~12 级风速。蒲福风级的定义和描述见表 3-1。

表 3-1 蒲福风级的定义和描述

风 级	名 称	相应风速/(m/s)	表 现
0	无风	0~0.2	零级无风炊烟上
1	软风	0.3~1.5	一级软风烟稍斜
2	轻风	1.6~3.5	二级轻风树叶响
3	微风	3.4~5.4	三级微风树枝晃
4	和风	5.5~7.9	四级和风灰尘起
5	清劲风	8~10.7	五级清风水起波
6	强风	10.8~13.8	六级强风大树摇
7	疾风	13.9~17.1	七级疾风步难行
8	大风	17.2~20.7	八级大风树枝折
9	烈风	20.8~24.4	九级烈风烟囱毁
10	狂风	24.5~28.4	十级狂风树根拔
11	暴风	28.5~32.6	十一级暴风陆罕见
12	飓风	>32.6	十二级飓风浪滔天

天气预报中常听到的几级风的说法，实际上是指离地面 10m 高度的风速等级。

(3) 风能和风能密度。风中流动的空气所具有的能量(动能)，称为风能。风能可以按式(3-1)计算，P 为单位时间通过的风能，可以按照(3-2)计算：

$$E = \frac{1}{2}mv^2 = \frac{1}{2}\rho Svtv^2 \tag{3-1}$$

$$P = \frac{1}{2}\rho Sv^3 \tag{3-2}$$

式中，ρ 为空气密度(kg/m³)，常温标准大气压力下，可取为 1.225 kg/m³；S 为气流通过的面积(m²)；v 为风速(m/s)。

可见，风能的大小与气流通过的面积、空气密度和风速的立方成正比。例如，风速增大 1 倍，风能即可以增大至 8 倍。

风能密度，就是单位时间、单位面积上流过的风能，可以用式(3-3)计算。

$$W = \frac{P}{S} = \frac{1}{2}\rho v^3 \quad (3-3)$$

3.2.3 世界风能资源

蕴含着能量的风，是一种可以利用的能源，是可再生的过程性能源。由于风是由太阳热辐射引起的，所以风能也是太阳能的一种表现形式。

到达地球的太阳能，大约有2%转化为风能，但其总量仍是相当可观的。有专家估计，地球上的风能，大约是目前全世界能源总消耗量的100倍，相当于1.08万亿吨煤蕴藏的能量。

据世界气象组织估计，全球大气中蕴藏的总的风能功率(即单位时间内获得的风能)约为10^{14}MW，其中可被开发利用的风能约有3.5×10^9MW。全球的风能折算为电能，相当于2.74×10^{12} kW·h 的电量，其中可利用的风能相当于2×10^{10} kW·h 电，比地球上可开发利用的水电总量还要大10倍。

1981年，世界气象组织(MWC)主持绘制了一份世界范围的风能资源图。该图给出了不同区域的平均风速和平均风能密度，但由于风速会随着季节、高度、地形等因素变化，这只是一个近似评估。地球的陆地表面约为1.49×10^8km^2，距地面10m高处(平均风速高于5m/s)的面积约占27%，其地域分布见表3-2。

表3-2 世界风能资源分布

地区	陆地面积(×10³)/km²	风力为3~7级地区所占比例/(%)	风力为3~7级地区所占面积(×10³)/km²
北美	19339	41	7876
拉丁美洲和加勒比	18482	18	3310
西欧	4742	42	1968
东欧和独联体	23047	29	6738
中东和北非	8142	32	2566
撒哈拉以南非洲	7255	30	2209
太平洋地区	21354	20	4188
中国	9634	11	1059
中亚和南亚	4299	6	243
总计	106660	27	29143

世界能源理事会的有关资料显示，风能资源不但极为丰富，而且分布在几乎所有的地区和国家。从全球来看，西北欧西岸、非洲中部、阿留申群岛、美国西部沿海、南亚、东南亚、我国西北内陆和沿海地区，风能资源比较丰富，如图3.7所示(图中颜色越深代表风能资源越丰富)。

如果这些地方都用来建设风电场，则每平方千米的风力发电能力最大可达8MW，总装机容量可达2.4×10^8MW。当然这是不现实的。据分析，在陆地上风力大于5m/s的地区，只有 4%左右的面积有可能安装风力发电机。以目前的技术水平，每平方公里的风能发电量为 330MW 左右，平均每年发电量的合理估计为 2×10^6 kW·h 左右，远远超过当前全球能源消耗总量。

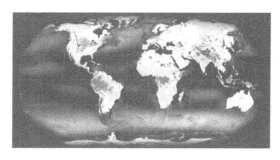

图 3.7　世界风能资源图

3.2.4　我国风能资源

我国幅员辽阔，季风强盛，风能资源分布广，总量也相当丰富。据有关研究估计，全国平均风能密度约为 $100W/m^2$，全国风能总储量约 4.8×10^9MW，陆上和近海区域 10m 高度可开发和利用的风能资源储量约为 1.0×10^6MW，其中有很好开发利用价值的陆上风资源大约有 2.53×10^5MW，大体相当于我国水电资源技术可开发量的 51.32%。

中国气象局风能太阳能资源评估中心，公布了全国陆地有效风功率密度分布情况，示意图如图 3.8 所示。

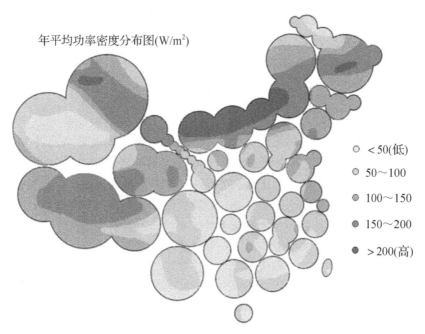

图 3.8　我国陆地的有效风功率密度分布示意图

(来源：中国气象局风能太阳能资源评估中心网站)

风能资源的利用,取决于风能密度和可利用风能年累积小时数。按照有效风能密度的大小和 3～20m/s 风速全年出现的累积小时数,我国风能资源的分布可划分为 4 类区域:丰富区、较丰富区、可利用区和贫乏区。

1. 风能丰富区

【参考视频】

风能丰富区是指一年内风速 3m/s 以上超过半年,6m/s 以上超过 2200h 的地区。这些地区有效风能密度一般超过 200W/m^2,有些海岛甚至可达 300W/m^2 以上。

"三北"地区(东北、华北和西北)是我国内陆风能资源最好的区域,如西北的新疆达坂城、克拉玛依,甘肃的敦煌、河西走廊;华北的内蒙古二连浩特、张家口北部;东北的大兴安岭以北。

某些沿海地区及附近岛屿也是我国风资源最为丰富的地区,如辽东半岛的大连,山东半岛的威海,东南沿海的嵊泗、舟山、平潭一带。其中,平潭一带年平均风速为 8.7m/s,是全国平地上最大的。此外,松花江下游的地区,风能资源也很丰富。

2. 风能较丰富区

风能较丰富区是指一年内风速在 3m/s 以上超过 4000h,6m/s 以上超过 1500h 的地区。该区域风力资源的特点是有效风能密度一般超过 150～200W/m^2,3～20m/s 风速出现的全年累计时间为 4000～5000h。

风能较丰富区包括从汕头到丹东一线靠近东部沿海的很多地区(如温州、莱州湾、烟台、塘沽一带),图们江口—燕山北麓—河西走廊—天山—阿拉山口沿线的"三北"地区南部(如东北的营口,华北的集宁、乌兰浩特,西北的奇台、塔城),以及青藏高原的中心区(如班戈地区、唐古拉山一带)。其实青藏高原风速不小于 3m/s 的时间很多,之所以不是风能丰富区,是由于这里海拔高度高,空气密度较小。

3. 风能可利用区

风能可利用区是指一年内风速在 3m/s 以上超过 3000h,6m/s 以上超过 1000h 的地区。该类区域有效风能密度在 50～150W/m^2,3～20m/s 风速年出现时间为 2000～4000h。该类区域在我国分布范围最广,约占全国面积的 50%,如新疆的乌鲁木齐、吐鲁番、哈密,甘肃的酒泉,宁夏的银川,以及太原、北京、沈阳、济南、上海、合肥等地。

以上 3 类地区,都有较好的风能利用条件,总计占全国总面积的 2/3 左右。

4. 风能贫乏区

【参考图文】

风能贫乏区指平均风速较小或者出现有效风速的时间较少的地区,包括属于全国最小风能区的云贵川和南岭山地,由于山脉屏障使冷暖空气都很难侵入的雅鲁藏布江和昌都区,以及高山环抱的塔里木盆地西部地区。

根据全国气象台风能资料的统计和计算,中国陆地风能分区与占全国陆地面积的百分比见表 3-3。

表 3-3 中国陆地风能分区与占全国陆地面积的百分比

指 标	丰富区	较丰富区	可利用区	贫乏区
年有效风能密度/(W/m^2)	>200	200～150	150～50	<50
年风速超过 3m/s 累计小时数/h	>5000	5000～4000	4000～2000	<2000
年风速超过 6m/s 累计小时数/h	>2200	2200～1500	1500～350	<350
占全国陆地面积的百分比/(%)	8	18	50	24

根据全国气象台风能资料的统计和计算，中国各省份风能资源折算为发电功率状况见表 3-4，其中内蒙古、新疆、黑龙江和甘肃四省区的风力资源最为丰富。

表 3-4 风能资源比较丰富的省区

省 区	风力资源(×10^4)/kW	省 区	风力资源(×10^4)/kW
内蒙古	6178	山 东	394
新 疆	3433	江 西	293
黑龙江	1723	江 苏	238
甘 肃	1143	广 东	195
吉 林	638	浙 江	164
河 北	612	福 建	137
辽 宁	606	海 南	64

3.3 风力机的种类

近年来，一般将用作原动机的风车称为风力机。世界各国研制成功的风力机种类繁多，类型各异。各种类型的风力机都至少包括叶片(有些称为桨叶)、轮毂、转轴、支架(有些称为塔架)等部分。其中由叶片和轮毂等构成的旋转部分又称为风轮。

按转轴与风向的关系，风力机大体上可分为两类：一类是水平轴风力机(风轮的旋转轴与风向平行)；另一类是垂直轴风力机(风轮的旋转轴垂直于地面或气流方向)。

3.3.1 水平轴风力机

水平轴风力行应用比较广泛。为了使风向正对风轮的回转平面，一般需要有调向装置进行对风控制。

1. 荷兰式风力机

荷兰式风力机于 12 世纪初由荷兰人发明，因此被称为"荷兰式风车"，曾在欧洲(特别是荷兰、比利时、西班牙等国)广泛使用，其最大直径超过 20m。这可能是出现最早的水平轴风力机。

【参考视频】

荷兰式风车有两种：一种是风车小屋能跟随风向一起转动，如图3.9(a)所示；另一种只是安装风车的屋顶能跟随风向转动，如图3.9(b)所示。

(a) 风车小屋可转动

(b) 风车层顶可转动

图3.9 荷兰式风车

2. 螺旋桨式风力机

螺旋桨式水平轴风力机是目前技术最成熟、生产量最多的一种风力机。这种风力机的翼型与飞机的翼型类似，一般多为双叶片或三叶片，也有少量用单叶片或四叶片以上的。

风力发电使用最多的就是螺旋桨式风力机，其外观如图3.10所示。

图3.10 螺旋桨式风力机

3. 多翼式风力机

多翼式风力机(也称多叶式风力机)，其外观如图3.11所示，一般装有20枚左右的叶片，是典型的低转速大扭矩风力机。

美国中、西部的牧场多用它来提水，在墨西哥、澳大利亚、阿根廷等地也有相当数量的应用。19世纪曾经有多达数百万台多翼式风力机。

图 3.11 多翼式风力机

美国风力涡轮公司最近研究的自行车车轮式风力机,也是一种多翼式的风力机,48 枚中空的叶片做放射状配置,性能比过去的多翼式风力机大有提高。

4. 离心甩出式风力机

图 3.12 为离心甩出式风力机的原理图。离心甩出式风力机采用空心叶片,当风轮在气流的作用下旋转时,叶片空腔内的空气因受离心力作用而从叶片尖端甩出,并"吸"来气流从塔架底部流入。与风力发电机耦合的空气涡轮机安装在塔底内部,利用风轮旋转在塔底造成的加速气流推动空气涡轮机,驱动发电机发电。

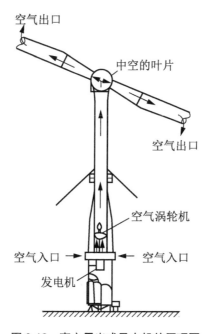

图 3.12 离心甩出式风力机的原理图

这个设计是法国人安东略发明的,因此也称安东略式风力机。这是一种不直接利用自然风的独特设计,因结构比较复杂,通道内空气流动的摩擦损失大,所以装置的总体效率很低。第二次世界大战后,英国的弗里特电缆公司在 1953 年曾经建造过这种风力机,以后再没有人制造。它由一个高 26m 的空心塔和一个直径 24.4m 的开孔风轮组成。

5. 涡轮式风力机

涡轮式风力机也称透平式风力机,如图 3.13 所示,其结构形式与燃气轮机和蒸汽轮机类似,由静叶片和动叶片组成。由于这种风力机的叶片短,强度高,因此尤其适用于强风场合,如南极和北极地区。由日本大学粟野教授研制并在南极使用的涡轮式风力发电装置,可耐南极 40~50m/s 的大风雪。

6. 压缩风能型风力机

压缩风能型风力机(图 3.14)是一种特殊设计的风力机,根据设计特点,又可分为集风式(在迎风面加装喇叭状的集风器,通过收紧的喇叭口将风能聚集起来送给风轮)、扩散式(在背风面加装喇叭状的扩散器,通过逐渐放开的喇叭口降低风轮后面的气压)和集风扩散式(同时具有前两种结构)。

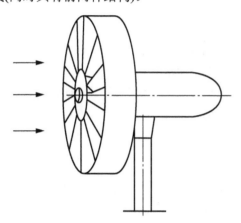
图 3.13 涡轮式风力机

图 3.14 压缩风能型风力机

该装置利用装在风力机叶轮外面的集风器或扩散筒,提高经过风轮的空气密度,或者增加风轮两侧的气压差,从而提高风能吸收的效果。但这种结构的风力机还有安装和成本上的问题需要解决。

3.3.2 垂直轴风力机

垂直轴风力机,风轮的旋转轴垂直于地面或气流方向。与水平轴风力机相比,垂直轴风力机的优点是,可以利用来自各个方向的风,而不需要随着风向的变化而改变风轮的方向。由于结构的对称性,这类风力机一般不需要对风装置,而且传动系统可以更接近地面,因而结构简单,便于维护,同时也减少了风轮对风时的陀螺力。

1. 萨布纽斯式风力机(S 式风力机)

萨布纽斯式风力机由芬兰工程师萨沃纽斯(Savonius)在 1924 年发明,在我国常简称为 S 式风力机。这种风力机通常由两枚半圆筒形的叶片构成,也有用 3~4 枚的。其基本结构示意图如图 3.15 所示，主要靠两侧叶片的阻力差驱动，具有较大的起动力矩，能产生很大的扭矩。但是在风轮尺寸、质量和成本一定的情况下，S 式风力机能够提供的功率输出较低，效率最大不超过 10%。为提高功率，这种风力机往往上下重叠多层，如图 3.16 所示。在发展中国家有人用它来提水、发电等。

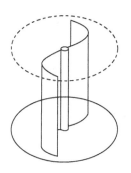

【参考视频】

图 3.15　S 式风力机基本结构示意图　　　图 3.16　多层 S 式风力机

2. 达里厄式风力机(D 式风力机)

达里厄式风力机是法国工程师达里厄(G. Darrieus)在 1925 年发明的一种垂直轴型风力机，常简称 D 式风力机。常见的为 Φ 形结构，如图 3.17(a)所示，看起来像一个巨大的打蛋机，2～3 枚叶片弯曲成弓形，两端分别与垂直轴的顶部和底部相连。现在也有 H 形结构等其他样式的达里厄式风力机，如图 3.17(b)所示。

(a) Φ 形　　　　　　　　　　　(b) H 形

图 3.17　达里厄式风力机

达里厄式风力机是现代垂直轴型风力机中最先进的，对于给定的风轮质量和成本，有较高的功率输出，不过它的起动扭矩低。目前达里厄式风力机是水平轴风力机的主要竞争者。

3. S式和D式组合式

达里厄式风力机装置简单,成本也比较低,但起动性能差,因此有人把输出性能好的D式风力机和起动性能好的S式风力机组合在一起使用,如图3.18所示。

(a)　　　　　　　　　　　　　　(b)

图3.18　D式-S式组合式风力机

Gorlov垂直轴风力机的结构和原理与D式风力机类似,不过它采用扭曲式设计,如图3.19所示。

4. 旋转涡轮式风力机

旋转涡轮式风力机由法国人拉丰(Lafond)提出,是一种靠压差推动的横流式风力机。其原理受通风机的启发演变而得。旋转涡轮式风力机结构复杂价格也较高,有些能改变桨距,起动性能好,能保持一定的转速,效率极高。一种多叶型旋转涡轮式风力机如图3.20所示。

图3.19　Gorlov垂直轴风力机　　　　　图3.20　多叶型旋转涡轮式风力机

3.3.3 新型风力机

1. 旋风型风力机

旋风型风力机(图 3.21)是由美国的格鲁曼空间公司詹姆斯伊恩首创的,其原理就是利用特殊结构的浮筒在浮筒内产生类似龙卷风的涡旋,形成低气压区,从而增加通过叶轮的空气流量,提高风机的效率,据称这种旋风型风力机的效率比传统风力机要强大得多。

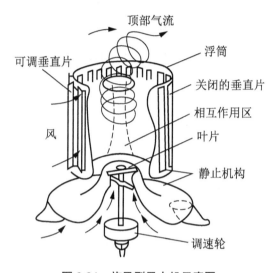

图 3.21 旋风型风力机示意图

2. 建筑物风力机

随着现代化和城市化的发展,城市中的高层建筑越来越多,越来越高。这些高层建筑干扰了局部气流,形成了特殊的聚风效应,这些高楼具有很大的能量,又在用能中心,充分利用这些风能可以获得很多能源。最典型的就是双塔结构的建筑,它们之间狭窄通道处容易产生"文氏效应",形成风口现象。

完工于 2008 年的巴林世贸中心主体结构包括两座 50 层的双子塔,底部是一个三层的基座,其两座三角形的大厦高度达 240m。在两座大厦之间安装了 3 座直径 29m 的水平风力涡轮发电机(见图 3.22)。风帆一样的楼体形成两座楼之前的海风对流,加快了风速。风力涡轮预计能够支持大厦所需用电的 11%~15%,使巴林世贸中心成为世界上首先为自身持续提供可再生能源的摩天大楼。发电风车满负荷时的转子速度为 38r/min,通过安置在引擎舱的一系列变速箱,让发电机以 1500r/min 的转速运行发电。其设计的最佳发电状态在风速 15~20m/s 时,约为 225kW。风机转子的直径为 29m,是用 50 层玻璃纤维制成的。在风力强劲,或需要转入停顿状态时,翼片的顶端会向外推出,增加了转子的总力矩,达到减速目的。风机能承受的最大风速是每秒 80m,能经受 4 级飓风(风速每秒 69m 以上)。

图 3.22 建筑物风电机示意图(巴林世贸中心)

3.4 水平轴风力机的结构和原理

3.4.1 水平轴风力机的基本结构

目前,在风力机中应用较多的是水平轴风力机(图 3.23),而且多采用螺旋桨式的叶片。例如,风力发电所用的风力机就大多为螺旋桨式的水平轴风力机。

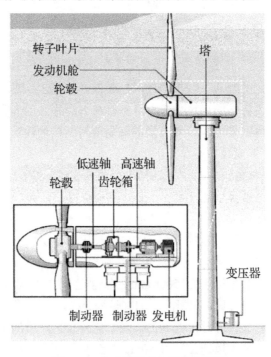

图 3.23 水平轴风力机结构示意图

常见的螺旋桨式风力机多为双叶片或三叶片，也有少量用单叶片或四叶片以上。为了提高起动性能，尽量减少空气动力损失，多采用叶根强度高、叶尖强度低、带有螺旋角的结构。这种风力机的叶片与飞机的螺旋桨类似，因此也称桨叶。

风力机主要包括风轮、塔架、机舱等部分，如图 3.24 所示。风轮由轮毂及安装于轮毂上的若干叶片(桨叶)组成，是风力机捕获风能的部件；塔架是风力机的支撑结构，保证风轮能在地面上方具有较高风速的位置运行；为了使风向正对风轮的回转平面，水平轴风力机需要装有调向装置进行方向控制。调向装置、控制装置、传动机构及发电机等都集中放置在机舱内。

图 3.24　风力机的结构(Gamesa 公司的产品)

一般来说，设计功率越大的风力机，其风轮直径也越大。例如，GE 公司不同功率等级风力机的风轮直径如图 3.25 所示。

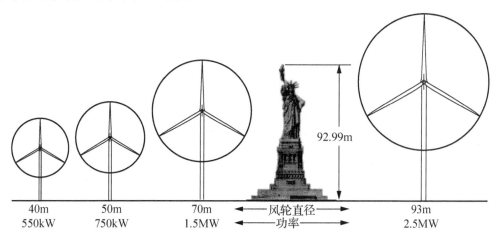

图 3.25　不同功率等级风力机的风轮直径

3.4.2 水平轴风力机的原理

1. 翼形和受力

现代风力机的叶片类似飞机机翼的形式,称为翼形。翼形有两种主要类型:对称翼形(截面为对称形状)和不对称翼形。翼形的形状特点包括:明显凸起的上表面;面对来流方向的圆形头部,被称为机翼前缘;尖形或锋利的尾部,被称为机翼后缘。一种常见的不对称翼形的截面如图 3.26 所示。

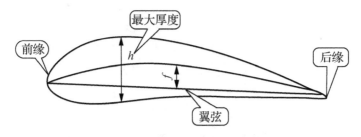

图 3.26 常见不对称翼形的截面

由于翼形大多不是直板形状,而是有一定的弯曲或凸起,通常采用翼弦线作为测量用的准线。气流方向与翼形准线的夹角,称为攻角(图 3.27 中的 α)。当来流朝着翼形的下侧时,攻角是正的。

叶片在气流中受到的力来源于空气对它的作用。可以把叶片受到的来自气流的作用力,等价地分解到两个方向:与气流方向一致的分量称为阻力,与气流方向垂直的分量称为升力。

在图 3.27 中,v 所指的方向为气流方向,阴影部分表示叶片的横截面,叶片会受到来自气流的作用力 F,将 F 分解为如图所示的两个分量,则与气流方向相同的分量 F_D 就是阻力,与气流方向垂直的分量 F_L 就是升力。

在与飞行器设计有关的空气动力学中,升力是促使飞行器飞离地面的力,因而被称为升力。在实际的应用中,升力也有可能是侧向力(如在帆船上)或者是向下的力(如在赛车的阻流板上)。当攻角为 0° 时,升力最小。当气流方向与物体表面垂直时,物体受到的阻力最大。

空气的压力与气流的速度有一定的对应关系,流速越快,压力越低,这种现象称为伯努利效应。对于图 3.28 所示的翼形,上表面凸起部分的气流较快,造成上表面的空气压力比下表面明显要低,从而对翼形物体产生向上的"吸入"作用,增大升力。

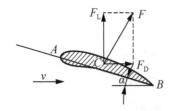

图 3.27 气流作用在翼形上的力

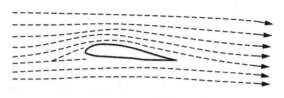

图 3.28 伯努利效应示意图

翼形设计的目的，就是获得适当的升力或阻力，推进风力机旋转。升力和阻力都正比于风能强度。处于风中的风力机的叶片，在升力、阻力或者二者的共同作用下，使风轮发生旋转，在其轴上输出机械功率。

攻角与叶片的安装角度有关。叶片的安装角称为节距角，有时也称为桨距，常用字母 θ 表示。当风轮旋转时，叶片在垂直于气流运动的方向上也与气流有相对运动，因而实际的攻角 α 与叶片静止时的攻角不一样。

如图 3.29 所示，x 轴表示气流运动方向，y 轴以坐标原点为中心形成的旋转面代表风轮的旋转面，叶片的准线与风轮旋转面之间的夹角 θ 称为叶片安装角，即桨距或节距角。y 轴方向表示风轮旋转时叶片某横截面的移动方向。若以旋转的叶片为参考系，则气流与叶片之间存在与 y 轴方向相反的相对运动，考虑到气流沿着 x 轴方向的实际运动，于是气流相对于运动叶片的作用方向如图中 W_r 所示。因此，对于同样的水平方向的风，叶片旋转时的攻角和叶片静止时的攻角有所不同。

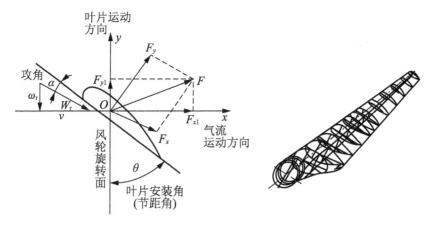

图 3.29 旋转叶片的受力

风力机可以是升力装置(即升力驱动风轮)，也可以是阻力装置(阻力驱动风轮)。设计者一般喜欢利用升力装置，因为升力比阻力大得多。

2. 风能利用系数和风力机的效率

如果吹到风轮的风，其全部动能都被叶片吸收，那么空气经过风轮之后就静止不动了。众所周知，这是不可能的。即使垂直通过风轮旋转面的风能也不会全部被风轮吸收，所以任何类型风力机都不可能将接触的风能全部转化为机械能，风能捕获效率总是小于 1 的。

风力机能够从风中吸取的能量，与风轮扫过面积内的全部风能(气流未受风轮干扰时所具有的能量)之比，称为风能利用系数。风能利用系数 C_P 可用式(3-4)表示

$$C_P = \frac{P}{0.5\rho S v^3} \tag{3-4}$$

式中，P 为风力机实际获得的轴功率(W)；ρ 为空气密度(kg/m³)；S 为风轮扫风面积(m²)；v 为上游风速(m/s)。

资料：BETZ 理论

德国科学家贝茨(Betz)于 1926 年建立了著名的风能转化理论，即贝茨理论。根据贝茨理论，风力机的风能利用系数的理论最大值是 0.593。

C_P 值越大，表示风力机能够从风中获取的能量比例越大，风力机的风能利用率也就越高。风能利用系数主要取决于风轮叶片的设计(如攻角、桨距角、叶片翼形)及制造水平，还和风力机的转速有关。高性能的螺旋桨式风力机的 C_P 值一般在 0.45 左右。

风力机的效率，还要考虑风力机本身的机械损耗，与风能利用系数不是一个概念。

3. 叶尖速比与容积比

叶片的叶尖旋转速率与上游未受干扰的风速之比，称为叶尖速比，常用字母 λ 来表示，即

$$\lambda = \frac{2\pi Rn}{v} = \frac{\omega R}{v} \tag{3-5}$$

式(3-5)中，n 为风轮的转速(r/min)；R 为叶尖的半径(m)；v 为上游风速(m/s)；ω 为风轮旋转角速度(rad/s)。

风能利用系数 C_P 与风力机叶尖速比 λ 的对应关系如图 3.30 所示，其中 β 为桨距角。可见，对于给定的桨距角当叶尖速比 λ 取某一特定值时 C_P 值最大，与 C_P 最大值对应的叶尖速比称为最佳叶尖速比。

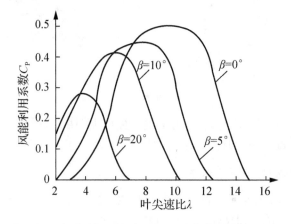

图 3.30 风能利用系数与风力机叶尖速比的对应关系

为了使 C_P 维持最大值，当风速变化时，风力机转速也需要随之变化，使之运行于最佳叶尖速比。对于任一给定的风力机，最佳叶尖速比取决于叶片的数目和每片叶片的宽度。对于现代低容积比的风力机，最佳叶尖速比在 6~20。

"容积比"(Solidity，有时也称实度)表示"实体"在扫掠面积中所占的百分数。多叶片的风力机具有很高的容积比，因而被称为高容积比风力机；具有少数几个窄叶片的风力机则被称为低容积比风力机。

为了有效地吸收能量，叶片必须尽可能地与穿过转子扫掠面积的风相互作用。高容积

比、多叶片的风力机叶片以很低的叶尖速比与几乎所有的风作用；而低容积比的风力机叶片为了与所有穿过的风相互作用，就必须以很高的速度"填满"扫掠面积。如果叶尖速比太低，有些风会直接吹过转子的扫掠面积而不与叶片发生作用；如果叶尖速比太高，风力机会对风产生过大的阻力，一些气流将绕开风力机流过。

多个叶片会互相干扰，因此总体上高容积比的风力机比低容积比的风力机效率低。在低容积比的风力机中，三叶片的风轮效率最高，其次是双叶片的转子，最后是单叶片的转子。不过，多叶片的风力机一般要比少叶片的风力机产生更少的空气动力学噪声。

风力机从风中吸收的机械能，在数值上等于叶片的角速度与风作用于风轮的力矩之乘积。对于一定的风能，角速度小，则力矩大；反之角速度大，则力矩小。例如，低速风力机的输出功率小，扭矩系数大，因此用于磨面和提水的风力机，常采用多叶片风力机。而高速风力机效率高、输出功率大，因此风力发电常采用 2～3 个叶片的低容积比高速风力机。

4. 工作风速和功率的关系

风力机捕获风能转变为机械功率输出的表达式为

$$P_\mathrm{m} = C_\mathrm{P} P_\mathrm{w} = 0.5 C_\mathrm{P} \rho A v_\mathrm{w}^3 \tag{3-6}$$

式(3-6)中，P_m 为风轮输出功率(W)；P_w 为风的功率(W)；C_P 为风能利用系数；ρ 为空气密度(kg/m^3)；$A=\pi R^2$ 为风力机叶片扫掠面积(m^2)，其中 R 为风轮旋转面的半径(m)，v_w 为风速(m/s)。

风力机输出功率与空气密度 ρ、风速 v_w、叶片半径 R 和风能利用系数 C_P 都有关。由于无法对空气密度、风速、叶片半径等进行实时控制，为了实现风能捕获最大化，唯一的控制参数就是风能利用系数 C_P。

实际上，风力机并不是在所有风速下都能正常工作。各种型号的风力机通常都有一个设计风速，或者称额定工作风速。在该风速下，风力机的工况最为理想。

当风力机起动时，有一个最低扭矩要求，起动扭矩小于这一最低扭矩，就无法起动。起动扭矩主要与叶轮安装角和风速有关，因此风力机就有一个起动风速，称为切入风速。

风力机达到标称功率输出时的风速称为额定风速。在该风速下风力机提供额定功率或正常功率。风速提高时，可利用调节系统，使风力机的输出功率保持恒定。

当风速超过技术上规定的最高允许值时，风力机就有损坏的危险，基于安全方面的考虑(主要是塔架安全和风轮强度)，风力机应立即停转。该停机风速称为切出风速。

世界各国根据各自的风能资源情况和风力机的运行经验，制定了不同的有效风速范围及不同的风力机切入风速、额定风速和切出风速。

对于风能转换装置而言，可利用的风能在切入风速到切出风速之间的有效风速范围内，这个范围的风能即有效风能，在该风速范围内的平均风功率密度称为有效风功率密度。我国有效风能所对应的风速为 3～25m/s。

风力机输出功率和风速之间的关系如图 3.31 所示。

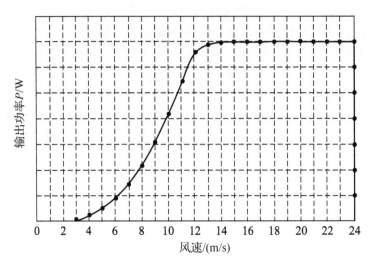

图 3.31　风力机输出功率和风速之间的关系

3.4.3　风力机的功率调节方式

对应于不同的风速，如果能够适当调节风力机的叶尖速比，就可以保证风力机具有较高的风能利用系数，即最大限度地捕捉风能，进而使整个风力发电系统尽可能获得最大的功率输出。当风速超过额定风速太多时，还应该采取适当的保护措施，防止风力机的过载和破坏。

风力机的功率调节方式主要有以下两种类型。

1. 定桨距风力机功率调节

定桨距指的是风轮叶片的桨距角固定不变，根据风力机叶片的失速特性来调节风力机的输出功率。定桨距失速型风力机的叶片有一定的扭角。在额定风速以下，空气沿叶片表面稳定流动，叶轮吸收的能量随空气流速的上升而增加；当风速超过额定风速后，风力机叶片翼形发生变化，在叶片后侧，空气气流发生分离，产生湍流，叶片吸收能量的效率急剧下降，保证风力机输出功率不随风速上升而增加。由于失速叶片自身存在扭角，因此叶片的失速从叶片的局部开始，随风速的上升而逐步向叶片全长发展，从而保证了叶轮吸收的总功率低于额定值，起到了功率调节的作用。定桨距失速功率调节型风力机依靠叶片外形完成功率的调节，机组结构相对简单，但机组结构受力较大。

定桨距风力机的风功率捕获控制完全依靠叶片的气动性能，其优点是结构简单、造价低，同时具有较好的安全系数，缺点是难以对风功率的捕获进行精确的控制。

2. 变桨距风力机功率调节

变桨距风力机通过调节风力机桨距角来改变叶片的风能捕获能力，进而调节风力机的输出功率，依靠叶片攻角的改变来保持叶轮的吸收功率在额定功率以下，其原理图如图 3.32 所示。

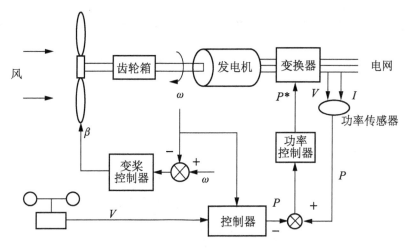

图 3.32 变桨距风力机组原理图

　　风力机起动时，调节风力机的桨距角，限制风力机的风能捕获以维持风力机转速恒定，为发电机组的软并网创造条件。当风速低于额定风速时，保持风力机桨距角恒定，通过发电机调速控制使风力机运行于最佳叶尖速比，维持风力机组在最佳风能捕获效率下运行。当风速高于额定风速时，调节风力机桨距角，使风轮叶片的失速效应加深，从而限制风能的捕获。

　　与定桨距失速型功率调节相比，变桨距功率调节可以使风力发电机组在高于额定风速的情况下保持稳定的功率输出，可提高机组的发电量 3%～10%，并且机组结构受力相对较小。但是，变桨距功率调节需要增加一套桨距调节装置，控制系统较为复杂，设备价格较高，而且对风速的跟踪有一定的延时，可能导致风力机的瞬间超载。同时，风速的不断变化会导致变桨机构频繁动作，使机构中的关键部件变桨轴承承受各种复杂负载，其寿命一般仅为 4～5 年，使得维修费用昂贵，机组可靠性大大降低。

　　随着风电技术的成熟和设备成本的降低，变桨距风力机将得到广泛的应用。

3.5 风力发电机组

3.5.1 风力发电机组及其构成

　　实现风力发电的成套设备称为风力发电系统，或者风力发电机组。

　　风力发电机组完成的是"风能—机械能—电能"的二级转换。风力机将风能转换成机械能，发电机将机械能转换成电能输出。因此，从功能上说，风力发电机组由两个子系统组成，即风力机及其控制系统、发电机及其控制系统。

　　目前世界上比较成熟的风力发电机组多采用螺旋桨式水平轴风力机。能够从外部看到的风力发电机组，主要包括风轮、机舱和塔架三个部分。另外，机舱底盘和塔架之间有回转体，使机舱可以水平转动。

实际上，除了外部可见的风轮、机舱、塔架外，风力发电机组还有对风装置(也称调向装置、偏航装置)、调速装置、传动装置、制动装置、发电机、控制器等部分，都集中放在机舱内。

图 3.33 所示为 NORDEX 公司生产的兆瓦级双馈风力发电机组的结构。

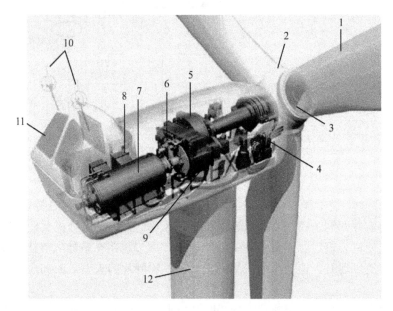

1—叶轮；2—轮毂；3—变桨距部分；4—液压系统；5—齿轮箱；6—制动盘；
7—发电机；8—控制系统；9—偏航系统；10—测风系统；11—机舱盖；12—塔架

图 3.33　NORDEX 公司生产的兆瓦级双馈风力发电机组的结构

此外，塔架和风力机都有遭受雷击的可能性，尤其是布置在山顶或耸立在空旷平地的风力机，最容易成为雷击的目标。因此，避雷针等防雷措施也是风力发电机组应该包括的内容。

3.5.2　风力发电机

发电机是风力发电的核心设备，利用电磁感应现象把由风轮输出的机械能转换为电能。

小功率风力发电，过去普遍采用直流发电机，现在已逐步被交流发电机取代。大中型风力发电机，大多数均采用交流发电机。

送给用户或送入电网的电能，一般要求是频率固定的交流电(我国规定为 50Hz 的工频)。由于风能本身的波动性和随机性，传统风力发电机输出的电压频率很难一直满足频率要求。

如今，风力发电机大多通过基于电力电子技术的换流器并网，并且衍生出一些新型的风力发电机结构。

目前，主流的大中型风力发电机包括以下类型。

1. 恒速恒频的笼式感应发电机

恒速恒频式(Constant Speed Constant Frequency，CSCF)风力发电系统，特点是在有效风速范围内，发电机组的运行转速变化范围很小，近似恒定；发电机输出的交流电能频率恒定。通常该类风力发电系统中的发电机组为鼠笼式感应发电机组。

恒速恒频式风力发电机组都是定桨距失速调节型。通过定桨距失速控制的风力机使发电机的转速保持在恒定的数值，继而使风力机并网后定子磁场旋转频率等于电网频率，因而转子、风轮的速度变化范围小，不能保持在最佳叶尖速比，捕获风能的效率低。

2. 变速恒频的双馈感应式发电机

变速恒频式(Variable Speed Constant Frequency，VSCF)风力发电系统，特点是在有效风速范围内，允许发电机组的运行转速变化，而发电机定子发出的交流电能的频率恒定。通常该类风力发电系统中的发电机组为双馈感应式异步发电机组。

双馈感应式发电机结合了同步发电机和异步发电机的特点。这种发电机的定子和转子都可以和电网交换功率，双馈因此而得名。

双馈感应式发电机，一般都采用升速齿轮箱将风轮的转速增加若干倍，传递给发电机转子转速明显提高，因而可以采用高速发电机，体积小，质量轻。双馈变流器的容量仅与发电机的转差容量相关，效率高、价格低廉。这种方案的缺点是升速齿轮箱价格高、噪声大、易疲劳损坏。

3. 变速变频的直驱式永磁同步发电机

变速变频式(Variable Speed Variable Frequency，VSVF)风力发电系统，特点是在有效风速范围内，发电机组的转速和发电机组定子侧产生的交流电能的频率都是变化的。因此，此类风力发电系统需要在定子侧串联电力变流装置才能实现联网运行。通常该类风力发电系统中的发电机组为永磁同步发电机组。

直驱式风力发电机组，风轮与发电机的转子直接耦合，而不经过齿轮箱，"直驱式"因此而得名。由于风轮的转速一般较低，因此只能采用低速的永磁发电机。因为无齿轮箱，可靠性高；但采用低速永磁发电机，体积大，造价高；而且发电机的全部功率都需要变流器送入电网，变流器的容量大，成本高。

如果将电力变流装置也算作是发电机组的一部分，只观察最终送入电网的电能特征，那么直驱式永磁同步发电机组也属于变速恒频的风力发电系统。

变速恒频的风力发电机组(包括双馈感应式发电机组和直驱式永磁同步发电机组)都是变速变距型的。通过调速器和变桨距控制相结合的方法使风轮转速可以跟随风速的变化，保持最佳叶尖速比运行，从而使风能利用系数在很大的风速变化范围内均能保持最大值，能量捕获效率最大，据说可以提高机组的发电量3%～10%，并且机组结构受力相对较小。发电机发出的电能通过变流器调节，变成与电网同频、同相、同幅的电能输送到电网。从性能上来讲，变速型风力发电机组具有明显的优势。

3.5.3 传动和控制机构

除了风轮和发电机这两个核心部分,风力发电机组还包括一些辅助部件,用来安全、高效地利用风能,输出高质量的电能。

1. 传动机构

虽说用于风力发电的现代水平轴风力机大多采用高速风轮,但相对于发电的要求而言,风轮的转速其实并没有那么高。考虑到叶片材料的强度和最佳叶尖速比的要求,风轮的转速是 18~33r/min。而常规发电机的转速多为 800r/min 或 1500r/min。

对于容量较大的风电机组,由于风轮的转速很低,远达不到发电机发电的要求,因此可以通过齿轮箱的增速作用来实现。风力发电机组中的齿轮箱也称增速箱。在双馈式风力发电机组中,齿轮箱就是一个不可缺少的重要部件。大型风力发电机的传动装置,增速比一般为 40%~50%。这样,可以减轻发电机质量,从而节省成本。

也有一些采用永磁同步发电机的风力发电系统,在设计时由风轮直接驱动发电机的转子,而省去齿轮箱,以减轻质量和噪声。

对于小型的风电机组,由于风轮的转速和发电机的额定转速比较接近,通常可以将发电机的轴直接连到风轮的轮毂。

2. 对风系统(偏航系统)

自然界的风,方向多变。只有让风垂直地吹向风轮转动面,风力机才能最大限度地获得风能。为此,常见的水平轴的风力机需要配备调向系统,使风轮的旋转面经常对准风向(简称对风)。

对于小容量风力发电机组,往往在风轮后面装一个类似风向标的尾舵(也称尾翼),来实现对风功能。

对于容量较大的风力发电机组,通常配有专门的对风系统——偏航系统,一般由风向传感器和伺服电动机组合而成。大型机组都采用主动偏航系统,即采用电力或液压拖动来完成对风动作,偏航方式通常采用齿轮驱动。

一般大型风力机在机舱后面的顶部(机舱外)有两个互相独立的传感器(风速计和风向标)。当风向发生改变时,风向标登记这个方位,并传递信号到控制器,然后控制器控制偏航系统转动机舱。

3. 限速和制动装置

风轮转速和功率随着风速的提高而增加,风速过高会导致风轮转速过高和发电机超负荷,危及风力发电机组的运行安全。限速安全机构的作用是使风轮的转速在一定的风速范围内基本保持不变。

风力发电机一般还设有专门的制动装置,当风速过高时使风轮停转,保证强风下风力发电机组的安全。

3.5.4 塔架和机舱

机舱除了用于容纳所有机械部件外,还承受所有外力。

塔架是支撑风轮和机舱的构架,目的是把风力发电装置架设在不受周围障碍物影响的高空中,其高度视地面障碍物对风速影响的情况,以及风轮的直径大小而定(图3.34)。现代大型风力发电机组的塔架高度有的已达100m。

图 3.34 塔架的高度

塔架除了起支撑作用,还要承受吹向风力机和塔架的风压,以及风力机运行中的动荷载。此外,塔架还能吸收风中机组的振动。

3.6 风 电 场

3.6.1 风电场的概念

风电场的概念于20世纪70年代在美国提出,很快在世界各地普及。如今,风电场已经成为大规模利用风能的有效方式之一。

风电场是在某一特定区域内建设的所有风力发电设备及配套设施的总称。在风力资源丰富的地区,将数十至数千台单机容量较大的风力发电机组集中安装在特定场地,按照地形和主风向排成阵列,组成发电机群,产生数量较大的电力并送入电网,这种风力发电的场所就是风电场。图3.35~图3.38所示为列举的几个风电场。

图 3.35　美国印第安纳州 Marshall 的内陆风电场

图 3.36　福建莆田南日海岸风电场(中国国电集团)

图 3.37　丹麦近海的离岸风电场

图 3.38　中国长岛离岸风电场

风力发电优点如下。

(1) 没有直接的污染物排放。风力发电不涉及燃料的燃烧,因而不会释放二氧化碳,不会形成酸雨,也不会造成水资源的污染。

(2) 不需要水参与发电过程。水力发电和海洋能发电需要以水为动力。火力发电、核电、太阳能热发电、地热发电、生物质燃烧发电等形式,需要以水蒸气作为工作物质,也需要水作为冷却剂。而风力发电不涉及热过程,因而不需要消耗水。这个优点对于目前水资源短缺的严峻事实来说显得极其重要。

风力发电缺点如下。

(1) 风力机的噪声。包括由变速箱或控制电机引起的机械噪声和叶片与空气相互作用产生的空气动力学噪声。不过,目前可利用的风力机基本都符合噪声的环保标准。

(2) 风力机引起的电磁干扰。这主要取决于叶片和塔架的材料与形状。不过尚未有证据表明它造成了实际的损失。

(3) 视觉影响。这个问题在西方社会比较关注,存在一定的争议。但远离人类居住区的风电场,就不存在这个问题了。

(4) 风电场具有单机容量小、机组数目多的特点。例如,建设一个装机容量 5 万 kW 的风电场,若采用目前技术比较成熟的 1.5MW "大容量" 机组,也需要 33 台风电机组。

此外,引发讨论的还有土地的使用、对鸟类的影响等。

3.6.2 海上风电

与陆上风电场相比,海上风电场建设的技术难度较大,所发电能需要敷设海底电缆输送。海上风电场的优点主要是不占用宝贵的土地资源,基本不受地形地貌影响,风速更高,风能资源更为丰富,风力发电机组单机容量更大,年利用小时数更高。

世界风能陆上资源储量约为 $4\times10^4 \text{TW} \cdot \text{h}$,该值为世界电力需求的 2 倍以上,而海上资源储量为陆上的 10 倍。陆上风力发电机组商业装置的设备利用率必须达到 20%~25%,海上风力发电机组建设费用上升,达到成本核算有利水平的设备利用率需 35%~40%。欧洲海上风力发电机组的设备利用率已有数例大幅度超过 40%。

海上风电的关键技术如下。

1. 风资源评估

风资源评估是风电场开发的首要步骤,是进行风场选址、机位布局、风机选型、发电量估算和经济概算的基础。

2. 基础建造

海上风力发电机组通常由塔头和支撑结构两部分构成。其中塔头是指风轮和机舱,支撑结构则包括了塔架、水下结构和地基三个部分。海上风电基础通常指的是水下结构和地基。由于水下情况复杂、基础建造要综合考虑海床地质结构、离岸距离、风浪等级、海流情况等多方面影响,这也是海上风电施工难度高于陆地风电的主要方面。目前,海上风电机基础结构主要有重力固定式、桩基固定式、桶型基础结构及近年来提出的一些新型结构。

3. 机组设计

由于海上环境气候恶劣，海浪潮汐情况复杂，海上风电场在运行中设备的故障率较高，主要以机组叶片损坏、电缆疲劳损坏、齿轮箱损坏和变压器故障等问题最为常见。而且，由于机组都位于海上，维修人员只能通过工作艇或直升机到达指定地点进行设备维修或更换，所以维护的成本很高。这就对海上机组设计及监控水平提出了更高的要求。

(1) 抗台风。受地球自转及大气环流的影响，太平洋西岸及大西洋西岸是台风及飓风生成和活动的地方。台风与飓风极具破坏力，其极限风速能达到 90m/s，甚至更大。这对沿海风电场危害极大。所以目前全球范围内的海上风电场只分布在大西洋东岸(欧洲)，在大西洋西岸至今没有海上风电场建设。太平洋东岸也只有我国东海大桥项目在建。因此，增强海上风力机的抗风能力是一个重要课题，主要体现在桨叶、塔架和基础的设计上。第一要采用柔性桨叶设计，当台风来袭时，桨叶变形，使其受力大大减小，保护机组不受损坏；第二要考虑刚性塔架设计，增加塔架壁厚，避免塔架局部发生缺陷而引发结构失稳，导致折断。

(2) 抗盐蚀。我国东南沿海地区气候湿润，空气湿度大，沿海风电场电气设备受盐雾腐蚀严重，因此对电气设备的可靠性要求比较高。一般不采用内陆风电场常用的干式机组变压器，必须采用箱式机组变压器提高防潮能力。主开关一般采用气体绝缘开关，使元件全部密封不受环境干扰。

(3) 风电场监控。海上风力发电机组在控制原理上与陆地风力机相似，但由于海上风力机现场操作与维护不便，因此对控制系统的安全可靠、远程监控、远程维护等性能提出了更高的要求。在设计上需要大量采用冗余技术。比如传感器、执行机构、通信线路等，都采用多重备用方案。对机组的每个设备都配备传感器，远程监控系统通过通信线路(光缆或无线通信)不间断监测机组和设备的状态，并进行在线诊断，指导控制器预先动作，避免故障的发生，从而提高机组可靠性。

4. 机组安装

受限于气象条件，海上作业对风浪、潮汐状况要求十分严格。海上风力机安装主要有两种方式：海上分体安装和海上整体安装。海上分体安装是在海上将风力机的各个部件进行安装。其安装设备有海上自升式平台、起重船和浮船坞等。我国现有的浮船坞大多不是特意为海上风电场的风力机安装而设计制造的，因此一般需要对其进行改装。具体做法是在现有的浮船坞上加装履带吊，并对浮船坞的锚缆系统和坞体进行加固，安装风力机时先抛锚初步固定浮船坞位置，然后浮船坞下沉到海床面座底，由履带吊完成风力机的组装。海上整体安装包括陆地安装和海上运输两部分工作。我国的大型起重船只较多，无须改造就能进行施工，因此整体安装在国内也容易实现，但需要具备靠近码头且有相当承载力和工作面的陆地拼装场地。东海大桥海上风电场示范项目采用海上整体安装方案，风力发电机组部件先在组装基地由履带起重机组装成整机后，再用运输船将整台机组运往风场，由起重船将风力发电机组整体安装到基础塔架上。

5. 电网接入

近海风电场电气接线和接入系统方式与陆地风电场基本相同。每个风力发电机组需用电缆与相邻的机组连接,经一个或多个中压集控开关组件及电缆单元汇集,并进一步升压送至更高电压的电网。当风电场容量大于 100MW 时,一般采用 36kV 以上的高压系统,以尽可能减少风电场内部风力发电机间互连所产生的损耗。海底电缆一般采用三芯电缆设计,因为海上风电场面积较大,需要长距离输电。而三芯电缆来自三相的充电电流是短路的,所以在外部的金属层没有反向电流引起的损耗,同样设计的铠装海底电缆的外金属层损耗也很低。在敷装海底电缆时,风电场内部及送出电缆均由敷设船放入海底,使用高压喷水冲击海床,然后使电缆埋入海床下 1m 深处。如果海底表面为坚硬岩石,可在电缆上敷设石头或沙砾层。这样,可以减少捕鱼工具、锚及海水冲刷对海底电缆造成破坏的风险。随着近海风电场规模的不断扩大,场址距离陆地的主电网越来越远。轻型高压直流输电(VSC-HVDC)技术,以其在成本、维护、输电质量等方面的优越性,越来越受到风力发电输电系统尤其是海上输电的青睐。

3.6.3 小风电应用

1. 我国小风电现状

为了满足国内农村地区人民生活生产用电和国外市场日益增长的需求,中国开发了单机容量 100W、200W、300W、500W、1kW、1.5kW、2kW、5kW、10kW、20kW、30kW、50kW 和 100kW 的小型水平轴风力发电机组和 400W~10kW 的小型垂直轴风力发电机组。目前 200W、300W、500W、800W、1kW、1.5kW、2kW 的小型风力发电机组已在中国远离电网的农牧地区广泛应用,使用小型风力发电机组后,当地用户的生活条件明显得到改善;5kW、10kW 的小型风力发电机组已经在中国农牧地区和通信基站批量应用;20kW、30kW 小型风力发电机组已经在中国的油田进行示范应用。与此同时,我国 10kW、20kW、30kW 和 50kW 的小型风力发电机组批量出口欧美发达国家做并网式应用。最近,中国制造的 100kW 风力发电机组也有少量出口,进入发达国家的市场。

2. 小型风力发电系统的构成

(1) 原理与结构

小型风力发电机组的原理是利用风力驱动风力机风轮转动,并将转矩传递到发电机,带动发电机发出电能。风力发电机发出的交流电经整流后直接向蓄电池组充电或向直流负载供电;还可经由变流器向交流负载(单相或三相)供电。在无风、风力发电机组不能运行发电时,为保持系统不间断供电,离网风力发电系统还要配备蓄电池组。

小型风力发电系统,也称小型风力发电机组,其结构比较简单,通常由叶片、轮毂(外部装有前罩)、发电机、尾翼、塔架等组成,如图 3.39 所示。对于小型风力发电系统,为简化结构,降低成本,一般都没有变速箱和主动偏航机构。

(2) 风轮

风轮是风力机最关键的部件,是它把空气动力能转换为机械能。风轮一般由叶片、轮毂、盖板、连接螺栓组件和导流罩组成。

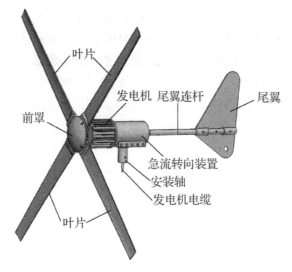

图 3.39 小型风力发电机结构

(3) 风力发电机

发电机是风力发电的核心设备，利用电磁感应现象将旋转风轮的机械能转换为电能。

小型风力发电机主要采用低速永磁发电机，这主要是因为小型风力发电机的风轮直接耦合在发电机轴上，省去了升速机构，故要求发电机转速每分钟只有几百转，所以采用低速发电机。微型及容量在 10kW 以下的小型风力发电机组，采用永磁式或自励式交流发电机，经整流后向负载供电及向蓄电池充电。

(4) 对风装置

对风装置又称迎风机构，水平轴风力机涉及风轮叶片旋转平面与空气流动方向相对位置的调整，在切入和切出风速限定的范围内，为了使风力机从流动的空气中获取最大的能量，即让风力机的输出功率最大，就需要使风轮叶片旋转平面与气流方向垂直，也就是要迎着风向。当风速较大时，为了保证风力机的安全，可通过对风装置扭转风轮迫使其顺着风向侧偏，从而减小风轮迎风面积以达到调速的目的，当风速达到限定风速时，可使风轮旋转平面平行于风向实现停车。

(5) 回转体

回转体是风力机关键部件，是风轮、发电机和尾翼的载体，是一个安装在塔架顶部的轴承结构。一些风力机的回转体和发电机是作成一体的。回转体是可以绕塔架垂直轴在 360°水平方向自由转动的机构。回转体和尾翼是实现风轮调向(对风)、调速的必要部件。

(6) 调速装置

由于自然界的风具有不稳定性、脉动性，风速时大时小，有时还会出现强风和暴风，而风力发电机叶轮的转速又是随着风速的变化而变化的，如果没有调速机构，风力发电机叶轮的转速将随着风速的增大而越来越高。这样，叶片上产生的离心力会迅速加大，以至损坏叶轮。另外，随着风速增大，叶轮转速增高的同时，风力发电机的输出功率也必然增大，而风力发电机的转子线圈和其他电子元件的超载能力是有一定限度的，是不能随意增加的。因此风力发电机要有一个稳定的功率输出，就必须设置调速机构。

(7) 制动装置

小型风力发电机的手制动机构的用途是使风轮临时性停车(停止旋转)，如遇到特大风时可紧急使风轮停转，检修风力发电机和为了使风力发电机有计划地停止转动等，可通过手制动机构使风轮制动，或使风轮偏转与尾翼板平行。

(8) 塔架

小型风力机的塔架的主要作用是支撑风力机的重量，同时还要承受吹向风力机和塔架的风压，以及风力机运行中的动载荷。

3．小型风力发电系统的构成

小型风力发电系统由风力发电机组、控制装置、蓄能装置和电能用户的电气负荷等组成，如图 3.40 所示。风力发电机组是风能转换为电能的关键设备。由于风能的随机性，风力的大小时刻变化，风力发电系统必须根据风力大小及电能需求量的变化及时通过控制装置对风力发电机组的起动、运行状态(转速、电压、频率)、停机、故障保护(超速、振动、过负荷等)，以及对电能用户负荷的接通、调整及断开等进行调节和控制。为了保证用电户在无风期间内可以不间断地获得电能，系统还需要配备蓄能装置，同时在大风风能急剧增加时，蓄能装置可以储存多余的电能备无风时使用。为了实现不间断的供电，风力发电系统还可以配备逆变电源和备用柴油发电机组。

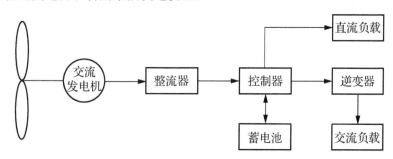

图 3.40　小型风力发电系统

3.7　风力发电的发展

3.7.1　世界风电的发展状况

风力发电是增长最快的可再生能源技术之一，在过去的 20 年里，风能的发展突飞猛进，风电技术取得了巨大的进步，成本正在下降，全世界使用率正在上升，成为世界范围内清洁能源的主流，具有成本竞争力。截至 2019 年底，根据全球风能协会的数据统计，全球风能总容量目前已达到 651GW(见图 3.41)，2019 年全球新增风电装机容量超过 60GW(见图 3.42)，同比增长 19%。其中，陆上风电新增装机 54.2GW，同比增长 17%，累计装机容量达到 621GW。海上风电新增装机创纪录地超过 6GW，占全球新增装机的 10%，累计装机为 29.1GW，海上风电在推动全球风电装机方面正发挥着越来越重要的作用。

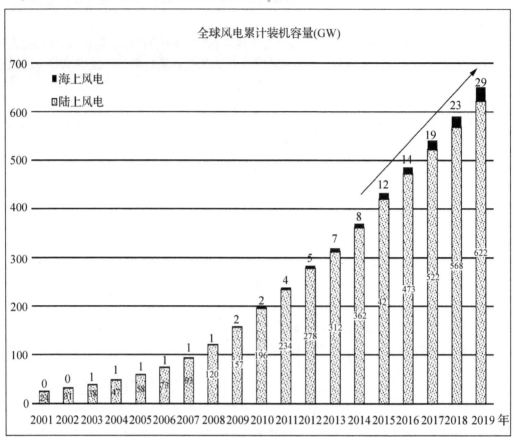

图 3.41 2001—2019 年世界风电总装机容量的增长趋势

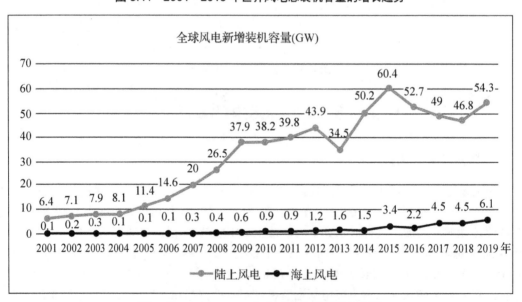

图 3.42 2001—2019 年全球风电新增装机容量

近年来欧洲、北美的风力发电装机容量所提供的电力成为仅次于天然气发电电力的第二大能源，如图 3.43 所示。欧洲的风力发电已经开始从"补充能源"向"战略替代能源"的方向发展。亚太地区继续引领全球风电发展，2019 年新增装机容量占全球的 50.7%。中国和美国仍是全球最大的陆上风电市场，两国合计占 2019 年新增装机容量的 60%以上。世界上风能利用排名前四的国家分别是中国、美国、德国、印度，如图 3.44 所示。丹麦是世界上使用风能比例最高的国家，丹麦能源消费的 1/5 来自风力。

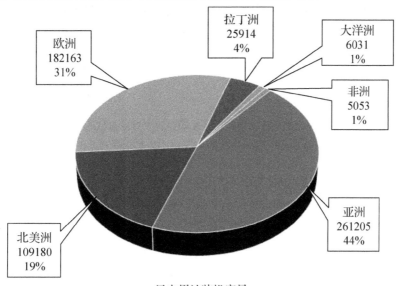

图 3.43　各大洲风电累计装机容量

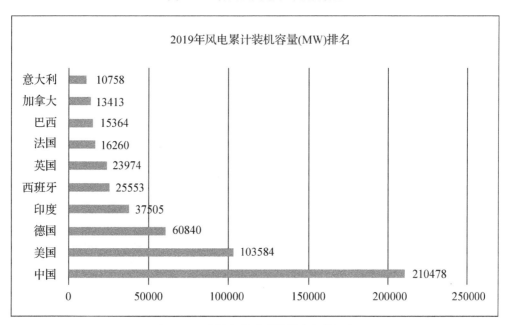

图 3.44　世界风能利用排前十名的国家

(来源：世界风能协会 2019 年数据)

欧洲在开发海上风能方面也依然走在世界前列,其中丹麦、英国、爱尔兰、瑞典和荷兰等国家发展较快。尤其是在一些人口密度较高的国家,随着陆地风电场利用殆尽,发展海上风电场已成为新的风机应用领域而受到重视。丹麦、德国、西班牙、瑞典等国家都在计划较大的海上风电场项目。目前,海上风电机组的平均单机容量在 5MW 左右,最大已达 12MW。全世界海上风电总装机容量超过 2900 万 kW。

由于风力发电技术相对成熟,因此许多国家对风力发电的投入较大,其发展较快,从而使风电价格不断下降。若考虑环保及地理因素,加上政府税收优惠政策和相关支持,在有些地区风力发电已可与火力发电等展开竞争。在全球范围内,风力发电已形成年产值超过 50 亿美元的产业。

世界之最:最大功率海上风机

2020 年 11 月,GE 可再生能源公司宣布,迄今运营的最大功率海上风机 GE Haliade-X 12MW 获得 DNV GL 完整型式认证证书。每台 GE Haliade-X 12MW 海上风机每年可产出的总电量高达 67GW·h,所产生的清洁能源足够为 16000 户欧洲家庭提供电力,并节省多达 42000 公吨的二氧化碳,这相当于 9000 辆汽车一年内产生的排放量。该公司还宣布,该机型已经过优化,现在输出功率可达 13MW。测试将继续进行,公司预计将在 2021 年上半年获得 13MW Haliade-X 机组的型式证书。

3.7.2 我国风电的发展状况

我国的风力发电从 20 世纪 80 年代开始起步,到 1995 年以后逐步走向产业化发展阶段。

我国的风力发电从 20 世纪 80 年代开始起步,过去 40 年间,中国风电产业走出了一条从无到有、从小到大、从弱到强的崛起之路,先后历经了科研性示范应用、商业化探索、规模化建设 3 个阶段,如今正阔步迈向风电平价时代,2001—2019 年我国风电装机容量变化如图 3.45 所示。

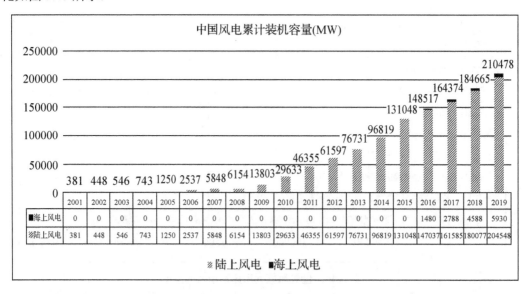

图 3.45 2001—2019 年我国风电装机容量变化

中国之最：我国第一个并网风电场

1986年5月建成的山东荣成风电场是我国第一个并网的风电场。

中国之最：我国第一个大型风电场

1989年10月建成的新疆达坂城风电场是我国最早的大型风电场。

从摸索起步到走向成熟，中国风电产业发展可以大致划分为以下4个阶段：①"六五"时期(即1981—1985年)到"七五"时期，中国实现了离网型风力发电设备的批量生产，建设了一批兼具科研性质的示范性并网风电场。②"八五"到"十五"时期，中国开始积极探索并网风电开发的商业化运作模式，并且开始重视对国外风电装备和风电技术的"引进、消化、吸收和再创新"。③"十一五"到"十三五"时期，中国风电开发的步伐显著加快，中国风电产业高速发展，产业体系日臻完善，技术升级不断加快，一些中国企业开始在国际风电市场上崭露头角。④"十四五"到"十五五"时期，我国海上风电将形成一定的规模，东、西部风电装机的分布将更为均衡，陆上、海上风电将全面进入到平价化阶段，风电将成为首个可与燃煤发电竞争的新能源电源。

目前，中国风电装机量和发电量已连续多年稳居世界第一。目前，中国拥有并网风电场4000余座，累计装机12万余台，风电场已遍布全国31个省/直辖市/自治区，2019年我国风电并网容量排名前十的省份如图3.46所示。截至2019年年底，中国累计装机容量达到2.36亿kW，是全球排名第二(美国)的2.2倍。其中陆上风电累计装机2.04亿kW、海上风电累计装机593万kW，风电装机占全部发电装机的10.4%。在地域分布上，华北、西北、华东风电累计装机容量最大，华北、华东、中南三个区域风电装机增长较快。华北地区是全国六大区域并网增量最大的区域。得益于内蒙古以及河北北部地区的风资源优势，尤其

图3.46　2019年我国风电并网容量排名前十的省份

是内蒙古自治区依托得天独厚的风资源条件,在 2019 年开启风电"大基地"建设,先后核准了多个风电大基地项目。西北地区近年来受投资预警影响,风电装机增长缓慢,并且弃风率高。其中新疆弃风率 14.0%,弃风电量 66.1 亿 kW·h,甘肃弃风率 7.6%、弃风电量 18.8 亿 kW·h。东北风电开发已趋向阶段性饱和,辽宁地区海上风电或成为新的市场方向。随着我国风电开发重心转向中东南部,以河南、湖南、湖北为代表的低风速重点区域开始快速发展。西南地区属于高原山地地形,风电装机量整体较低。华东地区沿海省份众多,在海上风电抢装浪潮下,并网装机总量快速增长。并且华东大部分省份经济发达,电力负荷高,消纳能力强,风电年利用小时数高,2011—2019 年我国风力发电量与弃风量对比如图 3.47 所示。

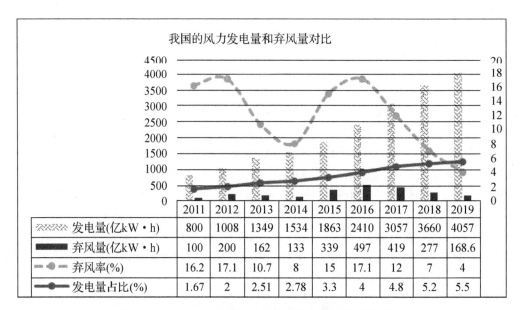

图 3.47 2011—2019 年我国风力发电量与弃风量对比

(数据来源:国家能源局每年发布的《风电并网运行情况》)

除装机规模之外,中国还拥有全球最大的风电生产与消费市场,风力发电量居全球第一。2010 年风电发电量约 500 亿 kW·h,占全部发电量的 1.4% 左右。2019 年风电发电量约 4057 亿 kW·h,占全部发电量的 5.5% 左右,占全部可再生能源发电量的 21%。不过,全国各地区风电发电量所占的比重存在着明显的地区差异。特别是,与丹麦、英国等欧洲国家相比,风电在中国电力结构中的份额仍然存在较大的提升空间。例如,2019 年丹麦电力消费的 47% 由风力发电供应,其中陆上风电供应了 18% 左右,海上风电供应了 29% 左右。

目前,兆瓦级风电机组已成为风电市场中的主流机型。2018 年中国风电吊装容量统计简报显示,中国新增装机的风电机组平均功率为 2.2MW,同比增长 3.4%;截至 2018 年年底,累计装机的风电机组平均功率为 1.7MW,同比增长 2.5%。截至 2018 年年底,中国风电累计装机中,2MW 以下(不含 2MW)累计装机容量市场占比达到 48.1%,其中,1.5MW

风电机组累计装机容量占总装机容量的 41.6%。2MW 风电机组累计装机容量占比上升至 36.6%。

 亚洲之最：亚洲第一台 3MW 海上风电机组

2009 年，我国自主制造的 3MW 海上风电机组在上海东海大桥吊装成功，这是亚洲首台 3MW 海上风电机组。

现在，中国风电设备制造业已经从一个相对落后的产业，跃升至全球竞争者的位置。单位千瓦造价从"十一五"初期的 7000 元左右降到 4000 元以下，降幅达 40%。同时风机关键零部件供应体系逐步完善，包括风机叶片、齿轮箱、轴承、电机、变频器等关键零部件，在国内都有生产厂商。风机叶片、机架、轮毂、罩壳等我国都具有自主生产能力。

 趣闻：吐鲁番的"风车森林"

新疆吐鲁番以盛产葡萄而闻名，中国目前规划的最大风力发电项目将使这里今后出现中国最为壮观的"风车森林"。从 2006 年起，中国华电集团公司将投资 150 亿元，按照每年 4 万 kW 的速度，在吐鲁番小草湖风区建立 200 万 kW 的风力发电场，在初期的 5 年内将投资 15 亿元，以每年 6 万 kW 的速度使风电装机容量达到 30 万 kW(300MW)。

习　题

一、填空题

1．常用_____、_____和_____等来描述风的情况。

2．叶尖速比是指_____与_____之比。

3．对于风能转换装置而言，可利用的风能在_____到_____之间的有效风速范围内，这个范围的风能即有效风能。

4．风力机的功率调节方式主要有_____功率调节和_____功率调节两种类型。

二、选择题

1．风力发电机组的外部构造主要包括(　　)、机舱和塔架三部分。

　　A．传动机构　　　B．风轮　　　　C．偏航系统　　　D．限速和制动装置

2．目前，主流的大中型风力发电机类型包括：恒速恒频的鼠笼式感应发电机、变速恒频的双馈感应式发电机和(　　)三类。

　　A．变速变频的直驱式永磁同步发电机

　　B．变速恒频的直驱式永磁同步发电机

　　C．变速变频的双馈感应式发电机

　　D．变速恒频的鼠笼式感应发电机

3．目前大型风力发电机的传动装置，增速比一般为(　　)。
   A．10%～20%　　B．20%～30%　　C．30%～40%　　D．40%～50%

三、分析设计题

1．想一想，在你的家乡或者你所熟悉的其他地区，风是怎样形成的？
2．比较各种类型风力机的特点和适用场合。
3．尝试设计一种新型的风力机，并说明其优点。或者为现有风力机安排一种新的应用场景。
4．试比较永磁同步直驱式风力发电机组及双馈感应式风力发电机组的结构、造价、适用场合和工作特性。
5．调研国内外典型风电场的情况，如我国第一个风电场，最著名的海上风电场等。

第 4 章

潮汐能与潮汐发电

人类很早就认识到了海水周期性涨落的现象。究竟潮汐是怎样形成的？人类从何时开始懂得对潮汐能的利用？又是如何利用的？洛阳桥与潮汐有什么关系？潮汐发电的原理是怎样的？潮汐电站什么样？潮汐发电有什么特点？潮汐发电的发展状况如何？这些问题都可以在本章中找到答案。

教学目标

- 了解人类认识和利用潮汐的历史；
- 了解或掌握潮汐资源的特征及分布；
- 掌握潮汐发电的基本原理和潮汐电站的构成；
- 了解潮汐发电的发展应用情况。

教学要求

知识要点	能力要求	相关知识
潮汐的认识和利用	(1) 了解人类对潮汐的认识，理解潮汐的真正成因； (2) 了解人类利用潮汐的历史和方式	万有引力定律
潮汐能资源	(1) 掌握潮汐的表现特征和类型； (2) 了解世界潮汐资源的总量和分布； (3) 了解我国潮汐资源的总量和分布	大陆架形态、潮汐数据
潮汐发电原理	(1) 掌握潮汐发电的方式和大致过程； (2) 了解潮汐电站装机容量和发电量的估算方法； (3) 了解潮汐电站的一般结构及其与水电站的差别	(1) 水力发电原理； (2) 水电站结构
潮汐发电的特点	掌握潮汐发电的优点和不足	—
潮汐发电的发展	(1) 了解世界潮汐发电的发展历史和现状； (2) 了解我国潮汐发电的发展情况	—

推荐阅读资料

1. 李书恒，郭伟，朱大奎. 潮汐发电技术的现状与前景[J]. 海洋科学，2006(12)：82-86.
2. 武贺，王鑫，李守宏. 中国潮汐能资源评估与开发利用研究进展[J]. 海洋通报，2015，34(04)：370-376.

 基本概念

潮汐：由于太阳和月球对地球各处引力的不同所引起的海水有规律的、周期性的涨落现象。
潮差：潮汐循环中高潮和低潮时海面水位的差值。
潮汐发电：以潮汐能为原动力的发电方式，原理和所用的设备与常规水力发电比较类似。

 引例：洛阳桥与潮汐

福建省泉州市东郊的洛阳江上，有一座长834m、宽7m的跨江接海的大石桥，宏伟壮观，建筑精美，真是"一望五里排琨瑶，行人不忧沧海潮"。这就是与北京卢沟桥、河北赵州桥、广东广济桥并称为中国古代四大名桥的洛阳桥（图4.1）。这座完全用大石头砌成的梁架式古石桥，原名"万安桥"，建于公元1053—1059年，北宋年间。几十吨重的大石梁，当时是怎么架到桥墩上去的呢？据史料记载，泉州太守蔡襄主持建桥时，有经验的工匠发现当地高达6m的大潮潮差可利用，就把准备好的石料放在木排上，在涨潮时将木排引入两个桥墩之间。木排上的石料随着潮水上涨慢慢高过桥墩，人们便可轻而易举地调整方向、对正位置；待大潮一过，随潮水下落的石料也就稳稳地落在桥墩上了。这是我国古代劳动人民巧妙利用潮汐能的一次创举。

图4.1 洛阳桥

4.1 人类对潮汐的认识和利用

4.1.1 人类对潮汐的认识

人类很早就注意到了海水周期性的涨落现象。我国古人把白天的海水涨落称为"潮"，

第4章 潮汐能与潮汐发电

夜间的海水涨落称为"汐",合起来称为"潮汐"。现在人们更习惯用"潮汐"来笼统地表达这种海水涨落现象。

我国古代的科学家很早就认识到潮汐和月亮有关。例如,我国东汉时期著名的思想家王充就说过"涛之兴也,随月盛衰";唐代诗人张若虚的《春江花月夜》中的"春江潮水连海平,海上明月共潮生",也形象地描述出海潮和月亮的关系。后来人们进一步认识到潮水是一种"此盈彼竭,往来不绝"的波动现象,"潮之涨退,海非增减,盖月之所临,则水往从之"。

在17世纪牛顿发现万有引力(任何两个物体之间都存在引力,太阳、月亮与地球之间也有这种力)之后,18世纪出现了潮汐的动力理论。人们对潮汐现象产生的原因有了进一步的认识。

潮汐是由于太阳和月球对地球各处引力的不同所引起的海水有规律的、周期性的涨落现象。

如果认为月球对地心的引力,是月球对整个地球的平均引力,那么地球对着月球的一面,由于距离月球较近,海水所受引力较大,从而使得海面向上涌起。而背离月球的一面距离月球较远,海水所受的引力小于月球对地球的平均引力,但地球的离心力相同,造成海水有远离地心的趋势,因而海水也会上涨。实际上,太阳也有类似的影响,只是因为距离太远,其作用不如月球明显。太阳和月球引起的海水上涨,分别称为太阳潮和太阴潮。

农历每月的初一,太阳和月球位于地球的同侧,三者近似在一条直线上,太阳和月球的引力方向相同,合力最大,太阳潮和太阴潮同时同地发生,就形成大潮。每逢农历十五,太阳和月球分别位于地球两侧,并与地球近似在一条直线上,面向月球的太阴潮和背离太阳的太阳潮共同作用,背离月球的太阴潮和面向太阳的太阳潮共同作用,也形成大潮。这就是"初一、十五涨大潮"的来历。

当太阳和月球相对于地球成直角方向时,太阳潮的落潮和太阴潮的涨潮二者共同作用,会相互抵消,形成潮势较弱的小潮。我国民间有"初八、二十三,到处见海滩"的说法。太阳和月亮引力形成潮汐示意图如图4.2所示。

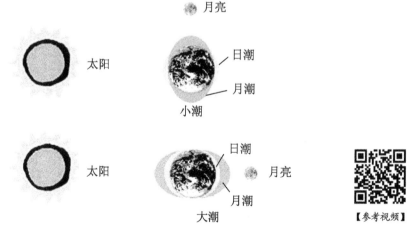

图 4.2 太阳和月亮引力形成潮汐示意图

【参考视频】

趣闻：我们和地心的距离也是变化的吗？

人们对海洋的潮汐已经非常熟悉，实际上在虚无的大气和坚硬的地壳中也都存在着潮汐现象，只不过那里的"潮汐"不像海水涨落那么显著。固体地球潮汐大约有几十厘米的水平，也就是说，不同时刻我们到地球中心的距离也会有几十厘米的变化。

4.1.2 人类对潮汐的早期利用

潮汐是人类最早认识和利用的海洋动力资源。

我国对潮汐能的利用是最早的，可以追溯到1300多年以前的唐朝。

6—7世纪，我国就有沿海居民利用潮汐磨来碾磨谷物，出现了一些利用潮汐来推磨的小作坊。近些年在山东省的蓬莱地区发现了这种早期的潮汐磨。

10世纪左右，在波斯湾的巴士拉沿岸，人们开始以潮汐能为动力驱动水车进行面粉加工。

11—12世纪，法国、英国、西班牙的大西洋沿岸也出现了潮汐磨坊，有些一直沿用到20世纪。在英国萨福尔克至今仍保留着一个12世纪的潮汐磨，还在碾谷子供游客参观。

16世纪，俄国沿海居民也使用过类似的潮汐能水磨。到18世纪，在俄国阿尔汉格尔斯克还出现了以潮汐能为动力的锯木厂。

欧洲西海岸的潮汐磨坊使早期工业国家走上发财致富的道路，并把它带到美洲新大陆。1600年法国人在加拿大东海岸建起美洲第一个潮汐磨。

有一些潮汐磨的设计是比较先进的。1438年马里诺设计了一个现代化潮汐动力站。在涨潮时让海水通过一条运河进入一个池子中，在退潮时水通过另一条运河推动一个磨的齿轮，再回到海中去。1713年，敦刻尔克的佩尔泽发明了双向利用的潮汐磨，不但可以利用涨潮流，也可利用落潮流，同时还可自动开关闸门。

到了20世纪，潮汐能的魅力达到了高峰，人们开始利用海水上涨下落的潮差能来发电。

 中国之最：中国最早的潮汐能水轮泵站

1955年，闽江下游福州市郊的海边，建成了一座潮汐能水轮泵站，这是中国最早的潮汐能水轮泵站。可以通过抽水灌溉0.5km^{2}的农田，由于经济效益显著而广受欢迎，附近竞相仿造。到1983年，仅福州市城门乡就已建成潮汐泵站20座，福建全省共37座。

4.2 潮汐能资源

4.2.1 潮汐的描述和分类

简单来说，潮汐就是海水的涨落。

海面升到最高位置时，称为高潮；海面降到最低位置时，称为低潮。高潮和低潮时的水位差，称为潮差。

从低潮到高潮的过程,称为涨潮。到达高潮后,海面会有短时间不涨不落的现象,称为平潮,此时的潮位称为高潮高。从高潮到低潮的过程,称为落潮。到达低潮后,海面也会有短时间不涨不落的现象,称为停潮,此时的潮位称为低潮高。

用于描述潮汐的各个要素示意图如图4.3所示。

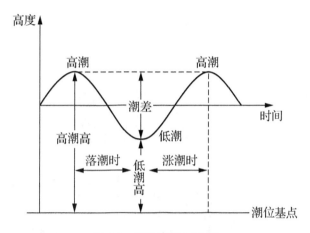

图4.3 潮汐要素示意图

大海每天都会涨潮、落潮,海面的一涨一落两个过程为一个潮汐循环。相邻的两次高潮(或低潮)间隔的平均时间,称为潮汐的平均周期。

潮汐的涨落现象成因复杂,其表现也因时因地而异。按照潮水涨落的周期,潮汐可分为半日潮、全日潮和混合潮三种类型,主要看在24小时50分钟(天文学上称为"一个太阴日")里有几个涨落周期。

(1) 半日潮:在一个太阴日里海面有两涨两落(即出现两次高潮和两次低潮),半日完成一个周期。半日潮相邻的两个高潮(或低潮)的潮高几乎相等,涨潮、落潮时间也几乎相等。世界上多数海区的潮汐都是半日潮。中国黄海、东海沿岸多数港口属半日潮海区,如上海、青岛、厦门等地区的沿海区,都是比较典型的半日潮海区,浙江的温州港一带也是半日潮。

(2) 全日潮:在一个太阴日里海面只有一涨一落(即出现一次高潮和一次低潮),一日完成一个周期。有些地方属全日潮海区,如海南岛西部的北部湾地区。

(3) 混合潮:每日涨落两次和每日涨落一次混杂出现的潮汐。混合潮又分为不正规半日潮和不正规全日潮两类。前者在一个太阴日内有两次高潮和两次低潮,但相邻的高潮或低潮的高度不等,涨潮时和落潮时也不等;后者在半个月内的大多数日子里为不正规半日潮,但有时也发生一天一次高潮和一次低潮的全日潮现象。南海多数海区属于混合潮海区。

4.2.2 潮汐能资源及其分布

潮汐现象在垂直方向上表现为潮位(潮汐时的水位)的升降,在水平方向上则表现为潮流(潮汐时的海水流动)的进退。因海水涨落及潮水流动所产生的动能和势能统称为潮汐能。

提示

很多时候,将潮水流动所具有的动能称为潮流能(其发电示意图如图4.4所示),而潮汐能特指海水涨落所形成的势能。本章后面所说的潮汐能主要是指这种情况。

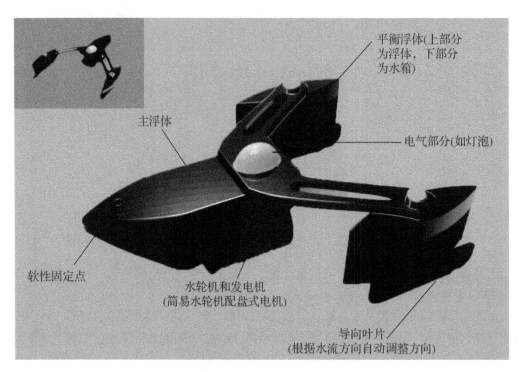

图4.4 某种潮流能发电示意图

潮汐能是海洋能的一种,在全球海洋能资源总量中,潮汐能不是最多的,但却是目前经济技术条件下最为现实的一种。

1. 世界潮汐能资源

全球潮汐能的潜力是巨大的,世界能源理事会WEC估计到21世纪中叶可以安装多达1000GW的潮汐能,相当于世界目前煤炭产能的一半。图4.5所示为世界潮汐能分布图。

潮汐能的大小直接与潮差有关,潮差越大,能量也就越大。由于深海大洋中的潮差一般较小,潮汐能量并不大。而浅海、狭窄的海湾和某些河口区潮差较大,全世界可开发利用的潮汐能主要集中在这样的海域,如英吉利海峡(可开发容量约有8000万kW)、马六甲海峡(5500万kW)、黄海(5500万kW)、芬地湾(2000万kW)等。

潮差大而且地形良好的港湾河口,都是建设潮汐能电站的理想站址,例如,法国的圣马诺湾、俄罗斯的白令海和鄂霍次克海、中国的钱塘江,以及印度、澳大利亚、阿根廷等国的一些海岸。

实践证明,平均潮差不小于3m用潮汐能发电才能获得经济效益,否则难于实用化。

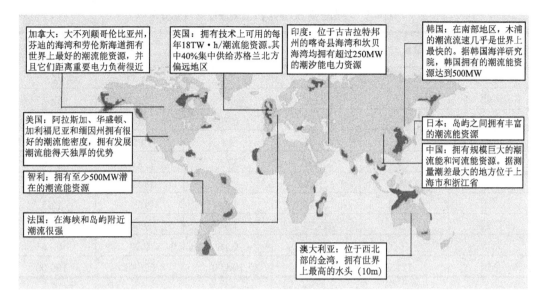

图 4.5 世界潮汐能分布

2. 我国的潮汐能资源

我国有大面积的临海国土,岛屿众多,大陆海岸与岛屿海岸的海岸线总长 32000 多 km (其中大陆海岸线长达 1.8 万 km,岛屿海岸线长达 1.4 万 km),漫长的海岸蕴藏着十分丰富的潮汐能资源。

在漫长曲折的海岸线上,港湾交错,入海河口众多,有些地区的潮差很大,具有开发利用潮汐能的良好条件。

经调查和估算,中国大陆沿岸潮汐能资源蕴藏量达 1.1 亿 kW,年发电量可达 2750 亿 kW·h,大部分分布在浙江和福建两省,约占全国的 81%,海洋潮流能主要分布在沿海 92 个水道,可开发的装机容量为 0.183 亿 kW,年发电量约 270 亿 kW·h。

根据 908 专项任务"我国近海可再生能源调查与研究"中的一部分研究表明,我国近海潮汐能资源技术可开发装机容量大于 500kW 的坝址(韩家新,2014)共 171 个,总技术装机容量为 2282.91 万 kW,年发电量约 626.41 亿 kW·h。其中,大部分潮汐能资源主要集中在浙江和福建两省,其潮汐能技术可开发装机容量为 2067.34 万 kW,年发电量为 568.48 亿 kW·h,分别占全国可开发量的 90.5%和 90.73%。我国近海 500kW 以上潮汐能站分布见表 4-1。

据《区划》对中国沿岸 130 个水道计算统计,中国沿岸潮流能理论平均功率为 1395 万 kW,还有很多强潮流水道因缺资料尚未包括在内。潮流能分布如表 4-2 所示。

河口潮汐能资源在中国潮汐能资源的总蕴藏量中占有重要地位。部分河流的河口潮汐能资源理论蕴藏量见表 4-3。

自然资源部国家海洋技术中心发布了《中国海洋能 2019 年度进展报告》,《报告》指出,截至 2018 年年底,潮汐能电站装机 4.35MW,累计发电量超 2.32 亿 kW·h;潮流能电站总装机 2.86MW,累计发电量超 350 万 kW·h。

表 4-1 我国近海 500kW 以上潮汐能站资源分布

地点	站址/个	装机容量/(万 kW)	占全国比重/%	年发电量/(亿 kW·h)	占全国比重/%
辽宁	24	52.63	2.3	14.48	2.3
河北	1	0.09	0.0038	0.02	0.0027
山东	13	17.99	0.79	3.60	0.58
上海	1	70.91	3.1	19.50	3.1
浙江	19	856.85	37.5	235.60	37.6
福建	64	1210.46	53	332.87	53.13
广东	23	35.26	1.55	9.70	1.55
广西	16	35.15	1.54	9.66	1.54
海南	10	3.57	0.16	0.98	0.16
全国	171	2282.91	100.00	626.41	100.00

表 4-2 中国沿岸潮流能分布

分区	一类区 $V_m \geq 3.06$	二类区 $2.04 \leq V_m < 3.06$	三类区 $1.28 \leq V_m < 2.04$	理论功率/万 kW	水道数
辽宁	老铁山水道北侧 1		长山东水道 1、瓜皮水道 1、三山水道 1、小三山水道 1	113.05	5
山东		北皇城北侧 1	庙岛群岛诸水道 3、东部沿岸 3	117.79	7
长江口		北港 1、南槽 1	横沙小港口 1、北槽 1	30.49	4
浙江	舟山的西侯门*、金塘水道*、龟山水道等*7、杭州湾口北部 1、南汇至绿华 1	舟山诸水道*14、椒江口 1	舟山诸水道 4、象山湾 1、三门湾 1、台州湾 2、乐清湾 3	709.03	37
福建	三都澳内三都角西北部*1	三都岛东部*2、闽江口 1、海滩海峡南部 1、大竹行门 1	沙埕港 2、兴化港 3、海滩海峡诸水道 8	128.05	19
台湾		澎湖北部*6、澎湖南部 4、台湾岛北段 3、麟山鼻北 1	澎湖列岛 9、台湾岛西部 11、三貂角东北 1	228.25	35
广东		琼州海峡东口水道 1、外罗水道 1	珠江口 1、粤西沿岸诸水道 14	37.66	16
广西		珍珠港口	大风江口、龙门港 1、防城港 1	2.31	4
海南		琼州海峡东口南水道 1	澄迈湾口 1、莺歌海 1	28.24	3
全国	11 处(8.5%)	41 处(31.5%)	78 处(60%)	1394.85	130

注：表中地名后数字为水道个数，水道名称有*者为开发条件较好者

表 4-3　中国各主要河流的河口潮汐能资源理论蕴藏量

河流	年潮汐能量 /(亿 kW·h)	堤长 /km	单位堤长能量 /(百万 kW·h/km)	加权平均潮差 /m
钱塘江	590.0	32.5	1 815	5.00
长江	78.0	36.0	217	2.00
珠江	41.0	25.0	164	1.00
晋江	33.0	11.2	295	4.00
闽江	15.0	2.5	600	3.00
瓯江	12.0	5.0	240	3.00
鸭绿江	10.9	5.5	198	2.74
合计	779.9	117.7	3529	—

中国河口潮汐能资源以浙江省杭州湾钱塘江口最为丰富，钱塘江口潮头高度可达 3.5m，最大平均潮差达 8.9m，是建设潮汐电站最理想的河口，可建造约 500 万 kW 的大型潮汐电站。如果把举世闻名的钱塘江涌潮的能量用来发电，发电量可为三门峡水电站（规划容量 90 万 kW）的 1/2。其次为长江口，以下依次为珠江、晋江、闽江和瓯江等河口。

据《中国沿海潮汐能资源普查》和《区划》所提供的数据，中国各省可开发利用的潮汐能总装机容量见表 4-4。

表 4-4　中国沿岸可开发潮汐能资源

省区	200～100kW			全部潮汐能		
	装机容量 /万 kW	年发电量 /百万 kW·h	坝址数 /个	装机容量 /百 kW	年发电量 /百万 kW·h	坝址数 /个
辽宁	1.20	32.87	28	59.66	16.40	53
河北*	0.92	18.30	19	1.02	0.21	20
山东	0.84	16.78	12	12.42	3.75	24
江苏	0.11	5.46	2	0.11	0.06	2
长江口北支				70.4	22.80	1
浙江	2.12	44.32	54	891.39	266.90	73
福建	1.69	44.72	26	1033.29	284.13	88
台湾	0.49	13.54	7	5.62	1.35	17
广东	1.63	32.24	23	57.27	15.20	49
广西	2.70	84.21	56	39.36	11.12	72
海南	0.61	12.17	14	9.06	2.29	27
全国	12.31	304.61	242	2179.60	524.21	426

注：*北内含天津市。**全部潮汐能资源为《普查》和《区划》合计结果，已减去重复部分

根据对中国潮汐能资源的普查，有关专家和部门认为：在中国沿海特别是东南沿海，有很多可选的潮汐能电站的站址，那里能量密度较高，平均潮差 4～5m，最大潮差 7～8m，并且自然环境条件优越。

我国的潮汐资源有 90%以上分布在常规能源严重缺乏的华东浙闽沪(浙江、福建两省和上海市)沿岸。特别浙闽沿岸在距电力负荷中心较近就有不少具有较好的自然环境条件和较大开发价值的大中型潮汐电站站址,其中不少已经做过大量的前期工作,已具备近期开发的条件。如浙江省的乐清湾,海湾呈袋形,口小肚大,含沙量小,平均潮差近 5m,据初步估算可建造容量约 60 万 kW 的潮汐电站。福建省的三都澳、福清湾、兴化湾、湄洲湾等,平均潮差均在 4m 以上,估算均可建造装机容量在 100 万 kW 以上的潮汐电站。在河口潮汐电站中,钱塘江口的资源最为丰富。据普查估算,可建造约 500 万 kW 的大型潮汐电站。长江口地处我国沿海的中部,北支江面上口逐渐狭窄,围堵后可建容量约 70 万 kW 的潮汐电站。

【参考视频】

4.3 潮汐发电原理和电站构成

和内陆河川的水力发电相比,潮汐能的能量密度很低,相当于微水头发电的水平。世界上平均潮差(是多次潮差的平均值,不是各地潮差的平均值)的较大值为 13~15m,我国的最大平均潮差出现在杭州湾澉浦(为 8.9m)。

提示

潮汐发电和水力发电的基本原理是一样的,所用的设备也大致相同。在其他形式的海洋能发电技术被广泛研究和利用之前,潮汐能发电技术也作为水力发电技术的一个分支。对水力发电不了解的读者,可以先阅读本书附录有关水力发电的内容,了解水力发电的基本知识。

【参考视频】

4.3.1 潮汐发电的原理

1. 潮汐发电的方式

广义的潮汐发电,按能量利用的形式分为两种:一种是利用潮汐时流动的海水所具有的动能驱动水轮机再带动发电机发电,称为潮流发电;另一种是在河口、海湾处修筑堤坝形成水库,利用水库与海水之间的水位差所蓄积的势能来发电,称为潮位发电。

利用潮汐动能发电的方式,又有两种具体的实现方式:一种是将特殊设计的涡轮机置于接近浅海海底或深海的海水中,用水流直接推动涡轮机,有点类似风力发电,是一种海流发电(详见本书第 6 章中关于"海流发电"的内容);一种是在港湾、河口或开挖的水道中水流较大的位置(一般要求流速大于 1m/s)设置水闸,在水闸闸孔中安装水轮机来发电。

在水道闸口放置水轮机,利用潮流动能发电的方法,可利用原有建筑,结构简单,造价较低,若安装双向发电机,则涨潮、落潮时也都能发电。但由于潮流流速周期性地变化,因而发电时间不稳定,发电量也小,目前一般很少采用。但在潮流较强的地区或某些特殊的地区,也可以考虑采用这种方式。

建成水库,利用潮汐势能发电的方法,需要建筑较多的水工设施,因而造价较高,但发电量也较大。这种方式是潮汐发电的主流。通常所说的潮汐发电,指的就是这种方式。

潮汐发电各种名称的关系如图 4.6 所示。

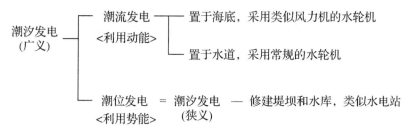

图 4.6　潮汐发电各种名称的关系

提示

本章后面所说的潮汐发电，指的都是狭义的潮汐发电。

潮汐发电就是利用海湾、河口等有利地形，修筑堤坝，形成与海隔开的水库，并在坝中或坝旁建造水力发电厂，通过闸门的控制在涨潮时大量蓄积海水，在落潮时泄放海水，利用潮水涨落时水库内的水位与海水之间的水位差，引水经过发电厂房，推动水轮机，再由水轮机带动发电机来发电。实际上往往也同时利用了潮水进退所具有的动能。

除了水库蓄水方式外，潮汐发电的原理与一般的水力发电差别不大。从能量转换的角度来看，也是先把海水涨潮、落潮时因水位有差别而形成的势能转换为机械能，再把机械能转换为电能的过程。不过，一般的水力发电只能提供单方向的水流，而潮汐发电有可能提供两个方向的水流。

涨潮时，潮位高于水库中的水位，此时打开进水闸门，海水经闸门流入水库，冲击涡轮机带动发电机发电；落潮时，当海水的潮位低于水库中的水位时，关闭进水闸门，打开排水闸门，水从水库流向大海，又从相反的方向冲击涡轮机，带动发电机发电。

涨潮和落潮时，潮汐发电的原理如图 4.7 所示。

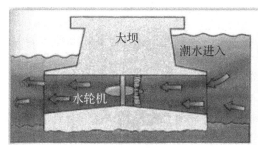
(a) 涨潮发电

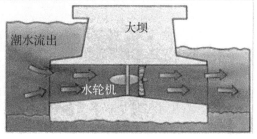
(b) 落潮发电

图 4.7　潮汐发电的原理

潮汐电站在发电时，由于水库的水位和海洋的水位都是变化的(海洋水位因潮汐的作用而变化，水库的水位也会随着充水或排水过程而发生变化)。因此，潮汐电站是在变工况下工作的，水轮发电机组和电站系统的设计要考虑变工况、低水头、大流量及防海水腐蚀等因素，远比常规的水电站复杂，效率也低于常规水电站。

2. 潮汐电站的装机容量和发电量

潮汐电站的可能装机容量,从理论上说,是可以根据潮汐势能的大小进行计算的。例如,建于半日潮海湾的潮汐电站,其装机容量$P(kW)$可以用式(4-1)计算。

$$P = 200H^2 S \tag{4-1}$$

式(4-1)中,H为平均潮差(m);S为水库平均面积(km^2)。

潮差越大,潮汐电站的可能装机容量也就越大,发电量也相应增加。同时,潮汐势能的大小还与水库面积成正比,为了得到较大的发电量,就要修筑大水库。假设水库面积为$1km^2$,则落差为3~10m时,可供发电的最大功率见表4-5。

表4-5 面积为$1km^2$的水库中潮汐势能的蕴藏量

潮差/m	可供发电最大功率/kW	潮差/m	可供发电最大功率/kW
3	1800	7	9800
4	3200	8	12800
5	5000	9	16200
6	7200	10	20000

选择建站地址时,潮汐能蕴藏量和潮汐电站的年发电量可用式(4-2)进行估算。

$$F = aH^2 S \times 10^6 \tag{4-2}$$

式(4-2)中,F为年发电量($kW \cdot h$);a为系数,当发电机组单向发电时取0.40,双向发电时取0.55。

4.3.2 潮汐电站的结构

潮汐电站可建在三角洲、河口、海滩或其他受潮汐影响的海水伸展地带,最好选在"口小肚大"的海湾上,这样只要修建一个短短的大坝,就可以围住很多海水,成为一个大水库。

潮汐能电站是综合的建设工程,主要由拦水堤坝、水闸和发电厂三部分组成。有通航要求的潮汐能电站还应设置船闸。

1. 拦水堤坝

拦水堤坝(图4.8)是潮汐电站的建筑主体部分,用来将河口或港湾水域与外海隔开,形成水库,造成水库内、外的水位差,并控制水库内的水量,为发电提供条件。

拦水堤坝坝体的长度和高度,要根据当地的地理条件和潮差大小来决定。由于潮差一般都在10m以内,因此潮汐电站堤坝的高度一般都比河流水电站的拦河坝低,但通常较长。水电站堤坝的种类繁多,有土坝、石坝和钢筋混凝土坝等。

在建设较大的潮汐电站时,为保证堤坝的质量,一般不宜采用土坝。而干砌石坝由于对于石块的大小和形状要求较高,劳动力需求量也较大,并且需要较多有经验的砌石工,不便于机械化施工,因而造价较高,一般也很少采用。目前,比较适合潮汐电站的堤坎形式主要是钢筋混凝土坝和浮运式钢筋混凝土沉箱堵坝。

图 4.8 拦水堤坝

钢筋混凝土坝,有的筑成平板式挡水坝(图 4.9),钢筋混凝土的挡水平板由两端的支撑墩支撑,要求各支撑墩间没有不均匀沉陷;有的筑成重力式挡水坝,一般先制成钢筋混凝土箱形结构,然后在箱内填放块石或砂卵石等,依靠坝体本身的重量来维持稳定。

浮运式钢筋混凝土沉箱堵坝是在岸上预制好钢筋混凝土箱式结构,然后将其浮运至建坝地点,沉放到预先处理好的河床坝基上面,接着在沉箱之间用挡水板及砂土等填充物将它们连接成为一个整体。此种结构的优点是不需建造围堰,可在坝基上直接浇灌,施工较简便,建设快,成本低,而且对防洪、排涝、防潮、航运等方面的影响较小,是目前比较先进的形式。浮运式钢筋混凝土沉箱如图 4.10 所示。

近年来,橡胶坝的结构形式也应用得较多。

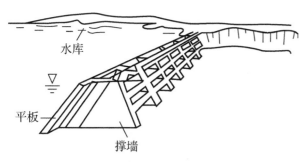

图 4.9 平板式挡水坝(适用于单向水位的挡水工程)

图 4.10 浮运式钢筋混凝土沉箱

2. 水闸及引水渠道

各种闸门、引水渠道的主要作用是控制水位和进出水的流量,为水轮发电机组提供合适的水流。水闸可以加速潮水涨落时水库内外水位差的形成,从而缩短电站的停机时间,增加发电量,还可以在洪涝和大潮期间用来加速库内水量的外排,或阻挡潮水侵入,控制库内最高、最低水位,使水库迅速恢复到正常的蓄水状态,等等。

【参考视频】

3. 发电厂房

发电厂房是将潮汐能转变为电能的核心部分，主要设备包括以水轮发电机组为主体的发电设备和输配电线路。发电设备一般安装在坝体的水下部分，常常是在现场水下施工。

潮汐电站对水轮发电机组有特殊的要求，例如：

(1) 应满足潮汐低水头、大流量的水力特性。

(2) 在海水中工作的机组的防腐、防污、密封和发电机的防潮特性等。

(3) 需要性能好的开关设备，适应机组随潮汐涨落而频繁启动和停止。

发电厂房中另外还有中央控制室、下层的水流通道及阀门、起吊设备等。

【参考视频】

4.4 潮汐电站的类型

按照对潮水方向变化的应对方式和建库结构，潮汐电站的典型布置型式主要有单库单向潮汐电站、单库双向潮汐电站和双库连续发电潮汐电站。

【参考视频】

4.4.1 单库单向潮汐电站

单库单向潮汐电站只建造一个水库，采用单向水轮发电机组，只利用涨潮进水或落潮放水时水库内外的水位差发电。单库单向潮汐电站的布置如图 4.11 所示。

图 4.11 单库单向潮汐电站的布置

比较常见的是落潮发电，即在涨潮时将闸门打开，让海水充满水库；落潮时将闸门关闭，控制水库水位与潮位保持一定落差，引水流流经厂房驱动水轮发电机组发电。当然，也可采用在涨潮时充水发电、落潮时泄水的形式，不过由于涨潮发电电站利用的库容在水库的较下部，库容量没有落潮发电利用的库容量大。

单库单向潮汐电站每昼夜发电两次，停电两次，平均每天发电 9～12h。机组结构比较简单，发电水头较大，机组效率较高。我国多数小型潮汐电站采用单向发电形式。例如，位于浙江的岳浦潮汐电站和山东的白沙口潮汐电站就是这种类型。大中型电站有时也采用单向发电形式。

4.4.2 单库双向潮汐电站

单库双向潮汐电站,就是一个水库涨潮进水和落潮放水时都进行发电。一般有两种方式:一种是设置双向发电的水轮发电机组;另一种是仍采用单向发电机组,但从水工建筑上使涨潮和落潮时水流都按同一方向进入和流出水轮机,从而在涨潮和落潮时都能发电。

目前,单库双向潮汐电站常采用双向贯流式机组,水轮机过流量大,效率高,转轮可以正反向运转,运转灵活。

如果采用立式轴流式机组,每台机组两端应各自设置一个进口和一个尾水管,开启或关闭上下进水口和尾水管的闸门控制水流进出的方向,也可实现双向发电。广东东莞镇口潮汐电站属于这种形式。

采用单向贯流式机组时,可将发电厂房布置在进水池与尾水池之间,进水池和尾水池各设一对闸门控制水流方向,实现涨潮、落潮双向发电。

单库双向潮汐电站的布置如图 4.12 所示。

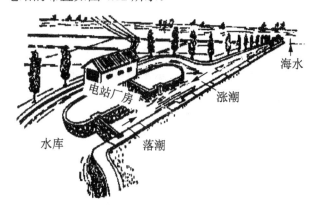

图 4.12　单库双向潮汐电站的布置

单库双向潮汐电站,每昼夜发电 4 次,停电 4 次,它的发电时间长,发电量比单向的大,平均每天发电约 16h。由于兼顾正反两向发电,因此发电平均水头比单库单向发电的方式小,相应机组单位千瓦造价比单库单向发电高。由于双向机组结构复杂,设备制造和操作运行技术上要求较高,更适宜在大中型电站中采用。浙江温岭的江厦潮汐电站(1980 年建,总装机容量 3.2MW)、江苏太仓市浏河潮汐电站(1976 年建,总装机容量 150kW)等采用了这种形式。

4.4.3 双库连续发电潮汐电站

双库连续发电潮汐电站,在海湾或河口处修建相邻的两个水库,各与外海用一个水闸相通,一个水库专门进潮(称上水库),一个水库专门出潮(称下水库),在两个水库之间设置发电厂房并相连通。

双库单向潮汐电站的布置如图 4.13 所示。

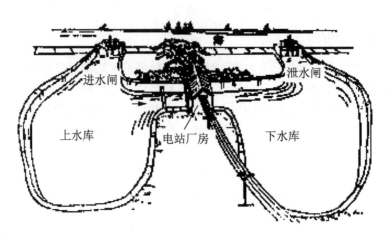

图 4.13 双库单向潮汐电站的布置

涨潮时的潮位高于上水库水位，上水库打开闸门进水，水位增高；此时，下水库闸门关闭，水位不变。当上水库和下水库的水位达到一定落差时，开启电站闸门，水从上水库流向下水库，驱动水轮发电机组发电。过了高潮，当海面下降到与上水库的水位相等时，关闭上水库闸门。此时，上水库和下水库仍保持一定落差，可以继续发电。当潮位降落到低于下水库的水位时，打开下水库的闸门，水位随着水的外流而逐渐下降，使上水库和下水库之间仍保持一定落差，从而继续发电。海面经过低潮以后开始回升，当潮位与下水库的水位相等时，关闭下水库闸门。待海面继续上升到与上水库水位相等时，再打开上水库闸门，在这段时间内，高低库之间仍保持一定落差。

可见，在潮汐涨落中，通过控制进水闸和出水闸，可以使上水库和下水库间始终保持一定落差（与不断变化的海面水位无关），从而在水流由上水库流向下水库时连续不断地发电。

不过，由于把海湾或河口分隔成两个水库，使原来一个大水库与外海交换的水量变成两个水库之间的水量交换，因此发电利用的水量约减少了一半，发电量也将相应减少。此外，由于工程建筑物多，电站建设的工程投资也较高，因此这种电站的单位造价还是比较高的。这种发电形式在经济上不太合算，实际应用不多。

4.5 潮汐发电的特点

4.5.1 潮汐发电的优点

虽然潮汐电站与常规的河川水电站在原理上是类似的，但潮汐电站也有它独特的优点。

(1) 潮汐能源可循环再生。潮汐能与内陆水能资源和其他海洋能一样，是可再生的一次能源，周而复始，用之不竭。

(2) 潮汐变化有规律，发电输出没有季节性。不像河川水能资源那样每一年甚至每个季节都有较大的变化。虽然每天也可能有所变化，但没有枯水期，可长年发电。潮汐能主要受天文因素的影响，有明显的涨落周期。潮汐电站的出力在年内和年际的变化比较均匀，并且可以做出准确的长期预报,还可考虑将潮汐电站与常规水电站和抽水蓄能水电站联合运行,充分发挥潮汐电站发电容量的作用。

(3) 靠近用电中心,不消耗燃料,运行费用低。潮汐资源集中分布在经济比较发达的沿海地区,一般离用电中心较近。在沿海地区兴建潮汐电站,不必远距离运输燃料,也不必远距离输送电力。电站建成以后,一次能源可由海洋大量稳定地自动供应,运行及管理仅需少量人员,甚至可以实现无人值守。因此,潮汐发电的运行成本较低。

(4) 潮汐发电不排放有害物质,不会污染环境,是理想的清洁能源。

(5) 潮汐电站建设不需淹地、移民,还可以综合利用。潮汐电站建于沿海的海湾或河口,没有河川水电站建设时的土地淹没及人口迁移等问题,甚至可以促淤围垦,增加农田。

潮汐电站除发电外,还可附带进行围垦农田、水产养殖、蓄水灌溉等多项事业,创造很多附加价值。

水库的水位控制,将低潮位提高,可增大库区航运能力。堤坝可结合桥梁和道路修建,改善交通情况。电站水库可创造或改善水产养殖条件。潮汐电站还有可能美化环境,有利于发展旅游事业。电站坝、闸工程还可起挡潮、抗浪、保岸防坍的效用。电站工程还可控制、调节咸淡水进出水量,有利于提高沿岸农田灌溉、排涝、防洪标准。

4.5.2 潮汐发电的不足

作为新兴的电力能源,潮汐发电也存在一些不足。

(1) 发电出力有间歇性。潮汐发电要利用潮水与电站水库之间的水位差推动水轮发电机组发电。利用涨落形成的水头来发电,在一天内的出力变化可能不均匀。当潮水与水库内水位持平或者水位差很小时,就无法发电,因而存在发电的间断。采用双库或多库开发方式可以有所改进,但建设成本会增加。

一般单向潮汐电站每昼夜发电约 10h,其间停电两次。双向潮汐电站每昼夜发电约 16h,其间停电四次。潮汐的日变化周期为 24h50min,即每天推迟 50min,与系统日负荷变化不一致。因此,电力系统使用潮汐电站的出力有不便之处,潮汐电站更适合起补充供应电量的作用。

(2) 水头低,发电效率不高。我国沿海平均潮差 2~5m,电站平均使用水头仅 1~3m。潮差小的地区,发电的平均水头甚至不到 1m。潮汐发电属于低水头大流量的开发形式,故发电效率不高。

(3) 工程复杂,建设投资大。潮汐电站多建于河口、港湾地区,站址水深、面宽、浪大,水工建筑物尺寸宽大,施工比较困难,所以土建工程一次性投资较大。而且由于水头低,所需水轮发电机组台数多,直径大、用钢量多、制造工艺比较复杂,故机电投资也较大。所以,一般认为,潮汐电站每千瓦的单位造价较高。

不过,从我国已建成的几个潮汐能发电站的实际情况来看,电站的建设投资为每千瓦 2000~2500 元,和当时的河川小水电站的建设费用差不多。

(4) 关于泥沙淤积问题的疑虑。有人认为潮汐电站的水库有泥沙淤积问题,导致电站的寿命有限。不过,对于双向发电的潮汐电站,按照正常的运行规律,水库泥沙是出多于进,不致造成淤积,只可能在局部地点因水流流路受阻而出现淤积现象,无伤大局,这些在潮汐电站的模型试验中得到了证实。法国朗斯潮汐电站在运行 15 年后的总结中并没有提到泥沙淤积问题。

(5) 对生物多样性的影响。20 世纪 90 年代初开始，生物多样性成为国际上环境问题关注的热点。有观点认为在江河上建坝会影响生物的自由游动、繁殖，从而造成某些动植物，特别是属于珍稀、保护品种的动植物的死亡、灭绝。为了保护生物多样性，反对在港湾、河口建设大坝，使得各国的潮汐电站建设计划受阻。而另辟蹊径、不建大坝的潮汐能利用，即潮流发电研发，呈现异军突起之势，取得了较快的发展。

4.6 潮汐发电的发展

4.6.1 世界潮汐发电的发展

关于潮汐发电的研究已经有 100 多年的历史，最早从欧洲开始，德国和法国走在最前面。潮汐发电逐渐成为潮汐能利用的主要发展方向。

19 世纪末，法国工程师布洛克曾提出在易北河下游兴建潮汐能发电站的设想。

1912 年世界上第一座潮汐电站于德国建成。1913 年法国在诺德斯特兰岛和大陆之间 2.6km 长的铁路坝上建立的潮汐电站成功进行了潮汐发电试验，接着又在布列塔尼半岛兴建了一座容量为 1865 kW 的潮汐电站。这些电站的发电成功，标志着人类利用潮汐能发电的梦想变成了现实。

 世界之最：世界上最早的潮汐电站

世界上第一座潮汐电站是 1912 年德国建成的布苏姆潮汐电站。这座小型潮汐电站建在德国石勒苏益格-荷尔斯泰因州的布苏姆湾，装机容量为 5kW，因第一次世界大战期间该电站遭到破坏而渐渐被人遗忘。

此后，法国和美国曾动工兴建较大的潮汐电站，但都没有成功。直到 20 世纪 60 年代后，潮汐发电才在世界范围内有了较快的发展，法国、苏联、英国、加拿大等国发展较快。1967 年法国建成的朗斯电站，是世界上第一座具有经济价值的生产性潮汐电站，标志着潮汐发电进入了实用阶段。苏联、英国、美国、加拿大、瑞典、丹麦、挪威、印度等国，也都陆续研究开发了潮汐发电技术，相继建成一批潮汐电站。

实际上，第二次世界大战后，世界上许多国家都曾计划修建大型潮汐电站，但真正动工兴建的并不多。世界上现有的大型潮汐电站见表 4-6，这些电站代表着世界潮汐能开发的最高水平。

表 4-6　世界上现有的大型潮汐电站

修建国	站址	库区面积/km²	平均潮差/m	装机容量/MW	投运时间
韩国	京畿道	30	5.6	254	2011 年
法国	朗斯	17	8.5	240	1967 年
加拿大	安纳波利斯	6	7.1	20	1984 年
中国	江厦	2	5.1	3.9	1980 年
苏联(俄罗斯)	基斯拉雅	2	3.9	0.40	1968 年

世界之最：全球最大的潮汐能发电站

在经历了 7 年的建设期后，全球最大的潮汐能发电站于 2011 年在韩国投入运行。这个位于韩国西海岸的始话(Sihwa)湖潮汐能发电站(图 4.14)安装了 10 台灯泡式机组，总装机容量为 254MW，发电能力要略高于位于法国朗斯的潮汐能发电站(240MW)，被誉为潮汐电站中的"三峡工程"。始话湖潮汐电站工程是一座无污染、可再生能源开发的典范工程，工程完工后，始话湖的水质将会显著提高，周边大气污染也将得到改善。

图 4.14　始话(Sihwa)湖潮汐能发电站

(来源：www.advancedtechnologykorea.com)

据韩国联合通讯社称，始话湖潮汐发电站的投运每年将帮助韩国减少价值 1000 亿韩元(9300 万美元)的石油进口，同时将减少温室气体排放 32 万 t。

此外，当前韩国已经完成了另外两个更大的潮汐能发电站项目的可行性研究，其中一个位于韩国西海岸的贾洛林湾(Garolim Bay)，另一个位于韩国仁川湾(Incheon Bay)。

之前世界上装机容量最大的潮汐电站的保持者是法国的朗斯(Rance)电站，装机容量为 240MW，年发电 5.44 亿 kW·h。

朗斯电站位于法国西北部圣马洛湾的朗斯河口。1961 年动工，1966 年 8 月首台机组发电，1967 年全部竣工。大坝长 750m，形成面积 22km^2 的水库。潮位差最大值为 13.5m，平均值为 8.5m。发电设备安装在坝体内部，共有 24 台单机容量 10MW 的水轮机和可逆式灯泡发电机组。目前已正常运行了 40 多年。

根据研究报告 *Tidal Stream 2020 Update-Baby Steps* 的初步统计，到 2020 年底，全球潮汐能装机规模预计达到 13～15MW。但潮汐能装机规模在 2021 年应有所增长，加拿大芬迪湾、苏格兰奥克尼群岛和法国奥尔德尼水道的在建潮汐能项目规模共计几兆瓦。此后，亚特兰蒂斯资源(Simec Atlantis)位于苏格兰的 MeyGen 项目第二阶段计划扩展至 80MW。若能建成，则潮汐能发电累计部署规模又将前进一大步。

全球有许多地方适于兴建潮汐电站。近海(距海岸 1km 以内)，水深在 20～30m 的水域为理想海域。欧洲工会已探测出 106 处适于兴建潮汐电站的海域，英国就有 42 处。在菲律宾、印度尼西亚、中国、日本海域都适合兴建潮汐电站。据联合调查资料表明，全世界有将近 100 个站址可以建设大型潮汐电站，能建设小型潮汐电站的地方则更多。

潮汐能发电的规模开始从中、小型向大型化发展。世界上有不少港湾和河口的平均潮差在 4.6m 以上，北美芬迪湾最大潮差为 18m，法国圣马洛港附近最大潮差为 13.5m，我国钱塘江大潮时最大潮差为 8.9m。

近年来，国外还出现了不用建设大坝和水库的新型潮汐发电技术。还有人考虑在潮差小的地区，对有利地形加以改造，造成海水与大洋潮汐共振，从而形成大潮差。

随着潮汐能开发利用技术的成熟和成本的降低，一些专家断言，未来无污染、廉价的能源将是永恒的潮汐能。

4.6.2 我国潮汐发电的发展

我国潮汐能发电也有几十年的历史了。

20 世纪 50 年代中期，在我国沿海出现潮汐能利用高潮。群众自力更生、运用传统方法兴建了很多小型潮汐电站和一些水轮泵站。由于发电与灌溉、交通的矛盾，加上水库淤积、设备简陋等原因，那个时期建设的电站，现在基本都已经停运。

  中国之最：中国第一座潮汐电站

中国第一座潮汐电站，是浙江临海的汐桥村潮汐电站，于 1959 年建成，安装 2 台 60kW 机组。

中国是世界上建造潮汐电站最多的国家，在 20 世纪 50—70 年代，先后建造了约 50 座潮汐电站，但据 20 世纪 80 年代初的统计，其中大多数已经不再使用。例如，1977 年初广西曾在钦州果子山建成一座小型的实验性潮汐电站，那里的平均潮差只有 2m，发电量不大，1983 年发电机损坏以后，就停止了发电运行，改用水轮机粉碎饲料，变成了潮汐动力站，而其蓄水库后来被改为虾塘。

20 世纪 80 年代以来，浙江、福建等地对若干个大中型潮汐电站进行了考察、勘测和规划设计、可行性研究等大量的前期准备工作。

中国有 7 个潮汐电站长期运行发电，总装机容量为 6MW 左右，每年可发电 1000 多万千瓦时。这 7 座潮汐电站分别是浙江乐清湾的江夏潮汐试验电站、海山潮汐电站、沙山潮汐电站，山东乳山的白沙口潮汐电站，浙江象山县岳浦潮汐电站，江苏太仓浏河潮汐电站，福建平潭县幸福洋潮汐电站，其中 6 座的相关数据见表 4-7。

表 4-7 我国长期发电运行的 6 座潮汐电站

站名	位置	潮差/m	容量/MW	开发方式	投运时间/年
江夏潮汐电站	浙江温岭乐清湾	5.1	3.90	单库双向	1980
幸福洋潮汐电站	福建平潭县平潭岛	4.5	1.28	单库单向	1989
浏河潮汐电站	江苏太仓浏河口	2.1	0.15	单库双向	1976
海山潮汐电站	浙江温岭乐清湾	4.9	0.15	双库单向	1975
岳浦潮汐电站	浙江象山三门湾	3.6	0.15	单库单向	1971
沙山潮汐电站	浙江温岭乐清湾	5.1	0.04	单库单向	1961

由于潮汐电站建设需要进行大规模的围海筑坝等大型水利工程，这些不可逆的人类活

动对海湾的水动力和生态环境会造成影响，因此电站建设前仍需进行大量细致的潮汐电站站址勘查、环境影响评估及经济技术可行性论证等工作，为电站建设提供科学决策的依据。2010年11月，国家首批"海洋可再生能源专项资金项目"正式启动，乳山口4万kW级潮汐电站已开始勘查。

我国的潮差偏小，平均潮差都在5m以下(法国的朗斯电站平均潮差达到8m)，因而潮汐电站发电所带来的经济效益不会太高，潮汐电站的设计必须着眼于大坝建造所带来的交通、围垦、滩涂等资源的综合利用效益上。

中国之最：中国最大的潮汐电站

我国最大的潮汐电站是江厦潮汐试验电站(图4.15)，位于浙江省温岭市西南角的江厦港上，离城约16km。1980年第1台机组发电，1985年底5台机组投产。6号机于2005年开始建设，2007年9月发电。电站设计安装为6台双向卧轴灯泡贯流式水轮发电机组，总装机容量为3900kW(其中1号机额定容量为500kW, 2号机为600kW, 3、4、5、6号机均为700kW)。与前5台机组相比，6号机组属于新型的双向卧轴灯泡贯流式水轮发电机组，增加了正、反向水泵工况，能加速库水位的升高或降低，增加电站运行的灵活性，提高电站的发电效益。

电站为单库双向运行方式，采用双向贯流灯泡式机组，水库面积为$1.58km^2$，平均潮差为5m，最大潮差为8.4m，与著名的钱塘江最大平均潮差相当，潮汐基本上属于半日潮。设计年发电量为1000万kW·h。

乐清湾是我国东南沿海一个封闭性较好的海湾，总面积达$250km^2$。据初步估算，整个乐清湾的潮汐资源约有60万kW，江厦电站水库只是乐清湾的一小部分。

图4.15　浙江江厦潮汐电站

(来源：baike.baidu.com)

习　题

一、填空题

1. 按照潮水涨落的周期，潮汐可分为_____、_____和_____三种类型。
2. 广义的潮汐发电，按能量利用的形式分为_____和_____两种。

3. 潮汐能电站是综合的建设工程，主要由_____、_____和_____三部分组成。

二、选择题

1. 到达高潮后，海面会有短时间不涨不落的现象，此时的潮位称为(　　)。
   A．高潮低　　　B．低潮高　　　C．高潮高　　　D．低潮低
2. 单库双向潮汐电站，每昼夜发电(　　)次。
   A．1　　　　　B．2　　　　　C．4　　　　　D．8
3. 目前世界上装机容量最大的潮汐电站，是(　　)电站。
   A．始话湖　　　B．朗斯　　　C．安纳波利斯　　　D．芬地湾坎伯兰

三、分析设计题

1. 我国是否适合大力发展潮汐发电？请作具体论述。
2. 分析一下利用著名的钱塘潮来发电的可行性，包括资源条件、主要困难、有利因素等，并对可能产生的效益进行估计。
3. 想一想，潮汐能除了用于发电，还能如何利用？列举实例，或者给出合理的设计思路。

第 5 章

海洋能多种发电技术

浩瀚的海洋中蕴藏着怎样的能量？海洋中的各种能量都是怎样形成的？曾经制造了无数海难的狂涛巨浪真的能够为人类所用吗？大洋中的海流又能否利用？不同深处的海水温差如何转变为电能？海水中的盐分和发电有什么联系？海洋能发电的设备有什么特点？海洋能发电的发展状况如何？这些问题都可以在本章中找到答案。

 **教学目标**

- 了解海洋能资源的形成原因和表现特征；
- 了解海洋能发电的各种方式和相关思路；
- 理解海洋能发电的特点和意义。

【参考图文】

 **教学要求**

知识要点	能力要求	相关知识
海洋和海洋能	(1) 了解海洋的基本概念； (2) 了解海洋能资源的分布； (3) 掌握海洋能的特点	—
波浪发电	(1) 了解波浪的形成原因和类型； (2) 了解波浪能的资源分布和优点； (3) 理解波浪能发电装置的基本构成； (4) 掌握波浪能的吸收和转换方式； (5) 了解波浪能利用装置的安装模式； (6) 了解典型的波浪能发电装置及代表性项目	机械波的基本概念
海流发电	(1) 了解海流和海流能的概念； (2) 了解海流发电的原理	洋流的概念和形成
温差发电	(1) 掌握海水温差的形成原因和分布规律； (2) 了解温差发电的原理和系统构成； (3) 了解温差发电的发展历史	—
盐差发电	(1) 了解海水的盐度差和盐差能分布； (2) 理解渗透和渗透压的有关概念； (3) 了解盐差能发电的基本方法	渗透现象及其原理

推荐阅读资料

1. 中国新能源网 http://www.newenergy.org.cn[2020-12-16].
2. 国际能源网 http://www.in-en.com[2020-12-16].
3. 国际可再生能源机构 https://www.irena.org/[2020-12-16].
4. 刘伟民, 刘蕾, 陈凤云, 等. 2020. 中国海洋可再生能源技术进展[J]. 科技导报, 38(14): 27-39.
5. 海洋能资源[J]. 能源与节能, 2020(3): 91.

 ## 基本概念

波浪发电：一般是通过波浪能转换装置，先把波浪能转换为机械能，再最终转换成电能。波浪上下起伏或左右摇摆，能够直接或间接带动水轮机或空气涡轮机转动，驱动发电机产生电力。

海流：海底水道和海峡中较为稳定的流动(称为洋流)，以及由潮汐导致的有规律的海水流动(称为潮流)。

海洋温差发电：通常是指基于海洋热能转换(Ocean Thermal Energy Conversion，OTEC)的热动力发电技术。

盐差发电：利用的是浓溶液扩散到稀溶液时所释放出的能量，实现方式有渗透压法、蒸汽压法、浓差电池法等。其中渗透压法最受重视，利用半透膜两侧的渗透压，将不同盐浓度的海水之间的化学电位差能转换成水的势能，使海水升高形成水位差，然后利用海水从高处流向低处时提供的能量来发电，与潮汐发电类似。

 ## 引例：海面的巨轮突然折为两段

1968年6月，装载着将近5万t原油的"世界荣誉"号巨型油轮，驶入非洲南端的好望角海域。遗憾的是，那里并没有给巨轮和它的主人带来"好望"。几波20m高的狂涛巨浪过后，油轮折为两段，消失在茫茫的大海之中。这已经不是第一艘巨轮遭此厄运。20世纪50年代也曾发生过一艘美国巨轮在意大利海域被大浪折为两半的海难。

大浪可以使巨轮倾覆，这个不难理解。可是海浪怎么会将巨轮扭曲甚至折断呢？在浩瀚的海洋上，再大的巨轮在波浪中也只能像一片木板那样上下漂荡。如果船的长度恰与波浪的波长接近，那么当波峰在船中间时，船首和船尾正好处于波谷，此时船就会发生"中拱"。当波峰在船头、船尾时，中间处于波谷，此时船就会发生"中垂"。一拱一垂就像来回弯折铁丝那样，几下子就把巨轮拦腰折断了(图5.1)。

图 5.1 海浪折断巨轮示意图

海浪的巨大威力还不止于此。有测试表明，巨大的海浪可把 13t 重的整块巨石抛到 20m 高处，能把 1.7 万 t 的大船推上海岸。1984 年，在西班牙的巴布里附近，就有一块重达 1700t 的巨大岩石被海浪掀翻过来。

海洋的威力是巨大的，如果其中蕴藏的丰富能源能够为人类所用，那么人类也许再也不必为能源问题担忧了。将海浪的动能转换为电能，让制造灾难的惊涛骇浪为人类服务，是人们多年来梦寐以求的。

5.1 海洋的概念

人们平时常说的"海洋"，其实是"海"和"洋"的统称，实际上，海和洋是有区别的，是不同的概念。最简单的理解就是，远离陆地的水体部分称为洋，靠近大陆的水体部分称为海。洋是海洋的主体部分，占海洋总面积的 89%。海是海洋的边缘部分。某些特殊的海域，还可以称为海峡或海湾。

紧邻大陆边缘的海称为"边缘海"，与大洋之间往往以半岛、岛屿、群岛为界。例如，亚洲东部日本群岛、琉球群岛、台湾岛和菲律宾群岛一线，东面为太平洋，西面为日本海、黄海、东海等。介于大陆之间的海称为"地中海"，如最著名的地中海、加勒比海等。如果地中海伸进一个大陆内部，只有狭窄水道与海洋相通，又称为内海，如渤海、波罗的海等。

海洋是地球上广大而连续的咸水水体的总称，是相互连通的，如图 5.2 所示。

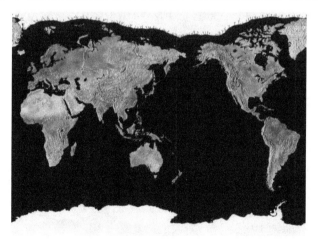

图 5.2 世界海洋地图

海洋的水底(简称海底)地形如图 5.3 所示，像个大水盆，边缘是浅水的大陆架，中间是深海盆地，海底有高山、深谷及深海大平原。

全球共有 4 个大洋，即太平洋、大西洋、印度洋和北冰洋；另有 54 个海。

地球表面的总面积约 5.1 亿 km^2，其中海洋的面积为 3.6 亿 km^2，占地球表面总面积的 71%，汇集了地球 97% 的水量。从外太空看，地球就是一个漂亮的"蓝色星球"。

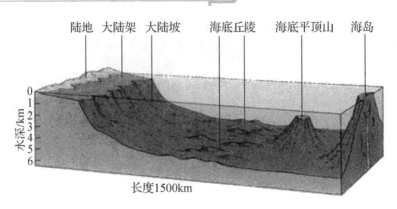

图 5.3　海洋底部的轮廓

趣闻

全球海洋的水量，比高于海平面的陆地的体积大 14 倍，约 137 亿 km³（即 $1.37×10^{10}$ km³）。假如地球表面是平整的球面，将会被 2400m 深的海水所覆盖。

5.2　海洋能资源

5.2.1　世界海洋能资源

占据地球表面 71% 的海洋，是个超级大的太阳能接收体和储存器。太阳辐射到地球的能量，大部分落在海洋的上空和海水中，其中一部分被海洋吸收，转换为各种形式的海洋能，包括波浪能、温差能、盐差能、海流能等，每年大约对应 37 万亿度电的能量（$3.7×10^{13}$ kW·h）。每平方千米的大洋表面水层所含有的能量，相当于 3800 桶石油燃烧发出的热量，因此有人把海洋称为"蓝色油田"。

全球海洋能的可再生量很大。根据联合国教科文组织的估计数字，5 种海洋能理论上可再生的总量为 766 亿 kW，其中温差能为 400 亿 kW，盐差能为 300 亿 kW，潮汐和波浪能各为 30 亿 kW，海流能为 6 亿 kW。实际上，上述能量是不可能全部取出利用的，只能利用较强的海流、潮汐和波浪，利用大降雨量地域的盐度差，而温差利用则受热机卡诺效率的限制。估计技术上允许利用的总功率约为 64 亿 kW，其中盐差能为 30 亿 kW，温差能为 20 亿 kW，波浪能为 10 亿 kW，海流能为 3 亿 kW，潮汐能为 1 亿 kW。

5.2.2　我国海洋能资源

中国是世界上海洋资源最丰富的国家之一。中国位于亚洲的东部，东临太平洋，海域辽阔，包括渤海、黄海、东海、南海及台湾岛以东的海域，海域面积相当于陆地面积的一半，有 470 多万平方千米。

大陆海岸线漫长曲折，北起辽宁的鸭绿江口，南到广西的北仑河口，全长 18000 多千米。此外还有 6500 多个岛屿，岛屿海岸线长达 14000km。

中国的海域跨越热带、亚热带和温带三大气候带,可以充分接受来自大洋的风、浪、洋流、潮汐等各种条件的影响,而且每年有 2 万～3 万 m³ 的河流淡水入海。这些都为海洋能的形成提供了良好的条件。

《海洋可再生能源发展纲要》中指出海洋能在全球海洋总储量巨大,资源分布极为广泛。我国沿岸和近海及毗邻海域的各类海洋能资源理论总储量约为 6108.7 亿 kW,技术可利用量约为 9.81 亿 kW,见表 5-1。

表 5-1 我国各类海洋能资源储量

能源类型		调查计算范围	理论资源储量/kW	技术可利用量/亿 kW
潮汐能		沿海海湾	1.1×10^8	0.2179
波浪能	沿岸	沿岸海域	1.285×10^7	0.0386
	海域	近海及毗海海域	5.74×10^{11}	5.7400
潮流能		沿海海峡、水道	1.395×10^7	0.0419
温差能		近海及毗海海域	3.662×10^{10}	3.6600
盐差能		主要入海河口海域	1.14×10^8	0.1140
全国海洋能资源储量		—	6.1087×10^{11}	9.8100

自然资源部国家海洋技术中心发布《中国海洋能 2019 年度进展报告》,报告中指出,近年来,我国高度重视海洋可再生能源的开发利用,截至 2018 年底,我国海洋能电站总装机达 7.4MW,累计发电量超 2.34 亿 kW·h;潮汐能电站装机 4.35MW,累计发电量超 2.32 亿 kW·h;潮流能电站总装机 2.86MW,累计发电量超 350 万 kW·h;波浪能电站总装机 0.2MW,累计发电量超 15 万 kW·h。

总而言之,我国有丰富的海洋能资源。尤其是东海沿岸(福建、浙江近海)海洋能蕴藏量大,能量密度高,开发条件优越,具有较大的开发利用价值。

5.2.3 海洋能的特点

海洋能的特点主要体现在以下几个方面:

(1) 蕴藏量丰富。海洋水体中蕴藏的能量数额巨大(如前文所述),而且可以持续再生,取之不尽,用之不竭。

(2) 能量密度低。各种形式的海洋能分散在广阔的海域,除盐差能外,能流密度都相当低(即单位空间的能量很少)。潮汐能较丰富地区的较大潮差为 7～10m,通常只有 3～6m,近海较大潮流流速只有 7～13km/h。波浪能的大波高值为 8～12m,通常为 1～3m(即使是浪高 3m 的海面,波浪能的密度也比常规火电站热交换器单位时间、单位面积的能量低一个数量级)。海洋表层和深层的海水温差一般不超过 25℃,海洋表面层与 500～1000m 深层间的温差通常为 20℃左右。要想实现较大规模的能量利用,就需要对大量的海水进行作用。

(3) 稳定性较好或者变化有规律。海洋能作为自然能源是随时变化着的,但海洋是个庞大的蓄能库,将太阳能及其派生的风能等以热能、机械能等形式储蓄在海水里,不像在陆地和空中那样容易散失。

海洋能中的温差能和海流能比较稳定,24h不间断,昼夜波动小,只稍有季节性的变化。

潮汐能(包括特指因海水涨落带来势能的潮汐能和因潮水流动产生动能的潮流能)虽然变化,但其变化有规律可循。人们根据潮汐、潮流的变化规律,编制出各地逐日、逐时的潮汐与潮流预报,预测未来各个时间的潮汐大小与潮流强弱。目前对大潮、小潮、涨潮、落潮、潮位、潮速、方向等潮汐和潮流的变化都可以准确预测。

盐差能变化较慢,也是比较稳定的。

海浪是海洋中最不稳定的,有季节性、周期性,而且相邻周期也是变化的。但海浪是风浪和涌浪的总和,而涌浪源自辽阔海域持续时日的风能,不像当地太阳和风那样容易骤起骤止和受局部气象的影响。

(4) 清洁无污染。海洋能属于清洁能源,其开发利用过程对环境污染影响很小。

5.3 波浪发电

5.3.1 波浪的成因和类型

海水在风等外力作用下沿水平方向的周期性运动,形成波浪,俗称海浪。海浪经常表现为滚滚的波涛,如图5.4所示。

图5.4 海上的波浪

波浪的能量来自风和海面的相互作用,是风的一部分能量传给了海水,变成波浪的动能和势能。风传递给海水的能量取决于风的速度、风与海水作用的时间,以及风与海水作用的路程长度,表现为不同速度、不同"大小"的波浪。

波浪可以用波高、波长(相邻的两个波峰间的距离)和波动周期(同一地出现相邻的两个波峰间的时间)等特征来描述。海浪的波高从几毫米到几十米,波长从几毫米到数千千米,波动周期从零点几秒到几小时以上。

小知识

波长越长,波浪运动速度越快,风暴引起的大波长海浪传播得比风暴还快,巨大浪涌往往是风暴来袭的前兆。

按形成和发展的过程,海浪主要可以分为风浪、涌浪、近岸浪三种类型。

1. 风浪

风浪指的是在风的直接吹拂作用下产生的水面波动。由于海浪会向远处传播,往往由风引起的波浪在靠近其形成的区域才称为风浪。

起风时,平静的水面在摩擦力的作用下会出现水波。风速逐渐增大,波峰也会随之加大,相邻两波峰之间的距离也逐渐增大。当风速继续增大到一定程度时,波顶会发生破碎,这就是常见的波浪。波浪的行进方向与风向是一致的。

风浪的尺寸主要取决于三个因素:风的速度、风作用于海水的持续时间和风作用于海水的路程长度。

一般而言,状态相同的风作用于海面的时间越长,海域范围越大,风浪就越强;当风浪达到充分成长状态时,就不再继续增大了。

2. 涌浪

风浪可以从它形成的区域传播开去,出现在距离很远的海面。这种不在有风海域的波浪称为涌浪。实际上,涌浪包括传到无风海区的风浪,以及海风停息或风速、风向突变后存留下来的风浪余波。

3. 近岸浪

外海的风浪或涌浪传到海岸附近,受水深和地形作用会改变波动性质,出现折射、波面破碎和倒卷,这就是近岸浪。

由风引起的海浪,周期为 0.5~25s,波长为几十厘米到几百米,一般波高为几厘米到 20m,在某些情况下波高甚至可高达 30m 以上,不过这样的巨浪比较罕见。

根据波高大小,通常将风浪分为 10 个等级,将涌浪分为 5 个等级。0 级无浪无涌,海面水平如镜;5 级大浪、6 级巨浪,对应 4 级大涌,波高 2~6m;7 级狂浪、8 级狂涛、9 级怒涛,对应 5 级巨涌,波高 6.1m 到 10 多米。

小知识:"无风不起浪"和"无风三尺浪"

民间既有海上"无风三尺浪"的描述,又有"无风不起浪"的俗语,到底哪一种说法更合理呢?人们常说的"无风不起浪",大概最早是针对风浪说的,一语道出了海浪的形成原因。而"无风三尺浪"的现象也确实有,那是涌浪和近岸浪留给人们的印象。实际上,这些波浪是由别处的风引起的海浪传播过来的,只是此处无风而已。

广义上的海浪,还包括天体引力、海底地震、火山爆发、塌陷滑坡、大气压力变化和海水密度分布不均等外力和内力作用下所形成的海啸、风暴潮和海洋内波等。这才是真正的无风也起浪。

由海上的风推动海水，风与海面作用产生波浪，水面上的大小波浪交替，有规律地顺风滚动前进；水面下的波浪随风力不同做直径不同、转速不同的圆周或椭圆运动，如图 5.5 所示。但是在波浪中的物体并不随着波浪移动，而是上下振动。水分子大多数还都停留在原位置，只是波浪前进了。

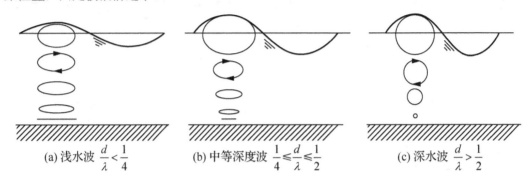

(a) 浅水波 $\dfrac{d}{\lambda}<\dfrac{1}{4}$　　(b) 中等深度波 $\dfrac{1}{4}\leqslant\dfrac{d}{\lambda}\leqslant\dfrac{1}{2}$　　(c) 深水波 $\dfrac{d}{\lambda}>\dfrac{1}{2}$

图 5.5　不同水深的水分子运动轨迹(d 为海底深度，λ 为海浪波长)

靠近岸边的波浪，如果波前与海床斜交，会导致波浪的折射或方向变化，如图 5.6 所示。一般来说，调整后的波前方向大致平行于海岸线，而且会使波浪集中到海岸线的凸出部分，而其余区域的波浪强度会减弱。

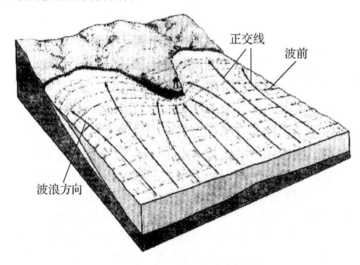

图 5.6　海岸附近的波浪折射

5.3.2　波浪能资源的分布和特点

波浪能是指海洋表面的波浪所具有的动能和势能。波浪的前进产生动能，波浪的起伏产生势能。

形成波浪的原动力主要来自风对海水的压力及其与海面的摩擦力，波浪能是海洋吸收了风能而形成的，其根本来源是太阳能(风能也来自太阳能)。

波浪的能量与波浪的高度、波浪的运动周期及迎波面的宽度等多种因素有关。因此，波浪能是各种海洋能源中能量最不稳定的一种。

1. 全球波浪能资源

根据联合国教科文组织公布的估计数字,全球的波浪能的理论蕴藏量为 30 亿 kW。假设其中只有较强的波浪才能被利用,估计技术上允许利用的波浪能约占其中的 1/3,即 10 亿 kW。

图 5.7 所示为波浪能年平均功率密度(单位时间单位宽度波峰的能量)的全球分布图,图中的数字表示离岸深水处的波浪能平均值(kW/m)。

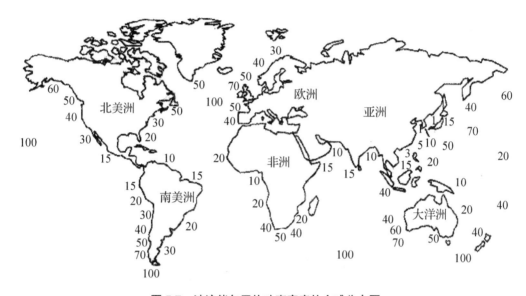

图 5.7 波浪能年平均功率密度的全球分布图

在盛风区和长风区的沿海,波浪能的密度一般都很高。在风速很高的区域,如纬度为 40°～60°,波浪能密度最大。纬度为 30°以内信风盛行的地区,也有便于利用的波浪能。南半球的波浪比北半球大,如夏威夷以南、澳大利亚、南美和南非海域的波浪能较大。北半球主要分布在太平洋和大西洋北部北纬 30°～50°。

大洋中的波浪能是难以提取的,因此可供利用的波浪能资源仅局限于靠近海岸线的地方。欧洲和美国的西部海岸、新西兰和日本的海岸均为利用波浪能的有利地区。英国沿海、美国西部沿海和新西兰南部沿海等都是风区,有着特别好的波候。而我国的浙江、福建、广东和台湾沿海为波能丰富的地区。

2. 我国波浪能资源

根据海洋观测资料统计,我国沿海海域年平均波高为 2～3m,波浪周期平均为 6～9s。虽然算不上波浪能资源很丰富的国家,但在我国广阔的海域中所蕴藏的波浪能也相当可观。

根据《海洋可再生能源发展纲要(2013—2016 年)》公布的调查统计结果,进入岸边的波浪能理论平均功率为 1.285 万 MW。波浪能是变化的,这里所说的平均功率,是指波浪能功率在一段时间(如一年)内的平均值。

全国沿岸波浪能资源分布不均,波浪能开发潜力约为 1.3 亿 kW,浙江中部,台湾海峡、福建海坛岛以北，渤海海湾和西沙地区沿岸最高，在浙江、福建、海南和台湾省沿海建设波浪能电站具有价值。我国波浪能资源分布见表5-2。

表5-2 我国波浪能资源分布

省份	台湾	浙江	广东	福建	山东	海南	江苏	辽宁	其他
数量/万 kW	429.1	205.3	174	166	161	56.3	29.1	25.5	38.1
占比/%	33.4	16	13.5	12.9	12.5	4.4	2.3	2	3

台湾省沿岸的波浪能资源最丰富，以429万kW的功率占全国波浪能资源总量的1/3。其次是浙江、广东、福建和山东等省的沿岸，为160万～205万kW，合计约为706万kW，约占全国波浪能资源总量的55%。广西沿岸最少，仅8万kW左右。

浙江中部、台湾、福建省海坛岛以北、渤海海峡等海区，平均波高大于1m，周期一般在5s以上，是我国波浪能密度最高的海区，可达5～7kW/m。此外，西沙、浙江的北部和南部、福建南部、山东半岛南岸等波浪能密度也较高。

按波浪能能流密度和开发利用的自然环境条件，我国首选浙江、福建沿岸，其次是广东东部、长江口和山东半岛南岸中段。嵊山岛、南麂岛、大戢山、云澳、表角、遮浪等地区，波浪能的能量密度高、季节变化小、平均潮差小、近岸水较深，均为基岩海岸，也都是波浪能源开发利用的理想地点。

3. 波浪能的优点

在各种海洋能中，波浪能除了可以循环再生以外，还具有以下优点。

(1) 波浪能以机械能形式存在，是海洋能中品位最高的能量。

(2) 波浪能的能流密度最大，在太平洋、大西洋东海岸纬度40°～60°区域，波浪能可达到30～70 kW/m，某些地方达到100 kW/m。

(3) 海浪无处不在，波浪能是海洋中分布最广的可再生能源。

这意味着波浪能可通过较小的装置实现其利用；波浪能可以提供可观的廉价能量。

用波浪能发电比其他发电方式安全，而且不耗费燃料，清洁无污染。如果在沿海岸设置一系列波浪发电装置，还可起到防波堤的作用。此外，波浪能可以为边远海域的国防、海洋开发等活动提供能量。

因此，近年来波浪发电备受世界各沿海国家的重视。世界各国的发展规划已经确认波浪发电是海洋能源开发利用的重要项目，是清洁无污染的可再生新能源的重要组成部分。

5.3.3 波浪发电装置的基本构成

【参考视频】

波浪发电，一般是通过波浪能转换装置，先把波浪能转换为机械能，再最终转换为电能。波浪上下起伏或左右摇摆，能够直接或间接带动水轮机或空气涡轮机转动，驱动发电机产生电力。

波浪能利用的关键是波浪能转换装置。通常要经过三级转换：第一部分为波浪能采集系统(也称受波体)，作用是捕获波浪的能量；第二部分为机械能转换系统(也称中间转换装置)，作用是把捕获的波浪能转换为某种特定形式的机械能(一般是将其转换成某种工质如空气或水的压力能,或者水的重力势能);第三部分为发电系统,与常规发电装置类似,用涡轮机(也称透平机,可以是空气涡轮机或水轮机)等设备将机械能传递给旋转的发电机转换为电能。目前国际上应用的各种波浪能发电装置都要经过多级转换。

图 5.8 所示为一般波浪能转换发电系统的主要构造。

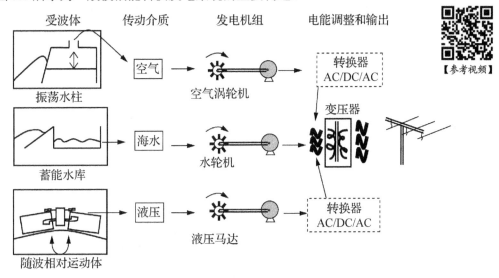

图 5.8 波浪能转换发电系统的主要构造

5.3.4 波浪能的转换方式

波浪发电装置的种类虽多,但波浪能的转换方式,大体上可分为 4 类。

1. 机械传动式

海面浮体在波浪作用下颠簸起伏,通过特殊设计的机械传动机构,把这种上下的往复运动转变为单向旋转运动,带动发电机发电。基于这种原理的波浪能发电装置,称为机械传动式波浪能装置。

传动机构一般是采用齿条、齿轮和棘轮机构的机械式装置,如图 5.9 所示。随着波浪的起伏,齿条跟浮子一起升降,驱动与之啮合的左右两只齿轮做往复旋转。齿轮各自以棘轮机构与轴相连。齿条上升,左齿轮驱动轴逆时针旋转,右齿轮则顺时针空转。通过后面一级齿轮的传动,驱动发电机顺时针旋转发电。

机械式装置多是早期的设计,往往结构笨重,可靠性差,并没有获得实用。

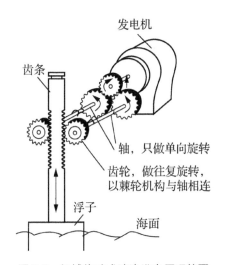

图 5.9 机械传动式波浪发电原理简图

2. 空气涡轮式

空气涡轮式波浪能发电方式,也称压缩空气式,是指利用波浪起伏运动所产生的压力变化,在气室、气袋等容气装置(也可能是天然的通道)中挤压或者抽吸气体,利用得到的气流驱动汽轮机,带动发电机发电,如图5.10所示。这种装置结构简单,而且以空气为工质,没有液压油泄漏问题。气动式装置使缓慢的波浪运动转变为汽轮机的高速旋转运动,机组尺寸小,而且主要部件不和海水接触,可靠性高。但由于空气的可压缩性,这种装置获得的压力较小,因而效率较低。

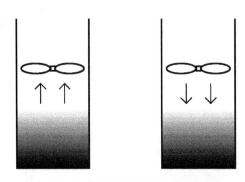

图5.10 空气涡轮式波浪发电原理简图

发展最早、研究最多的振荡水柱式(Oscillating Water Column,OWC)波浪能发电装置,就是采用空气涡轮式结构的。

3. 液压式

液压式波浪能发电方式是指通过某种泵液装置将波浪能转换为液体(油或海水)的压力能或位能,再通过液压马达或水轮机驱动发电机发电的方式。

波浪运动使海面浮体升沉或水平移动,从而产生工作流体的动压力和静压力,驱动油压泵工作,将波浪能转换为油的压力能或产生高压液体流,经油压系统输送,再驱动发电机发电。

这类装置结构复杂,成本也较高。但由于液体的不可压缩性,当与波浪相互作用时,液压机构能获得很高的压力(压强),转换效率也明显较高。目前的液压系统大都利用液压油,因而存在泄漏问题,对密封性提出了很高的要求。利用海水做工质显然是最好的选择,但由于海水黏度小,目前还较难利用。

4. 蓄能水库式

蓄能水库式波浪能发电方式,也称收缩斜坡聚焦波道式。波浪进入宽度逐渐变窄、底部逐渐抬高的收缩波道后,波高增大,海水翻过坡道狭窄的末端进入一个水库(称为潟湖或集水池),波浪能转换为水的位能,然后用传统的低水头水轮发电机组发电。其实就是借助上涨的海水制造水位差,然后实现水轮机发电,类似于潮汐发电。

这类装置结构相对简单,主要是一些水工建筑及传统的水轮机房。而且由于有水库储能,可实现较稳定和便于调控的电能输出,是迄今最成功的波浪能发电装置之一。但一般获得的水位不高,因此效率也不高,而且对地形条件依赖性强,应用受到局限。

5.3.5 波浪能装置的安装模式

各种结构的波浪能转换装置,往往都需要一个主梁(图5.11)或主轴,即一种居中的、稳定的结构,系锚或固定在海床或海滩上。若干运动部件(如挡板、浮子等)系于其上,并在波浪的作用下与主梁做相对运动。有时可以利用惯性或结构很大的主体,横跨若干个波峰,使整个装置在大多数波浪状态下保持相对稳定。

图 5.11 波浪能转换装置的主梁

根据主梁与波浪运动方向的几何关系,波浪能转换装置可分为三种不同的模式。

(1) 终结型模式。波浪能转换装置的主梁平行于入射波的波前,可以大面积地直接拦截波浪,终结波浪的传播,从而在理论上最大限度地吸收波浪的能量(波浪能的最大的收集率甚至可以接近100%)。不过,在设计时需要注意,遇到大风大浪时,这种装置会承受很大的外力,容易遭到破坏。

(2) 减缓型模式。波浪能转换装置的主梁垂直于入射波的波前,即装置的主梁方向与波浪的传播方向一致,只是在一定程度上减缓波浪的传播,可以避免承受狂风巨浪的全部冲击。这种模式对波浪的拦截宽度较小,能量收集率只有相同长度终结型装置的62%。

(3) 点吸收模式。不用漂浮于海面的主梁,而是采用垂直于海面的主轴作为居中的稳定结构,由于只能吸收该装置上方那一点海面波浪变化的能量,因此被称为"点吸收"。"点吸收"装置的优点是,能够吸收超过其物理尺寸的波浪的能量(理论上可以是两倍宽度的波浪的能量),而且可以同等地吸收来自各个方向的波浪能。但由于尺寸有限,不能高效地捕获长波浪的能量。

根据系留状态,波浪能转换装置可分为两大类:固定式和漂浮式。

(1) 固定式。固定式波浪能转换装置的优点是容易建造和维护;缺点是一般在浅水岸工作,从而获得的波浪能较小。此外,未来可以安装这类装置的天然区域是有限的。而且,岸式装置需要经受大风浪的考验，波浪拍岸时出现了高度非线性现象，它的作用力难以用现有方法正确估计。固定式装置又有岸边固定式和海底固定式两种。

(2) 漂浮式。漂浮式波浪能转换装置的主要优点：①由于海洋中的波浪能密度比岸边大，漂浮式波浪能装置比岸边固定式可收集更多的能量；②投放点机动，安装限制少；③对潮位变化的适应性强。由于波浪的表面性，吸收波浪能的物体越接近水面越好，而漂浮式能在任何潮位下实现这一要求。相比之下，固定的空气式吸收波浪能的开口无法适应潮位的改变，意味着至少有一半时间处于不理想的工作状态，大大影响了总体效率。然而从工程观点出发，漂浮式波浪发电的难点在于系泊与输电。

5.3.6 典型的波浪能发电装置

1. 振荡水柱式

振荡水柱式是发展最早、研究最多，也是目前最成熟的波浪能利用装置。这种装置在天然的、人造的水槽或者特制容器中引入波浪，利用波浪起伏引起的水柱振荡来抽吸或者压缩空气，从而推动空气涡轮机旋转。

一种建在海岸的振荡水柱式波浪能转换装置的建筑结构如图 5.12 所示。波浪的起伏引起空气室下方的水位升级，从而改变空气室内气体的体积和压力，在气室的上方开口处形成向上或向下的气流。

图 5.12 岸式振荡水柱式(OWC)波浪能转换装置的建筑结构示意图

小知识：Wells 汽轮机

由于波浪是起伏变化的，为了提高能量捕获率，需要考虑波浪能的往复利用。1976 年，英国的威尔斯(Wells)发明了能在正反向交变气流作用下始终单向旋转做功的汽轮机。这是一种具有对称翼形叶片的汽轮机。叶片截面与传统汽轮机叶片或螺旋桨叶片不同，而是呈对称形状，像一条鱼。当波浪起伏往返运动而使气室中的气流来回流动时，这种对称翼形叶片可在相反方向气流作用下仍然保持旋转方向不变，从而特别适合于方向反复变化的气流运动。具有这种叶片的汽轮机已被广泛采用。

2. 振荡浮子式

图 5.13 所示为瑞典 IPS Interproject Service AB 发明、美国 AquaEnergy 公司开发的振荡浮子式(Buoy)波浪能转换装置，包含浮体及连接在浮体上的加速管。加速管顶端及底端的中间部位称为工作圆筒(内有工作活塞)，其开口在上下两边，可使水在工作圆筒和加速管所浸没的水体之间畅流无阻。能量吸收装置是一对具有弹性的软管泵，受工作活塞操控，一端连接到工作活塞，另一端则固定于转换器上。随着波浪运动，浮子上下起伏使软管伸张及松弛，可以压迫海水经止推阀到中心的涡轮机及发电单元。

3. 点头鸭式

1983 年，爱丁堡大学 Stephen Salter 教授在英国波浪能研究计划资助下开发出 Salter's Duck，这是早期波浪能转换系统中效率较高的装置之一。

点头鸭式波浪能装置如图 5.14 所示，其工作原理为鸭子的"胸脯"对着海浪传播的方向，随着海浪的波动，像不倒翁一样不停地摆动。摇摆机构带动内部的凸轮/铰链机构，改变工作液体(水或油)的压力，从而带动工作泵，推动发电机发电。

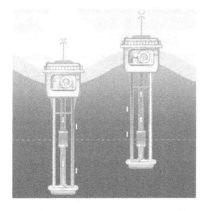

图 5.13　美国 AquaEnergy 公司开发的 Buoy 波浪能转换装置

图 5.14　点头鸭式波浪能转换装置

为提高能量的吸收效率，"点头鸭"的运动应与水粒子的运动轨迹相一致，甚至在某种特定的波浪频率下可以完全吻合，而在长波中的效率可以通过改变节点控制脊骨的弯曲度来实现。

这种设计可以同时将波浪能的动能和势能转换为机械能，在理论上是所有波浪能转换器中最有效的一种，效率达到 90%以上。

实用中往往要在狭长的浮动主梁骨架上，并排(有一定的间隔)放置多个"鸭子"，甚至可以延伸到几千米长。"点头鸭"主要作为终结型装置，主梁的方向调整为沿着波前的方向。

4. 海蛇式

图 5.15 所示为苏格兰 Ocean Power Delivery 公司开发的 Pelamis(又名海蛇号)波浪发电

装置。此装置由一系列圆柱形钢壳结构单元铰接而成，外形类似火车，钢管与钢管之间装有液压发电装置，当波浪起伏带动整条装置时就会起动铰接点，其内部的液压圆筒的泵浦油会起动液压马达经过一个能量平滑系统，将波浪能转换为液压能从而推动发电机发电，在每个铰接点产生的电力通过一个共同的海底缆线传输到岸上。该装置长度约为130m，直径达3.5m。

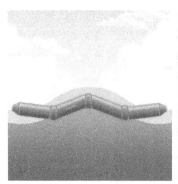
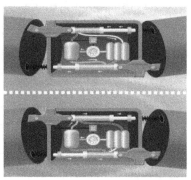

图5.15 苏格兰Ocean Power Delivery公司开发的Pelamis波浪发电装置

Pelamis装置一般设于离岸位置，设计所采用的技术是来自于离岸产业，满载规格已持续增加到额定输出功率为750kW。2004年苏格兰外岛Orkney的欧洲海洋能中心已与Pelamis所产生的电力并网使用。

5. 摆式

日本室兰工业大学于1983年在北海道室兰附近的内浦湾建造了一座摆式波浪能电站，其示意图如图5.16所示，利用一个能在水槽中前后摇摆的摆板来吸取波浪能。摆板相当于一个活动闸门，链接在顶部，内部是一个长为1/4波长的容腔。摆板的运行很适合波浪的大推力和低频率特性，它的阻尼是液压装置。利用两台单向作用的液力泵驱动发电机便可吸取全周期的波浪能。

这座装机容量为5kW的试验电站，摆宽为2m，最大摆角为±30°。在波高为1.5m、周期为4s时的正常输出功率约为5kW，总效率约为40%，是日本的波浪能电站中效率较高的一个。

一座由三个水槽组成的80kW电站也已完成设计。现在，室兰工业大学又在研究300~600kW摆式波浪能装置，装置有4块5m宽摆板，建于一个50m长的防波堤上。

图5.17所示为以色列S.D.E Energy公司开发的Hydraulic Platform装置，通过浮板的摆动将波浪能转换为液压能产生电力。收集器引导入射波浪向上推挤含液压油的导管，液压油用隔膜与海水分开，将波浪能转化为油压。导管系统引导液压油到接有液压马达的压力槽，再与发电机进行机械耦合。

根据该公司在Jaffa港口所建造的装置原型机测试，在每小时有1m高的波浪高度时，每米海岸线装置可产出40kW·h的电力，不过需具备深水海岸线。

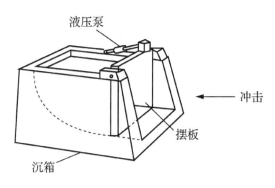

图5.16 摆式波浪能转换装置示意图

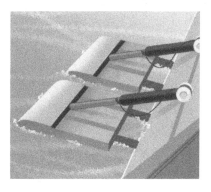

图5.17 以色列 S.D.E Energy 公司开发的 Hydraulic Platform 装置

6. 收缩坡道式

Tapchan(Tapered Channel)意思是收缩坡道,有的文献称为楔形流道,即逐渐变窄的楔形导槽。1986 年,挪威波能公司(Norwave A.S.)建造了一座这种形式的波浪能电站,并取名为 Tapchan。在波浪能电站入口处设置喇叭形聚波器和逐渐变窄的楔形导槽,当波浪进入导槽宽阔的一端向里传播时,波高不断地被放大,直至波峰溢过边墙,将波浪能转换成势能。水流从楔形流道上端流出,进入一个水库,然后经过水轮机返回大海。这种形式的波浪能电站如图 5.18 所示。

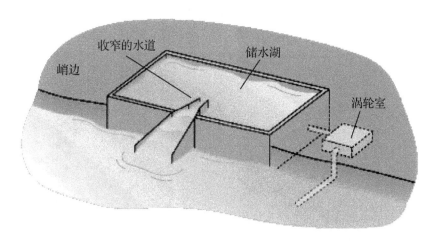

图 5.18 收缩坡道式(Tapchan)波浪能电站示意图

这种转换方法的优点在于:①利用狭道把广范围的波浪能聚集在很小的范围内,可以提高能量密度;②整个过程不依赖于第二介质,波浪能的转换也没有活动部件,可靠性好,维护费用低且出力稳定;③由于有了水库,就具有能量储存的能力,这是其他波浪能转换装置所不具备的。不足之处是,建造这种电站对地形要求严格,不易推广。

挪威 Egil Andersen 申请了一个新的概念专利,2003 年挪威波能公司买下此专利权,开始发展海波槽孔圆锥发电机(Seawave Slot-Cone Generator,SSG)概念。这种波浪能转换装置如图 5.19 所示，包含 3 个水槽，每个水槽都能捕捉来自波浪漫顶溢流的水量，储存在高处的海水会带动多阶段涡轮机，然后流回海洋。多个储水槽的构造可以确保在不同的波浪情况下有不中断的水头来源，从而持续发电。

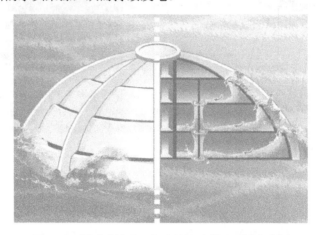

图 5.19　挪威波能公司设计的海波槽孔圆锥发电机

7. 阿基米德海浪发电装置

阿基米德海浪发电装置是一种位于水下的漂浮物，如图 5.20 所示，由英国 AWS 海洋能源公司设计。水底浮标利用海浪的起伏所产生的不同压力来发电。由于水压的大小跟水深成正比，海浪升高，水压增大，而当海浪降低时，水压又会减小。其上半部分在海浪经过时被迫向下移动，而后又重新回到原有位置。这一过程会压缩中空结构内部空气，被压缩的空气将穿过装置内部的发电机。在设计上，这些漂浮物至少要潜入水下 6m。

图 5.20　阿基米德海浪发电装置(Archimedes Waveswing)

AWS 公司于 2009 年在苏格兰海域投放 5 个浮标用于测试，若效果理想，将在英国范围内大量普及。

8. CETO 漂浮系统

2008 年，英国 Trident Energy 公司在澳大利亚西部弗里曼特尔附近地区安装了一种漂浮系统，每个漂浮物可在海浪的作用下向下移动，进而带动海水穿过敷设于海床上的管道送到岸边。由于是在岸上，水轮机不会遭受具有腐蚀性和破坏性的海水侵袭。这个漂浮系统名为"CETO"，如图 5.21 所示，迄今为止的表现相当不错，第一个商业发电厂于 2009 年进行部署。Trident Energy 公司表示，一个面积达到 50000m² 的漂浮物阵列可产生 50MW 的功率。

9. 摆式波浪能发电装置

如图 5.22 所示，箱体和摆锤的相对摆动将海浪的波动转化为箱体内主动轴的往复转动，利用两个超越离合器把主轴的往复转动转化为两个同步带轮的单向转动，通过三级机械增速后分别带动两侧发电机的工作，经过电能处理，最终将电能储存在蓄电池中。

图 5.21 英国 Trident Energy 公司在澳大利亚西部布设的 CETO 漂浮系统

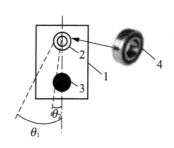

1—主动轴；2—重锤；3—箱体；4—超越离合器

图 5.22 摆式海浪发电工作原理示意图

5.3.7 代表性波浪能发电项目

1. 英国 75kW 和 500kW 的 LIMPET

LIMPET(Land-Installed-Marine-Powered Energy Transformer)意思是岸式海洋动力能源转换器，有的文献称其为"设计者引渠"式振荡水柱装置，实际上是一种振荡水柱式波浪能装置，如图 5.23 所示。

(a) 迎浪面

(b) 背浪面

图 5.23 英国的岸式波浪能装置 LIMPET

英国贝尔法斯特女王大学 1991 年在苏格兰爱雷岛上建成了一座 75kW 的振荡水柱式波浪能装置,命名为 LIMPET。由于气候条件恶劣,海上施工艰难,建造周期和投资都大大超出预计,而且装置的效率不高,到 1999 年就停止工作。

Wells 涡轮机的发明人 Alan Wells 教授创立的 WaveGen 公司与英国女王大学合作,2000 年又在同一岛屿上建成一座 500kW 的 LIMPET,这是目前世界上最成功的海浪发电装置。目前已经发电上网,可为 400 户当地居民供电,并且与苏格兰公共电力供应商签订了 15 年的供电合同。该电站所在的大西洋东海岸,是世界上波浪能最丰富的地区之一。

2. 挪威 350kW 的 Tapchan

1986 年,挪威波能公司在挪威贝尔根(Bergen)附近的一个小岛上,建造了一座装机容量为 350kW 波浪能电站。这座波浪能电站的关键技术和特色在于它的开口约 60m 的喇叭形聚波器和长约 30m 的逐渐变窄的楔形导槽(图 5.24),这就是 Tapchan 的由来。

图 5.24 挪威的 Tapchan 波浪电站照片

具有聚波器和转换器作用的楔形槽的窄端通向面积为 8500m^2、与海平面落差为 3～8m 的水库。发电采用的是常规水轮机组。建造者称其转换效率为 65%～75%,几乎不受波高和周期的影响。电站从 1986 年建成后,一直正常运行到 1991 年,年平均输出功率约为 75kW,是比较成功的一座波浪电站。

目前波能公司正在计划将这种系统推广应用到印度尼西亚等地。计划在印度尼西亚爪哇岛南海岸 Baron 建设的 Tapchan 波浪电站的效果图如图 5.25 所示。

【参考视频】

图 5.25 将在印度尼西亚建设的 Tapchan 波浪电站的效果图

3. 英国 750kW 的海蛇(Pelamis)

海蛇式(Pelamis)波能装置由英国海洋动力传递公司(Ocean Power Delivery Ltd，OPD)设计。该装置是漂浮式的，由若干个圆柱形钢壳结构单元铰接而成。本身具有"卸载"能力，即其骨架不必承受波浪的全部冲击。其工作原理是：波浪引起的圆柱体弯曲运动被液压油缸吸收，将波浪能转换成液压能驱动液压马达，带动发电机产生电能。内部具有蓄能环节，因而可以提供比较稳定的电力输出。

第一个海蛇式波浪能装置于 1998 年 1 月开始研制，2002 年 3 月完成。

英国 OPD 公司还承接建造了葡萄牙北部海岸海蛇式波浪发电项目，每条"海蛇"的装机容量为750kW，如图 5.26 所示。并和加拿大的 BC Hydro 公司签订了在加拿大 Vancouver 岛建造 2MW 海蛇波浪发电系统的备忘录。

图 5.26　英国海蛇式(Pelamis)波浪发电装置

4. 日本"海明"号

"海明"号波浪发电计划是由日本海洋科学技术中心(JAMSTEC)牵头，美国、英国、挪威、瑞典、加拿大等国参加的一项国际合作研究。研究工作在一个由船舶改造的漂浮结构上进行，该试验船长 80m，宽 12m，总重 500t，带有 13 个振荡水柱气室，在船的内室里，安装了几台海浪发电装置。这艘发电船(图 5.27)通常停泊在离岸 3000m 的海上，水深为 42m。

图 5.27　"海明"号波浪能发电试验船

1978—1979 年完成了第Ⅰ期试验，对三种不同形式的波浪能发电机组进行了对比试验。第Ⅱ期海上试验于 1985—1986 年进行。研究的主要目标是提高发电效率，减小机组体积和质量，改进海底输电系统和锚泊系统并根据海上运行结果评价波浪发电的经济性能。试验结果表明，"海明"号的船身结构海底电缆和锚泊设计较成功，但发电效率令人失望，系统总效率不超过 6.5%，因而估算出的发电成本偏高。

试验结束后，"海明"号被送往船厂解体，完成了其历史使命。但作为一个大型国际合作项目，"海明"号波浪发电计划的贡献不仅在于获得了大量的技术成果，而且在世界范围内推动了波浪能研究。

5. 日本"巨鲸"号

"巨鲸"(Mighty Whale)是日本海洋科学中心于 20 世纪 90 年代初开始研建、继"海明"号之后推陈出新的又一大型波浪能研究计划。

"巨鲸"号是一种发展的后弯管漂浮式装置，其外形类似一条巨大的鲸鱼，如图 5.28 所示。装置的气室设计在结构的前部，长长的身体除了利于吸收波浪能外，还可作为综合利用的空间。当入射波浪较小时，由于稳定性好，装置具有固定式系统的特性；当入射波较大时，则是一个漂浮式吸能系统。日本海洋科学中心已完成了该装置的实验研究和方案论证，并从日本科学技术委员会获得资助。

装置宽 30m，长 50m，安装了 1 台 10kW、2 台 50kW 和 2 台 30kW 的发电机组，于 1998 年完成制造，投放于三重县外海。

1998 年 9 月，该装置开始在日本的东京湾进行试验，水深为 40m，平均输出功率为 6～7kW，总转换效率约为 15%。1998 年 9 月开始持续两年的实海况试验，从试验情况来看，装置的各部分工作正常，总发电效率最大可达 12%。

此装置的研制成功标志着波浪能利用已从单一的波力发电转向多元化和综合利用。

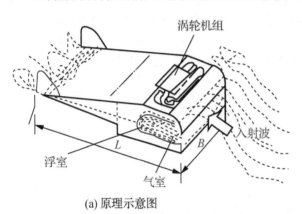

(a) 原理示意图　　　　　　　　　　　　(b) 外形照片

图 5.28　"巨鲸"号波浪发电装置

6. 欧盟 2MW 的 OSPREY

OSPREY(Ocean Swell Powered Renewable Energy)意思是海洋涌浪动力可再生能源，实际上是波浪能和风能两用的近岸装置。

1995 年英国制造了第一座 OSPREY，称为 OSPREY-1，波浪能发电装置和风力电站的总容量为2MW，其中沉箱式波浪能发电装置的容量为500kW，风能装机容量为1500kW，造价为350万美元。波浪能装置为振荡水柱式(OWC)，具有一个气室，两个直立的气管，装有两台500kW的Wells空气涡轮机。1995年8月2日建造完毕，下水时装置受到损坏，最后将装置上的涡轮机及其余设备拆除，装置于1995年8月27日破坏沉没。

OSPREY-1沉没之后，英国又开始研建OSPREY 2000，装机容量仍为2MW(图5.29)。

(a) OSPREY-1

(b) OSPREY 2000

图5.29 OSPERY波浪能发电装置

7. 中国波浪能发电装置"万山号"

由中科院广州能源研究所研制的"鹰式一号"漂浮式波浪能发电装置(图 5.30)，在位于珠江口的珠海市万山群岛海域正式投放，这标志着我国海洋能发电技术取得了新突破。

图5.30 "鹰式一号"漂浮式波浪能发电装置在"万山号"投放并成功发电

该新型发电装置采用外形经过特殊设计的轻质波浪能吸收浮体，使得浮体的运动轨迹能与波浪运动轨迹相匹配，可最大程度吸收入射波而最小程度减少透射和兴波。首次投放的该发电装置安装有两套不同的能量转换系统，总装机20kW，其中液压发电系统装机10kW，直驱电机系统装机10kW，两套系统均成功发电。试验表明，该新型设备实现了快捷、安全和低成本研发海洋波浪能发电装置的目标，为规模化开发利用海洋波浪能打下坚实基础。

5.3.8 波浪发电的发展

1799年，一对法国父子申请了世界上第一个关于波浪能发电装置的专利。他们的设计是一种可以附在漂浮船只上的巨大杠杆，能够随着海浪的起伏而运动，从而驱动岸边的水泵和发电机。但在当时蒸汽动力显然更吸引人们的注意，于是利用波浪发电的设想就渐渐地黯淡下来，最后只留迹在制图板上了。

19世纪中叶以来，波浪能利用得到了越来越多的关注和重视。利用波浪能发电的设想在世界各地不断涌现，仅英国1856—1973年就有350项相关专利。

1964年，日本海军士官益田善雄研制成世界上第一个海浪发电装置——航标灯，并于1965年率先将该波浪发电装置商品化。虽然这种发电装置的发电能力仅有60W，只够一盏灯使用，然而它却开创了人类利用海浪发电的新纪元。

目前，全世界利用波浪能发电的设计方案数以千计。由于世界各国对波浪电站研建工作的兴趣有增无减，随着一个个技术难关的突破，波浪发电将像风力发电一样，成为新的能源产业。

中国也是世界上波浪能研究开发的主要国家之一。研究工作自20世纪70年代开始，20世纪80年代以来获得较快发展，而且进步明显，在世界上有一定影响。

中国科学院广州能源研究所于1989年在广东珠海建成了第一座示范实验波浪能电站，1996年又建成了一座新的波浪能实验电站，专家们通过试验积累了宝贵经验。我国首座波浪能独立发电系统汕尾100kW岸式波浪能电站于1996年12月开工，2001年进入试发电和实海况试验阶段，2005年，第一次实海况试验获得成功。该电站建于广东省汕尾市遮浪镇最东部，为并网运行的岸式振荡水柱型波能装置，具有过压自动卸载保护、过流自动调控、水位限制、断电保护、超速保护等功能。

我国小型岸式波浪能发电技术已进入世界先进行列。1999年，100kW摆式波浪能电站在青岛即墨大官岛试运行成功。与日本合作研制的后弯管形浮标发电装置已向国外出口，处于国际领先水平。

在2000年以前，我国就已有60～450W的多种型号产品并多次改进，目前已累计生产600多台，在沿海使用，还出口到日本等国家。

近年来，我国积极推进新能源开发利用。根据规划，2020年6月30日，自然资源部支持的"南海兆瓦级波浪能示范工程建设"项目首台500kW鹰式波浪能发电装置"舟山号"正式交付中国科学院广州能源研究所。

5.4 海流发电

5.4.1 海流和海流能

海流主要是指海底水道和海峡中较为稳定的流动(称为洋流，全球洋流分布如图5.31所示)，以及由潮汐导致的有规律的海水流动(称为潮流)。

潮流是海流中的一种，海水在受月亮和太阳的引力而产生潮位升降现象(潮汐)的同时，还产生周期性的水平流动,这就是人们所说的潮流。潮流比潮汐复杂,除了有流向的变化外,还有流速的变化。

海流遍布各大洋,纵横交错,川流不息,所以它们蕴藏的能量也是比较可观的。

海流能是指海水流动所产生的动能,是另一种以动能形态出现的海洋能。

海流能的能量与流速的平方和流量成正比。相对波浪而言,海流能的变化要平稳且有规律得多。其中洋流方向基本不变,流速也比较稳定;潮流会随潮汐的涨落每天周期性地改变大小和方向。

一般说来,最大流速在 2m/s 以上的水道,其海流能均有实际开发的价值。潮流的流速一般可达 2~5.5km/h,但在狭窄海峡或海湾里,流速有时很大。例如,我国的杭州湾海潮的流速达 20~22km/h。

洋流的动能非常大,如佛罗里达洋流所具有的动能,约为全球所有河流具有的总能量的 50 倍。又如世界上最大的暖流——墨西哥洋流,在流经北欧时为 1cm 长海岸线上提供的热量大约相当于燃烧 600t 煤所产生的热量。

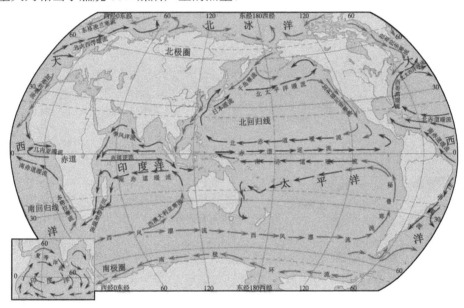

图 5.31　全球洋流分布

根据联合国教科文组织出版物的估计数字,海流能的理论蕴藏量为 6 亿 kW。实际上,上述能量是不可能全部取出利用的,假设只有较强的海流才能被利用,估计技术上允许利用的海流能约为 3 亿 kW。

需要指出的是,中国的海流能属于世界上功率密度最大的地区之一。根据《海洋可再生能源发展纲要》公布的调查统计结果,对 130 个水道估算统计,我国潮流能理论平均功率为 1394 万 kW。可以得到充分利用的功率为 419 万 kW。

我国辽宁、山东、浙江、福建和台湾沿海的海流能较为丰富,不少水道的能量密度为 15~30kW/m^2,具有良好的开发价值。其中尤以浙江最多,有 37 个水道,理论平均功率为 7090MW,占全国的 1/2 以上。其次是台湾、福建、辽宁等省份,约占全国总量的 42%,其他省区较少。

根据沿海能源密度、理论蕴藏量和开发利用的环境条件等因素，浙江舟山海域诸水道开发前景最好，如金塘水道($25.9kW/m^2$)、龟山水道($23.9kW/m^2$)、西侯门水道($19.1kW/m^2$)。舟山是我国早期最主要的海流发电试验站址。其次是渤海海峡和福建的三都澳等，如老铁山水道($17.4kW/m^2$)、三都澳三都角($15.1kW/m^2$)。这些海区具有理论蕴藏量大、能量密度高等优点，资源条件和开发环境都很好，可以优先开发利用。

5.4.2 海流发电的原理

1. 轮叶式海流发电

轮叶式海流发电的原理和风力发电类似，就是利用海流推动轮叶，轮叶带动发电机发电，区别在于动力来源于海洋里的水流而不是天空的气流。因此，人们形象地把海流发电装置比喻为水下风车，很多设计也是参照了风力机的结构。

海流发电装置的轮叶可以是螺旋桨式的，也可以是转轮式的，如图5.32(a)和图5.32(b)所示。轮叶的转轴有与海流平行的(类似于水平轴风力机)，也有与海流垂直的(类似于垂直轴风力机)，如图5.32(c)和图5.32(d)所示。

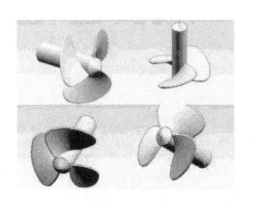

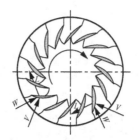

V 进转轮水流方向与大小
转轮旋转方向

L 产生升力方向与大小
W 水流对叶片的相对方向与大小

(a) 螺旋桨式轮叶　　　　　　(b) 转轮式轮叶

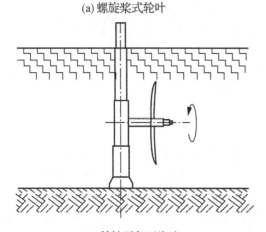

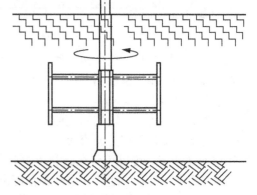

(c) 转轴平行于海流　　　　　　(d) 转轴垂直于海流

图 5.32　海流发电装置的涡轮机示意图

轮叶可以直接带动发电机，也可以先带动水泵，再由水泵产生高压水流来驱动发电机组。

日本设计了一种海流发电装置，轮叶的直径达 53m，输出功率可达 2500kW。美国设计的类似海流发电装置，螺旋桨直径达 73m，输出功率为 5000kW。法国设计了固定在海底的螺旋桨式海流发电装置，直径为 10.5m，输出功率达 5000kW。

图 5.33 所示为英国洋流涡轮机公司(Marine Current Turbines)设计制造的 SeaGen 海流发电机。据英国《独立报》报道，这款名为"SeaGen"的新型海流能涡轮发电机由英国工程师彼得·弗伦克尔设计，长约 37m，形似倒置的风车。2008 年安装在北爱尔兰斯特兰福德湾入海口，这一海湾的海水流速超过 13km/h。该装置装有两个潮汐能涡轮机，可为当地提供 1.2MW 的电力，是世界上第一个利用海流发电的商用系统。

图 5.33　轮叶式海流发电装置 SeaGen

图 5.34 所示为佛罗里达大西洋大学海洋能源科技中心(FAU Ocean Energy Technology)研发的"海底发电机"，计划沿着大西洋洋流设置几组这样的海流发电机，而且即将开始进行雏形测试。

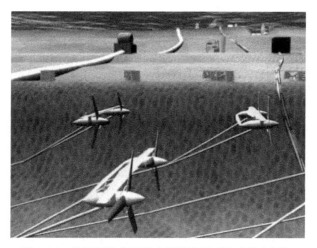

图 5.34　佛罗里达大西洋大学研发的"海底发电机"

(来源：Engadget 中文版)

2. 其他形式的海流发电

1) 降落伞式海流发电

整个装置由多个"降落伞"串联在环形的铰链绳上组成。"降落伞"应有足够的尺寸和间隔(如长度12m,间隔30m),如图5.35所示。

图 5.35　降落伞式海流发电

当海流来自"降落伞"的系绳方向时,就会把"降落伞"撑开,并带动它们向前运动;当海流来自"降落伞"顶端时,海流的力量会迫使"降落伞"收拢。

铰链绳在撑开的"降落伞"带动下转动,带动安装在船上的绞盘转动,从而驱动发电机发电。

2) 磁流式海流发电

带电粒子高速地垂直流过强大的磁场时,可以直接产生电流。

该型装置目前主要考虑以海水作工作介质,当存在大量离子(如氯离子、钠离子)的海水垂直流过放置在海水中的强大磁场时,就可以获得电能。

磁流式发电装置没有机械传动部件,不用发电机组,海流能的利用效率很高,如果技术成熟、成本合适,可望成为海流发电系统中性能最优的装置。不过,目前这种海流发电方式还处在原理性研究阶段。

5.5 温差发电

【参考视频】

5.5.1 海水的温差和温差能

海洋是地球上储存太阳热能的巨大容器。海水的温度,主要取决于接收太阳辐射的情况。相对而言,海底地热、海水中放射性物质的发热等因素的影响就显得微不足道。

海水温度大体保持稳定,各处的温度变动值一般在30℃,海水最高温度很少超过30℃。而不同地域、不同深度的海水,温度是有差异的。海水温度的水平分布,一般随纬度增加而降低。

海水温度的垂直分布,随着深度增加而降低。海洋表面把太阳辐射能的大部分转化成为热能储存在上层。从海面到几十米或上百米深度,水温较高,而且在强烈的风和波浪作用下水温比较均匀,上下变化不大;往下直到1000m左右的深度,太阳已经照射不到,而且海水运动很弱,温度随水深的增加急剧下降;再往下直到海底,海水温度通常为2~6℃,尤其是超过2000m深的海水温度大约保持在2℃,几乎是恒定不变。

海水温差能是指由海洋表层海水和深层海水之间的温差所形成的温差热能,是海洋能的一种重要形式。低纬度的海面水温较高,与深层冷水存在较大的温差,因而储存着较多的温差热能,其能量与温差的大小和水量成正比。

根据联合国教科文组织出版物的估计数字，温差能的理论蕴藏量为 400 亿 kW。考虑到温差利用会受热机卡诺效率的限制，估计技术上允许利用的温差能约 20 亿 kW。

利用海水的温差可以实现热力循环并发电。按现有的科学技术条件，利用海水温差发电要求具有 18℃以上的温差。

地球两极地区接近冰点的海水在不到 1000m 的深度大面积地缓慢流向赤道，在许多热带或亚热带海域(从南纬 20℃到北纬 20℃)终年形成 18℃以上的垂直海水温差。

据日本佐贺大学海洋能源研究中心介绍，位于北纬 45°至南纬 40°的约 100 个国家和地区都可以进行海洋温差发电。

《海洋可再生能源发展纲要》中指出我国沿岸和近海及毗邻海域的温差能资源理论总储量约为 366 亿 kW，技术可利用量约为 36.6 亿 kW。

5.5.2 温差发电的原理

海洋温差能发电，就是利用海洋表层暖水与底层冷水之间的温差来发电的技术。

通常所说的海洋温差发电，大多是指基于海洋热能转换(Ocean Thermal Energy Conversion，OTEC)的热动力发电技术，其工作方式分为开式循环、闭式循环和混合循环三种。

最近，也有研究者提出根据温差效应利用海水温差直接发电的设想。

1. 开式循环系统

开式循环海水温差发电系统以表层的温海水作为工作介质。如图 5.36 所示，先用真空泵将循环系统内抽成一定程度的真空，再用温水泵把温海水抽入蒸发器。由于系统内已保持一定的真空度，温海水就在蒸发器内沸腾蒸发，变为蒸汽；蒸汽经管道喷出推动蒸汽轮机运转，带动发电机发电。蒸汽通过汽轮机后，又被冷水泵抽上来的深海冷水冷却，凝结成淡化水后排出。冷海水冷却了水蒸气后又回到海里。作为工作物质的海水，一次使用后就不再重复使用，工作物质与外界相通，所以称这样的循环为开式循环。

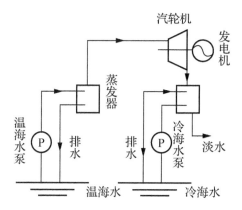

图 5.36 开式循环海水温差发电系统

从 1926 年法国科学家克劳德在法兰西科学院的大厅里当众进行的温差发电实验，到 1948 年法国在非洲象牙海岸修造的海水温差发电站，采用的都是这种开式循环系统。

开式循环系统在发电的同时,还可以获得很多有用的副产品。例如,温海水在蒸发器内蒸发后所留下的浓缩水,可被用来提炼很多有用的化工产品;水蒸气在冷凝器内冷却后可以得到大量的淡水。

但是开式循环系统要用水泵输送大量冷海水进行冷却,同时只有不到0.5%的温海水变为蒸汽,因此必须用水泵输送大量的温海水,以便产生出足够的蒸汽来推动巨大的低压汽轮机。电站发电量的1/4～1/3要消耗在系统本身的工作上,净发电能力受到限制。在海洋深处提取大量的冷海水,存在许多技术困难。开式循环的热效率很低(一般只有2%左右),为减少损耗,需把管道设计得很大。在低温低压下海水的蒸气压很低,为了使汽轮发电机能够在低压下运转,机组必须制造得十分庞大。例如,1948年非洲象牙海岸的海水温差发电装置,预计功率只有3500kW,而汽轮机直径却有14m,但最后由于经费问题该套装置并没有完成。

开式循环系统需要大量的投资,而且存在很多技术难题,实际输出电力却不大,因此不为人们看好。迄今为止,经认证的开式循环系统成套设备,最大功率为210kW。

2. 闭式循环系统

图5.37为闭式循环海水温差发电系统的示意图。通过蒸发器内的换热器,把所抽入的表层温海水的热量传递给低沸点的工质,工质从温海水吸收热量后开始沸腾并转变为工质气体,膨胀做功,推动汽轮机旋转,带动发电机发电。工质气体通过汽轮机后进入冷凝器,被冷水泵抽上的深层冷海水冷却后重新变为液态,用工质泵把液态工质重新压进蒸发器,以供循环使用。由于低沸点工质是在一个闭合回路中循环使用,所以称这种温差发电方式为闭式循环。

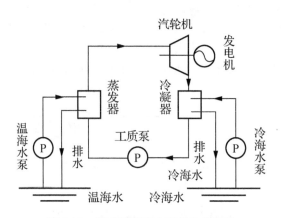

图5.37 闭式循环海水温差发电系统

1964年,美国海洋热能发电的创始人安德森和他的儿子,提出了用低沸点液体(如丙烷和液态氨)作为工质,用其所产生的蒸气作为工作流体的闭式循环方案。

这种形式的海洋温差发电要利用氨和水的混合液。与水的沸点100℃相比,氨水的沸点是33℃,容易沸腾。

闭式循环系统的缺点是蒸发器和冷凝器采用表面式换热器,导致这一部分耗资昂贵,此外也不能产生淡水。但它克服了开式循环中最致命的弱点,可使蒸气压力提高数倍,发电装置体积变小,而发电量可达到工业规模。

闭式循环系统一经提出,就得到广泛的赞同和重视,成为目前海水温差发电的主要形式。

3. 混合循环系统

混合循环海水温差发电系统(图 5.38)也是以低沸点的物质作为工质。该系统综合了开式和闭式循环系统的优点,以闭式循环发电,但用温海水闪蒸出来的低压蒸汽来加热低沸点工质。这样做的好处在于减小了蒸发器的体积、节省材料、便于维护并可收集淡水。

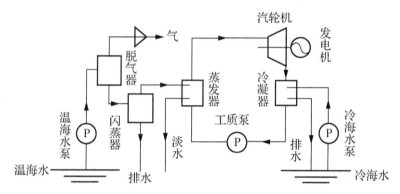

图 5.38 混合循环海水温差发电系统

4. 直接温差发电

1821 年德国化学家塞贝克(Seebeck)发现,把两种不同的金属导体接成闭合电路时,如果把它的两个接点分别置于温度不同的环境中,则电路中就会有电流产生,这一现象称为塞贝克效应,如图 5.39 所示。

实际上,两种不同的导体或导电类型不同的半导体,若两个接头处的温度不同,都可能产生一定的电压。例如,铁与铜的冷接头处为 1℃,热接头处为 100℃,则有 5.2mV 的温差电动势产生。

温差电动势的大小与两接点的温差成正比。

根据塞贝克效应,若将两个不同的导体或半导体电极分别置于海洋表层的温海水和深层的冷海水中,两个电极之间即可产生电压。这种温差发电方法,在具体实现上仍有很多困难,还停留在设想阶段。

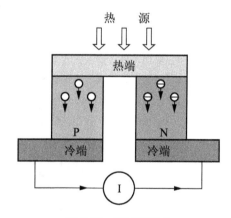

图 5.39 塞贝克效应

5.5.3 温差发电的发展

1881 年法国科学家德尔松石首次大胆提出海水发电的设想。但他的设想被埋没了近半个世纪,后来被他的学生克劳德(另一位法国科学家)实现。

世界之最：最早的海水温差发电实验

1926年，克劳德和布舍罗在法兰西科学院的大厅里，当众进行了温差发电的实验。他们在一只烧瓶中装入28℃的温水，在另一只烧瓶中放入冰块，内部装有汽轮发电机的导管把两个烧瓶连接起来，抽出烧瓶内的空气后，28℃的温水在低压下一会儿就沸腾了，喷出的蒸汽形成一股强劲的气流使汽轮发电机转动起来。

世界之最：世界上第一座海水温差电站

1930年，世界上第一座海水温差发电站正式诞生，是克劳德在古巴海滨马坦萨斯海湾建造的。这里海水表层温度为28℃，400m深水的温度为10℃，所用的管道长度超过2km，直径约为2m，预期的功率是22kW，实际输出功率只有10kW，发出的电甚至少于电站运行本身所消耗的电。尽管如此，这项尝试却证明了利用海洋温差发电的可能性。

1948年，法国在非洲象牙海岸首都阿比让附近修造了一座海水温差发电站，这是世界上第一座比较成功的海水温差试验发电站。

20世纪60年代以来，美国逐渐走在了海水温差发电的最前列。

1964年，美国海洋热能发电的创始人安德森和他的儿子，提出了用低沸点液体作为工质，以其蒸气为工作流体的闭式循环方案，很快得到全世界的赞同和重视，并成为目前海水温差发电的主要形式。

世界之最：世界上第一座实用的海水温差电站

1979年5月29日，美国在夏威夷岛西部沿岸海域建成一座称为MINI-OTEC的温差发电装置(图5.40)并很快投入商业运行。这是第一个闭式循环海水温差发电装置，也是世界上第一座实用的海水温差电站。该装置建在一艘向美军租借的驳船上，以液态氨为工质，冷水管长663m，直径约60cm，利用深层海水与表面海水21～23℃的温差发电。其额定功率为50kW，净出力为12～15kW，主要为岛上的居民、车站和码头供应照明用电。后来又安装了几十台50kW的机组，总装机容量达到1000kW以上。这是世界上首次从海洋温差能获得具有实用意义的电力，是海洋温差能利用的一个里程碑。

图5.40　建在夏威夷科纳海岸的MINI-OTEC设施

1980年，美国在夏威夷建造了一座1MW的OTEC21实验装置，主要进行热力系统研究。

随后，美国在夏威夷的大岛建造了一个自然能源实验室，为在该岛建造40MW大型海水温差发电站做准备，在热交换器、电力传输、抽取冷水(深水管道)、防腐和防污方面取得了重大进展。计划采用开式循环发电系统，在发电过程中副产淡水。夏威夷大学积极参与这项计划，做了多年实验但至今未建电站，可能是工程浩大，成本太高的缘故(每 kW 投资约 1 万美元)。

1973 年，日本选定在赤道附近的南太平洋岛国瑙鲁建 25MW 海水温差电站，1981 年 10 月完成 100kW 的闭式循环温差电站。该试验电站建在岸上，将内径为 70cm、长为 940m 的冷水管沿海床敷设到 550m 深海中，最大发电量为 120kW，可以获得 31.5kW 的净出力，并入当地电网。

1994 年，印度计划用 5 亿美元在泰米尔纳德邦近海引入美国技术，建立一座 10 万 kW 的海洋温差发电装置(图 5.41)。目前，印度政府还在为将来建设 1000 台 50 万 kW 的海洋温差发电设备做准备。

我国的海洋能温差发电研究比较滞后，主要是台湾地区和中科院广州能源研究所有少量的研究工作。

温差能因其蕴藏量最大，能量最稳定，在各种海洋能资源中，人们对它所寄托的期望最大，研究投资也最多。海洋温差发电的优点是几乎不会排放二氧化碳，可以获得淡水，因而有可能成为解决全球变暖和缺水这些 21 世纪最大环境问题的有效手段。

图 5.41　在印度洋上游弋的海洋温差发电试验船

到目前为止，全球仅建造了为数不多的几家 OTEC 发电站，且大多停止运行。目前很多海洋温差能发电系统仅停留在纸面上，在达到商业应用前，还有许多技术问题和经济问题需要解决，包括：①转换效率低，20～27℃温差下的系统转换效率仅有 6.8%～9%，加上发出电的大部分用于抽水，发电装置的净出力有限；②海洋温差小，所需换热面积大，热交换系统、管道和涡轮机都比较昂贵，建设费用高；③冷水管的直径又大又长，工程难度大，还有海水腐蚀、海洋生物的吸附，以及远离陆地输电困难等不利因素，建设难度大。

有些科学家试图到冰封的极地去进行海水发电。在极地，冰层下的海水温度在-1～+3℃，而空气温度都在-20℃以下，它们的温差很大，但距离却很近，相距只有几米到几十米，如果利用它们的温差来发电，是再方便不过了。

中国之最：国内首个海洋温差发电签约

2013 年 10 月 30 日，华彬国际集团与美国洛克希德马丁公司在北京正式签署了海洋温差发电联合开发合同，合同金额为 2000 万美元，主要用于针对在中国落地的一个 10MW 示范电厂的概念设计。

此次项目，华彬的合作伙伴美国洛克希德马丁公司将只提供技术支持，所有资金将由华彬集团解决。"整个电站建成需要 2 亿美元，其中华彬将出资 30%，70% 则依靠贷款筹措。"刘少华称。

据悉，该电厂将应用美方提供的海洋热能转换技术，如能最终建成，将是我国乃至全球第一座商业化的海洋温差能发电工厂。

至于此项目最终将落户哪一片海域，各方都守口如瓶，仅表示目前还在考察中。

不过，刘少华心里已经有一个谱，"海南或者中国北方地区"。

石定寰表示，海洋温差发电对海域有一定要求，需要海域浅层水温和深层水温的温差需要达到 20℃ 左右。

如果按这样推算，我国南海诸岛温差能利用最具潜力，很多地方表深层水温差在 20～24℃。据专家初步计算，南海温差能资源理论储藏量为 $1.19×10^9$～$1.33×10^{19}$kJ。

目前世界上一些国家正在研究此种技术，包括日本及美国，尽管已经有一些试验项目，但并无商业的示范项目。

5.6 盐差发电

【参考视频】

5.6.1 海洋的盐差和盐差能

在海水中已经发现有 80 多种化学元素，主要包括钠、钙、钾、铷、锶、钡等金属元素，氯、溴、碘、氧、硫等非金属元素。它们在海水中主要以盐类化合物的形式存在。据测算，海水中各种盐类的总含量一般为 3%～3.5%，在 $1km^3$ 的海水中，含有氯化钠 2700 多万吨，氯化镁 320 万 t，碳酸镁 220 万 t，硫酸镁 120 万 t，全部海水中所含有的无机盐多达 5 京 t。

全球海洋的盐度分布如图 5.42 所示。

蒸发量大的海域，海水中的盐浓度较大；降水量多或有河流汇入的海域，海水中的盐浓度较小。亚洲与非洲交界处的红海，海水盐度（质量分数）高达 4% 以上（最高为 4.3%），是世界盐度最大的海区。而降水和汇入河流特别多的波罗的海北部的波的尼亚海，海水盐度在 0.3% 以下，局部地区甚至低到 0.1%～0.2%，是世界上盐度最低的海区。我国各海区的入海河流较多，所以平均盐度只 3.2% 左右，有些海区明显低于此值。

在河流入海口的淡水和海水交汇处，形成一个倾斜的交界面，盐水密度大，沉在下面，淡水密度小，浮在上面，盐水像人的舌头一样伸入淡水下部。这里有显著的盐度差，盐差能最为丰富。

盐差能就是指海水和淡水之间或两种含盐浓度不同的海水之间的化学电位差能，是以化学能形态出现的海洋能。

根据联合国教科文组织出版物的估计数字，全球盐差能的理论蕴藏量为 300 亿 kW。实际上，上述能量是不可能全部取出利用的，假设只有降雨量大的地域的盐度差才能利用，估计技术上允许利用的盐差能约 30 亿 kW。

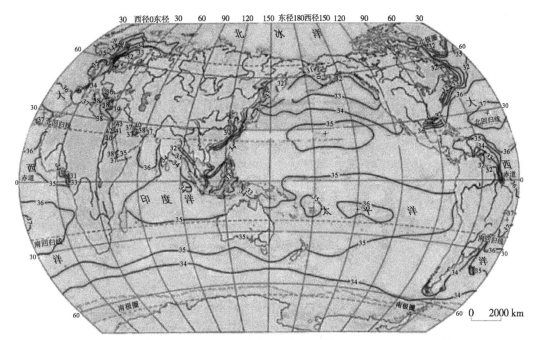

—34— 海洋表面盐度(‰)　　+高盐度中心　　-低盐度中心　　～～～流冰的平均界线

图 5.42　全球海洋的海水盐度分布

我国的盐差能资源理论蕴藏量约为 3900MkJ，理论功率为 12.5 万 MW，盐差能主要集中在各大江河的出海处。同时，我国青海省等地还有不少内陆盐湖可以利用。

《海洋可再生能源发展纲要》中指出我国主要入海河口海域的盐差能资源理论总储量约为 1.14 亿 kW。

5.6.2　渗透和渗透压

在允许水分子通过而不让盐离子通过的半渗透膜(简称半透膜)两侧有浓度差别的两种溶液之间，会发生低浓度溶液透入高浓度溶液的现象，这就是渗透现象。

将一层半透膜放在不同盐度的两种海水之间，通过这个膜会产生一个压力梯度，迫使水从盐度低的一侧通过膜向盐度高的一侧渗透，从而稀释高盐度的水，直到膜两侧水的盐度相等为止。

如果给浓度较大的溶液施加一定的机械压力(压强)，有可能恰好阻止稀溶液向浓度大的溶液渗透，此时外加的压力就等于这两种溶液之间的渗透压力，简称渗透压。

海水与河水之间的盐浓度明显不同。在河海交界处只要采用半透膜将海水和淡水隔开，淡水就会通过半透膜向海水一侧渗透，使海水侧的高度超过淡水侧，高出的水柱部分形成的压力等于渗透压。利用渗透压形成水位差，就可以直接驱动水轮发电机发电。

 小知识

通常，盐度为 3.5%的海水与河流淡水之间的化学电位差，具有相当于 240m 水头差的能量密度。

5.6.3 盐差能发电的方法

盐差能发电的原理,一般是利用浓溶液扩散到稀溶液时所释放出的能量。具体实现方法主要有渗透压法、蒸汽压法、浓差电池法等,其中渗透压法最受重视。

1. 渗透压法

渗透压法就是利用半透膜两侧的渗透压,将不同盐浓度的海水之间的化学电位差能转换为水的势能,使海水升高形成水位差,然后利用海水从高处流向低处时提供的能量来发电,其发电原理及能量转换方式与潮汐发电基本相同。

渗透压式盐差能发电系统的关键技术是半透膜技术和膜与海水介面间的流体交换技术,技术难点是制造有足够强度、性能优良、成本适宜的半透膜。

按具体实现方式,还可分为强力渗压发电、水压塔渗压发电和压力延滞渗透发电几种类型。

(1) 强力渗压发电

强力渗压发电系统如图 5.43 所示。在河水与海水之间建两座水坝,并在水坝间挖一个低于海平面约 200m 的水库。前坝内安装水轮发电机组,并使河水与水库相连;后坝底部则安装半透膜渗流器,使水库与海水相通。水库的水通过半透膜不断流入海水中,水库水位不断下降,这样河水就可以利用它与水库的水位差冲击水轮机旋转,并带动发电机发电。

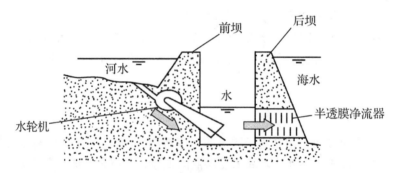

图 5.43 强力渗压发电系统

强力渗压发电系统的投资成本要比燃煤电站高,而且也存在技术上的难点,其中最难的是要在低于海平面 200m 的地方建造一个巨大的电站,能够抵抗腐蚀的半透膜也很难制造,因此发展前景不大。

(2) 水压塔渗压发电

水压塔渗压发电系统如图 5.44 所示。水压塔与淡水间用半透膜隔开,并通过水泵连通海水。系统运行前先由海水泵向水压塔内充入海水,运行中淡水从半透膜向水压塔内渗透,使水压塔内海水的水位不断上升,从塔顶的水槽溢出,溢出的海水冲击水轮机使其旋转,带动发电机发电。在运行过程中为了使水压塔内的海水保持一定的盐度,海水泵不断向塔内打入海水。根据试验结果,扣除各种动力消耗后该装置的总效率约为 20%。

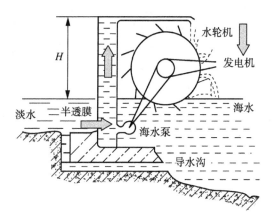

图 5.44　水压塔渗压发电系统

在设计时，也可以让海水经导出管流出，这样具有了一定势能的海水就可以更好地推动水轮机转动。发电量的大小，取决于海水导出管的流量大小和水位的高度。而流量大小又取决于淡水渗透过半透膜的速度。发电装置输出的能量中，有一部分要消耗在装置本身上，如海水泵所消耗的能量、半透膜进行洗涤所消耗的能量。预计此装置的总效率可达 25%，也就是说只要每秒能渗入 $1m^3$ 的淡水，就可以得到 500kW 的电力输出。

此种盐差发电方式要投入实际使用，尚需要解决许多困难。例如，要建设几千米或几万米的拦水坝和 200 多米高的水压塔，工程太浩大了。又如半透膜要承受 2MPa 的渗透压，难以制造；如果期望得到 1 万 kW 的电力输出，则需要 4 万 m^2 的半透膜，实在无法制造。如果半透膜的高度为 4m，那么它的长度就应有 10km，相应的拦水坝就要超过 10km，投资将是十分惊人的。

(3) 压力延滞渗透发电

压力延滞渗透发电系统如图 5.45 所示。运行前压力泵先把海水压缩到某一压力后进入压力室。运行时在渗透压的作用下，淡水透过半透膜渗透到压力室同海水混合，渗入的淡水部分获得了附加的压力。混合后的海水和淡水与海水相比具有较高的压力，可以在流入大海的过程中推动涡轮机做功。

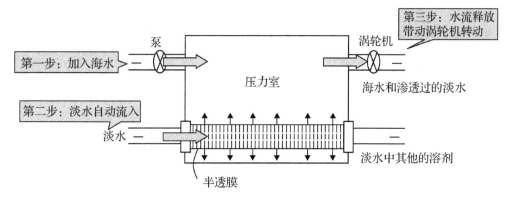

图 5.45　压力延滞渗透发电系统

压力延滞渗透发电系统是以色列科学家西德尼·洛布于1973年发明的。1978年洛布和美国太阳能公司在密歇根州沃伦市和弗吉尼亚州做了大量的试验,当时估算采用这种压力延滞渗透式的装置,发电成本高达每千瓦时0.3~0.4美元,而且还缺乏有效的半透膜。1997年欧洲的Stat kraft公司开始从事压力延滞渗透发电的研究,2001年Stat kraft公司开展了世界上第一个重点发展压力延滞渗透技术的项目。由于膜技术的进步,膜寿命提高到原来的4倍,膜性能也由原来的$0.1W/m^2$提高到$2.0W/m^2$,最高可达到$5W/m^2$。Stat kraft公司预计2015年这种装置的发电成本将降到每千瓦时0.03~0.04美元,渗透能发电即可投入商业运行,并且可以同其他可再生能源(如生物能、潮汐能)相竞争。

2. 蒸汽压法

蒸汽压法发电装置外面看似一个筒状物,由树脂玻璃、PVC管、热交换器(铜片)、汽轮机、浓盐溶液和稀盐溶液组成,如图5.46所示。

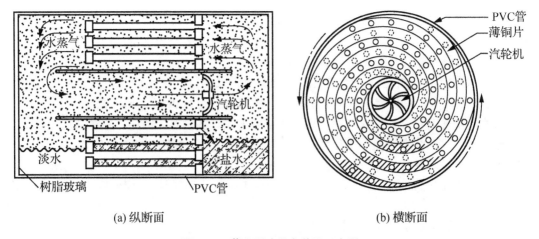

图5.46 蒸汽压法发电装置示意图

由于在同样的温度下淡水比海水蒸发得快,因此海水一边的饱和蒸汽压力要比淡水一边低得多,在一个空室内蒸汽会很快从淡水上方流向海水上方并不断被海水吸收,这样只要装上汽轮机就可以发电了。由于水汽化时吸收的热量大于蒸汽运动时产生的热量,这种热量的转移会使系统工作过程减慢而最终停止,采用旋转筒状物使海水和淡水分别浸湿热交换器(铜片)表面,可以传递水汽化所要吸收的潜热,这样蒸汽就会不断地从淡水一边向海水一边流动以驱动汽轮机。试验表明这种装置模型的功率密度(表面积为$1m^2$的热交换器所产生的功率)为$10W/m^2$,是浓差电池发电装置的10倍。

蒸汽压法发电的最显著的优点是不需要半透膜,这样就不存在膜的腐蚀、高成本和水的预处理等问题。但是发电过程中需要消耗大量淡水,应用受到限制。

此外,在70℃下淡水与海水的饱和蒸汽压差为800Pa,而与盐湖的饱和蒸汽压差为8kPa,显然,这种方法更适用于盐湖的盐差能利用。

3. 浓差电池法

浓差电池法是化学能直接转换成电能的形式。浓差电池也称渗透式电池、反电渗析电池。有人认为，这是将来盐差能利用中最有希望的技术。一般要选择两种不同的半透膜，一种只允许带正电荷的钠离子(Na^+)自由进出，一种则只允许带负电荷的氯离子(Cl^-)自由出入。浓差电池由阴阳离子交换膜、阴阳电极、隔板、外壳、浓溶液和稀溶液等组成，如图5.47所示，图中C代表阳离子交换膜、A代表阴离子交换膜。

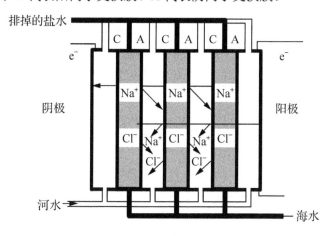

图 5.47 浓差电池示意图

这种电池利用的是由带电薄膜分隔的浓度不同的溶液间形成的电位差。阳离子渗透膜和阴离子渗透膜交替放置，中间的间隔交替充以淡水和盐水，Na^+透过阳离子交换膜向阳极流动，Cl^-透过阴离子交换膜向阴极流动，阳极隔室的电中性溶液通过阳极表面的氧化反应维持；阴极隔室的电中性溶液通过阴极表面的还原反应维持。

由于该系统需要采用面积大且昂贵的交换膜，因此发电成本很高。不过这种离子交换膜的使用寿命长，而且即使膜破裂了也不会给整个电池带来严重影响。例如，300个隔室组成的系统中有一个膜损坏，输出电压仅减少0.3%。另外，由于这种电池在发电过程中电极上会产生Cl_2和H_2，可以帮助补偿装置的成本。

Wetsus研究所于2006年开始对海水浓差发电进行研究，通过对几种不同浓度的溶液分别进行试验，发现该装置发电的有效膜面积是总膜面积的80%，膜的寿命为10年，浓差发电的最大能量密度(单位面积膜产生的功率)为460mW/m^2，装置投资为每千瓦6.79美元，这个投资是很高的，其中低电阻离子交换膜最昂贵，占了绝大部分投资，如果其价格降低100倍，浓差发电就可能与其他发电装置相竞争。

研究还发现：浓差发电不能商业化的主要障碍不单是膜的价格问题，运行中还受许多未知因素的影响，包括生物淤塞、水动力学、电极反应、膜性能和对整个系统的操作等，为了能使浓差发电装置运行良好，这些因素都需要进行研究。

浓差电池也可采用另一种形式：在一个U形连接管内，用离子交换膜隔开，一端装海水，另一端装淡水，如果两端插上电极，电极间就会产生0.1V的电动势。因为淡水的导电性很差，为了减小电池内阻，淡水中应加点海水。浓差电池的原理并不复杂，实验均获成功，然而要把实验成果转化为实用化，仍还有一段距离。

6.6.4 盐差发电的发展状况

【参考图文】

对海水盐差能的利用，现在正处于原理性研究和试验阶段，同其他海洋能利用相比，它开发比较晚，成熟度比较低，但潜能很大。发电仍然是海水盐差能利用的主要形式。

海洋盐差能发电的设想是 1939 年由美国人首先提出来的。

1973 年以色列科学家洛布发表了第一份关于利用渗透压差发电的报告，并于 1975 年建造并试验了一套渗透法装置，证明了其利用的可行性。目前以色列已建立了一座 150kW 盐差能发电试验装置。

最先引起科学家浓厚兴趣的试验地点是位于以色列和约旦边界的死海。目前，一座沟通地中海和死海间的经水工程及建在死海边的试验性的盐差发电站工程已经开展，一旦投入运行，该电站将能发出 60 万 kW 的电力。

高成本的膜材料一直都是限制盐差能技术发展的主要原因，近些年，由于石油资源价格不断上涨，加上廉价膜材料制备技术的发展，盐差能应用得到了迅猛的发展。2002 年，荷兰政府资助的 KEMA 公司启动"blue energy"计划，致力于制造低成本的电渗析膜。2008 年，Stat kraft 公司在挪威的 Buskerud 建成世界上第一座盐差能发电站。

小知识

死海是世界上最咸的湖，含盐量比一般海水高 5~6 倍。每 4L 表面海水含 1kg 左右的盐(250g/L)，110m 深处可增至 270g/L。由于水的密度大于人体的密度，横躺在海面上也不会下沉，真的是"死海不死"。离死海不远的地中海比死海高出 400m，如果把地中海和死海沟通，利用两个海面之间的高度差和盐度差，都可以进行发电。

世界之最：世界上第一座渗透能发电站

2009 年 11 月 24 日，世界首个渗透能发电站在挪威的奥斯陆峡湾落成，如图 5.48 所示，这是世界上第一座渗透能发电站。这座标准的渗透能发电站由挪威可再生能源公司(Stat kraft)建造。设计者计划用 5 年的时间，使得该发电站发出来的电力可以满足一个小镇的照明和取暖需求。

图 5.48 建于挪威奥斯陆的世界首个渗透能发电站

除了走在前列的美国、以色列，中国、瑞典、日本等国近年来也有海水盐差发电的研究报道。

盐差能开发的关键技术是膜技术。除非半透膜的渗透流量能在现有基础上提高一个数量级，而且海水可以不经预处理，否则，盐差能利用难以实现商业化。看来人类要大规模地利用盐差能发电还有一个相当长的过程。

尽管盐差能发电技术还不成熟，但它具有清洁、可再生、能量巨大等特点，已经受到了一些国家的关注。预计 21 世纪将取得实质性的突破。

我国于 1979 年开始这方面的研究，1985 年西安冶金建筑学院对水压塔系统进行了试验研究，采用半透膜法研制了一套可利用干涸盐湖盐差发电的试验装置。该装置上水箱高出渗透器约 10m，半透膜面积为 14m^2，用 30kg 干盐可以工作 8～14h，水轮发电机组输电功率为 0.9～1.2W。其他的相关研究和报道不多。

习　题

一、填空题

1．波浪可以用_____、_____和_____等特征来描述。
2．波浪能转换装置通常要经过_____、_____、_____三级转换。
3．海洋温差发电，大多是指基于海洋热能转换的热动力发电技术，其工作方式分为_____循环、_____循环和_____循环三类。

二、选择题

1．按形成和发展的过程，海浪主要可以分为风浪、(　　)和近岸浪三种类型。
　　A．大浪　　　　B．巨浪　　　　C．涌浪　　　　D．狂浪
2．利用波浪起伏运动所产生的压力变化，在气室、气袋等容气装置(也可能是天然的通道)中挤压或者抽吸气体，利用所得到的气流驱动汽轮机，带动发电机发电，这种发电方式称为(　　)。
　　A．机械传动式　B．空气涡轮式　C．液压式　　　D．蓄能水库式
3．潮汐导致的有规律的海水流动称为(　　)。
　　A．洋流　　　　B．潮流　　　　C．海流　　　　D．潮汐

三、分析设计题

1．简要说明海洋能量的来源、形式和特点。
2．如果要在我国建设规模较大的波浪电站、海流电站、温差能电站和盐差能电站各一座，请为这 4 个海洋能电站选择合适的站址。
3．说明以下几种波浪发电装置的波浪能转换方式、安装模式和系留状态：①点头鸭式；②海蛇式；③阿基米德海浪发电装置；④岸式振荡水柱式波浪能转换装置。
4．比较轮叶式海流发电装置与风力发电机组的异同。
5．分析 OTEC 式海洋温差发电系统的最基本构成(各种类型都有的结构)和技术难点。
6．尝试设计一个波浪能发电的方案。
7．设计一个盐差能发电的实验。

第 6 章

地热能及其利用

地热是来自地球内部的热能。地球就像一个巨型热库，内部蕴藏着非常丰富的热能。这些能量是哪里来的？地热资源的分布有何规律？人类何时开始懂得地热能的利用？地热能的利用方式有哪些？地热发电的原理是怎样的？地热发电的关键技术和难点在哪里？这些问题都可以在本章中找到答案。

【参考视频】

 **教学目标**

- ➢ 了解地热资源情况和地热能利用的发展历史；
- ➢ 掌握地热能利用的主要方式和各自原理；
- ➢ 理解发展利用地热能的重要意义和发展方向。

 **教学要求**

知识要点	能力要求	相关知识
地热资源的形成和类型	(1) 了解地热资源、地热田等基本概念； (2) 了解地热的来源和地热资源的形成原因； (3) 掌握地热资源的类型和各自特点	放射性元素的衰变
地热资源的分布	(1) 了解全球的地热资源分布情况； (2) 了解我国的地热资源分布情况	地质结构和地质运动
地热能利用的发展	(1) 了解地热能直接利用的历史和概况； (2) 了解地热发电的发展历史和现状； (3) 了解世界各国的地热开发情况	地热电站，地热供暖，温泉的医学效用
地热能的一般利用	(1) 了解不同温度地热资源的利用方式； (2) 掌握地热供暖的各种方式及各自特点； (3) 了解地热能在农业、医疗等领域的应用	卡诺循环的原理
地热发电	(1) 掌握地热发电与常规火力发电的主要区别； (2) 了解各种地热资源的发电方式； (3) 掌握减压扩容法和双循环发电的基本原理	蒸气型地热发电系统,热水型地热发电系统,联合循环地热发电系统,干热岩地热发电系统

第6章 地热能及其利用

推荐阅读资料

1. 汪集暘. 地热学及其应用[M]. 北京：科学出版社，2015.
2. 朱家玲. 地热能开发与应用技术[M]. 北京：化学工业出版社，2006.

基本概念

地热：来自地球内部的热能，能量来源主要是放射性元素的衰变。

地热资源：在当前技术经济和地质环境条件下，能够从地壳内开发出来的热能量和热流体中的有用成分，是集热、矿、水为一体的资源。

地热田：在目前技术经济条件下具有开采价值的地热资源集中分布的地区，主要包括热水田和蒸气田两种。

地热供暖：将地热能用于采暖、供热或提供热水，是最普遍的地热应用方式。

温泉：满足最低温度要求的地下天然热水。一般温度在20℃以上的地热水才能称为温泉，我国和日本的标准都是25℃。45℃以上称为热泉，温度达到当地水沸点的称为沸泉。

地热发电：以地下热水和蒸气等为原动力的发电技术。一般是先将地热能转换为机械能，再由汽轮发电机组产生电能。

闪蒸地热发电：即减压扩容法，就是把低温地热水引入密封容器中，通过抽气降低容器内的气压(减压)，使地热水在较低的温度下沸腾生产蒸气，以体积膨胀的蒸气做功(扩容)推动汽轮发电机发电。

双循环地热发电：即低沸点工质法，是利用地下热水来加热某种低沸点工质，使其产生具有较高压力的蒸气并送入汽轮机工作。

引例：杨贵妃入浴华清池

西安城东，骊山北麓，有一处著名的旅游景点，这就是被称为"天下第一温泉"的华清池。华清池水温常年保持在43℃左右，水质纯净，细腻柔滑，据说其中的10多种矿物质对风湿、关节炎等疾病均有明显的疗效，成为与古罗马卡瑞卡拉浴场和英国的巴思温泉齐名的"东方神泉"。华清池的历史非常悠久，相传西周最后的那位"千金买一笑，烽火戏诸侯"的周幽王就曾在此建骊宫；秦始皇、汉武帝也都在这里有行宫；然而真正令这处温泉声名远播的，却是唐明皇和杨贵妃的爱情传说，也正是在那时此处定名为"华清宫"。白居易的一句"春寒赐浴华清池，温泉水滑洗凝脂"，引发人们对杨贵妃温泉出浴的美好遐想，也使华清池(图6.1)随着《长恨歌》的传诵而扬名天下。华清池过去是历代帝王的御用宝地，而今已是"宫池依旧制，庶民尽天王"了。

我国已知温泉有2700多处，有文字记载开发利用最早的就是陕西的华清池。

温泉是来自地下的热水，说明地球内部存在着某些形式的热能。如何利用这些来自地下的热能为人类服务，已经成为人们非常关心的问题。

图 6.1 华清池温泉

6.1 地热资源的形成

6.1.1 地球的构造和热量来源

地球是一个平均直径为 12742km 的巨大实心椭球体(赤道半径和极半径略有不同),体积约为 $1.08Mkm^3$。地球的结构就像一个煮得半熟的鸡蛋,从外到里可分为 3 层,即地壳、地幔和地核(又分为外核和内核),分别相当于蛋壳、蛋清和蛋黄,如图 6.2 所示。

地壳由土层和坚硬的岩石组成,主要是镁铝和硅镁盐层。各处厚度不一,基本都介于 10~70km,陆地上平均为 30~40km,海底只有 10km 左右。地幔由铁和镁的硅酸盐等物质组成,大部分是熔融状态的岩浆。地幔的厚度约为 2900km,体积占地球总体积的 83%,质量为地球总质量的 68%。地核是地球的中心,一般认为由铁、镍等重金属组成,呈液态。外核深 2900~5100km,内核从 5100km 直到地心。

进入地球内部越深,温度越高。地球内部各层的温度,如图 6.3 所示。地幔的温度为 1100~1300℃。地核的温度则高达 2000~5000℃。

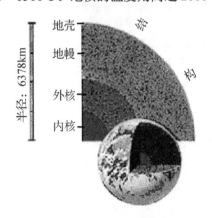

图 6.2 地球构造示意图

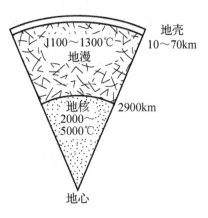

图 6.3 地球内部温度示意图

那么地球内部的高温是怎样形成的？这些热量又是从哪里来的呢？

地球内部有些元素的原子核很不稳定，无须外界作用就能释放出粒子或射线，同时释放出能量。这样的元素被称为放射性元素，这种变化过程称为衰变。

放射性元素的衰变是原子核能的释放过程。高速粒子的动能与辐射能在与其他物质的碰撞过程中转变为热能。

放射性元素有铀238(^{238}U)、铀235(^{235}U)、钍232(^{232}Th)和钾40(^{40}K)等，集中分布在地壳及地幔顶部，而且大多数存在于花岗岩中。虽然这些放射性元素的数量很少，但是它们衰变时所释放的能量是相当巨大的。

地球物理学家普遍认为，地球内部的热量主要来源于地球内部放射性元素的衰变。除此之外，地球内热的来源还有潮汐摩擦热、化学反应热等，不过所占比例都不大。

6.1.2 地热资源的概念

地热是来自地球内部的热量，但是并非所有的地球热量都能作为能源进行利用。

地球表面的热量有一部分会散发到周围的大气中，这种现象称为大地热流。我们在炎热的夏季或者某些高温地区，经常看到远处的景物变得迷离朦胧，就像隔着一层带有水痕的玻璃。据分析，地球表面每年散发到大气的热量，相当于370亿t煤燃烧所释放的热量。这种能量虽然很大，但是太过分散，目前还无法作为能源利用。

还有很多热量埋藏在地球内部的深处，开采困难，也很难被人类利用。

在某些地质因素(如地壳内的火山活动和年轻的造山运动)作用下，地球内部的热能会以热蒸气、热水、干热岩等形式向某些地域聚集，集中到地面以下特定深度范围内，有些能达到开发利用的条件。

有时地球内部的热能会以传导、对流和辐射的方式传递到地面上来，表现为可见的火山爆发、间歇喷泉和温泉等形式，如图6.4所示。

图6.4 地热景观

地热资源是指在当前技术经济和地质环境条件下，能够从地壳内开发出来的热能量和热流体中的有用成分。地热资源是集热、矿、水为一体的矿产资源。

经过地质调查和勘探验证，地质构造和热资源储量已经查明的地热资源，称为已查明地热资源或确认地热资源；经过了初步调查或是根据某些地热现象推测、估算的地热资源，称为推测地热资源。

从技术经济角度，目前地热资源勘查的深度可达到地表以下 5km，其中深度在地表以下 2km 以内的为经济型地热资源，深度为 2～5km 的为亚经济型地热资源。

地热资源赋存在一定的地质构造部位，有明显的矿产资源属性，因而对地热资源要实行开发和保护并重的科学原则。

6.2 地热资源的类型

根据在地下的存在状态，地热资源可分为热水型、蒸气型、地压型、干热岩型和岩浆型等几类。其中，热水型和蒸气型也常统称为水热型或热液型。

6.2.1 地热资源的存在形态

1. 热水型

热水型地热资源是存在于地热区的水从周围储热岩体中获得热量形成的，包括热水及湿蒸气。

地壳深层的静压力很大，水的沸点很高。即使温度高达 300℃，水也仍然呈液态。高温热水若上升，会因压力减小而沸腾，产生饱和蒸汽，开采或自然喷发时往往连水带汽一同喷出，这就是所谓的"湿蒸气"。

热水型地热资源，按温度可分为高温(高于 150℃)、中温(90～150℃)和低温(90℃以下)三类。高温型一般有强烈的地表热显示，如高温间歇喷泉、沸泉、沸泥塘、喷气孔等。我国藏、滇一带的地热具有这种特点。个别地区的地热资源温度可高达 422℃，如意大利的那不勒斯地热田。

这种地热资源很常见(如天然温泉)，储量丰富，分布广泛，主要存在于火山活动地区和沉积盆地，开发比较便利，用途也多。

地热水中常含有大量的二氧化碳(CO_2)及一定数量的硫化氢(H_2S)等不凝性气体。此外，还会有 0.1%～40%不等的盐分，如氯化钠、碳酸钠、硫酸钠、碳酸钙等，这类含盐的地热水具有一定的医疗作用。在利用地热水时，必须考虑不凝性气体和盐分对热利用设备的影响。

2. 干蒸气型

干蒸气型地热资源是存在于地下的高温蒸气。在含有高温饱和蒸汽而又封闭良好的地层，当热水排放量大于补给量时，就会因缺乏液态水分而形成"干蒸气"。

地热蒸气的温度一般在 200℃以上。干蒸气几乎不含液态水分，但可能掺杂有少量的其他气体。

这类地热资源的形成需要特殊的地质条件，因而资源储量少，只占全部地热资源的 0.5%左右，而且地区局限性大，比较罕见，目前仅在少数几个国家发现。

干蒸气对汽轮机腐蚀较轻，可以直接进入汽轮机，而且效果理想。因此，这类地热资源的利用价值最高，很适合用于汽轮机发电。现有的地热电站中有 3/4 属于这种类型，如世界著名的美国加利福尼亚州盖塞尔地热电站、意大利的拉德瑞罗地热电站。

3. 地压型

地压型地热资源，主要是以高压水的形式储存于地表以下 2～3km 深处的可渗透多孔沉积岩中，往往被不透水的岩石盖层所封闭，形成长达上千千米、宽几百千米的巨型热水体，因而承受很高的压力，一般可达几十兆帕，温度为 150～260℃。

地压水除了具有高压、高温的特点外，还溶有大量的甲烷等碳氢化合物，每立方米地压水中的含气量可达 1.5～6m^3(标准状态)。因此，地压型资源中的能量，包括机械能(高压)、热能(高温)和化学能(天然气)三个部分，而且在很大程度上体现为天然气的价值。

地压型资源是在钻探石油时发现的，往往可以和油气资源同时开发。开采时需要注意对周围环境和地质条件的潜在影响。

4. 干热岩型

地壳深处的岩石层温度很高，储存着大量的热能。由于岩石中没有传热的流体介质，也不存在流体进入的通道，因而被称为"干热岩"。在国外多称为热干岩(Hot Dry Rock，HDR)。

现阶段，干热岩型地热资源主要指埋藏深度较浅、温度较高的有开发经济价值的热岩石。埋藏深度为 2～12km，温度远远高于 100℃，多为 200～650℃。

干热岩地热资源十分丰富，比上述三类地热资源大得多，是未来人们开发地热资源的重点。美国墨西哥湾沿岸的地热区就是这种类型。

提取干热岩中的热量需要有特殊的办法，技术难度较大。一般要在岩层中建立合适的渗透通道，使地表的冷水与之形成一个封闭的热交换系统，通过被加热的流体将地热能带到地面，再与地面的转换装置连接而加以利用。渗透通道的形成，可以通过爆破碎裂法或者凿井。

使热流体在干热岩中循环，然后从干热岩取热是一种对环境十分安全的办法。它既不会污染地下水或地表水，也不会排出对环境有害的气体和固体尘埃。已有试验验证过这种技术思路的可行性。

5. 岩浆型

在地层深处呈黏性半熔融状态或完全熔融状态的高温熔岩中，蕴藏着巨大的能量。

岩浆型地热资源约占地热资源总量的 40%，其温度为 600～1500℃。大多埋藏在目前钻探还比较困难的地层中。在一些多火山地区，这类资源可以在地表以下较浅的地层中找到，有时火山喷发还会把这种熔岩喷射到地面上。

当熔岩上升到可开采的深度(<20km)时，可用于和载热流体进行热交换。可以考虑在火山区域钻出几千米的深孔，并抽取熔岩。

耐高温(1000℃)、耐高压(400MPa)且抗强腐蚀性的材料比较难找，而且人类对高温高压熔岩的运动规律还了解很少，目前还没有可行的技术对岩浆型地热资源进行开发。

目前人类开发利用的地热资源，主要是地热蒸气和地热水两大类，已经有很多的实际应用。干热岩和地压两大类资源尚处于试验阶段，开发利用很少，不过干热岩地热资源储量巨大，未来可能有大规模发展的潜力。岩浆型资源的应用还处于课题研究阶段。

小知识

即使只考虑地下3km范围内的地热资源，也相当于3万亿t煤炭燃烧所发出的热量。

6.2.2 地热田

按正常地热增率来推算，80℃的地下热水，大致埋藏在2～2.5km的地方。如果想获得温度更高的地热资源，深度还要增加。

世界之最：最深的钻井

位于苏联(今俄罗斯境内)科拉半岛上的(CY-3)科拉3井，设计于1966年，1970年开钻，至1992年7月井深12262m，成为当时世界上最深的钻井；据悉钻井被迫停止的原因是由于井底的实际温度(180℃)高于预测温度(100℃)，而在15000m深处温度预计达到300℃，钻头将无法工作。2012年埃克森-美孚石油公司在俄罗斯远东萨哈林-1号油气项目的一个海上油井上创出下钻深度新纪录，这个编号为Z-44的油井下钻深度达12376m，然而就地表以下深度来说，科拉3井依旧保持着世界纪录。

从几千米的地层深处打井取热，在技术上和经济上可能都不划算，最好在地壳表层或浅层寻找"地热异常区"。那里地热资源埋藏较浅，若有良好的地质构造和水文地质条件，就能够形成富集热水或蒸气的地热田。

地热田就是在目前技术经济条件下具有开采价值的地热资源集中分布的地区。

目前可开发的地热田主要是热水田和蒸气田。

1. 热水田

热水田提供的地热资源主要是液态的热水。沿着岩石缝隙向深处渗透的地下水，不断吸收周围岩石的热量。越到深处，水温越高。特定的地质构造使水层上部的温度不超过那里气压下的沸点。被加热的深层地下水体积膨胀，压力增大，沿着其他的岩石缝隙向地表流动，成为浅埋藏的地下热水，一旦流出地面，就成为温泉。这种深循环型的热水田是最常见的情况。

此外还有一些特殊热源形成的热水田。例如地层深处的高温灼热岩浆沿着断裂带上升时，若压力不足以形成火山喷发，就会停留在上升途中，构成岩浆侵入体，把渗透到地下的冷水加热到较高的温度。

热水田比较普遍，开发也较多，既可直接用于供暖和工农业生产，也可用于地热发电。

世界之最：世界上第一个成功开发的大型热水田

世界上第一个成功开发的大型热水田，是新西兰的怀拉基(Wairakei)地热田。该地热田位于新西兰北岛的中部，陶波湖的东北侧。开发面积为16km^2，地热水温度最高可达265℃，开采深度多在600～1200m，因而成本较低。利用地下热水发电的方法最早是从这里开始的。

2. 蒸气田

蒸气田的地热资源包括水蒸气和高温热水。能够形成蒸气田的地质结构,一般是周围的岩层透水性和导热性很差,而且没有裂隙,储水层长期受热,从而聚集大量蒸气和热水,被不渗透的岩层紧紧包围。上部为蒸气,压力大于地表的气压;下部为液态热水,静压力大于蒸气压力。

如果喷出的是纯蒸气,就称为干蒸气田。喷出的是蒸气与热水的混合物,就称为湿蒸气田。干、湿蒸气田的地质条件类似,有时,一个地热田在某个时期喷出干蒸气,而在另一个时期又喷出湿蒸气。

一些干蒸气田(如意大利的拉德瑞罗地热田),蒸气的温度最高可达300℃以上。

目前,蒸气田开发不如热水田广泛。实际上,蒸气田的利用价值可能更高,当然难度也比较大。

地热资源的开发潜力主要体现在地热田的规模大小,而地热资源温度的高低是影响其开发利用价值的最重要因素。

划分地热温度等级的方法,目前在国际上尚不统一。中国国家标准 GB 11615-2010《地热资源地质勘查规范》规定,地热资源按温度分为高温(>150℃)、中温(90～150℃)和低温(<90℃)三级;按地热田规模分为大型(>50MW)、中型(10～50MW)和小型(<10MW)三类。

由于地质条件所导致的地球化学作用的影响,不同地热田的热水和蒸气的化学成分各不相同。

世界之最:世界上最大的地热田

目前世界上最大的地热田,是盖瑟尔斯地热田,面积超过140km^2,估计最大发电潜能为250～300万 kW。该地热田位于美国加利福尼亚的旧金山以北120km,是全球为数不多的已被开发的干蒸气型地热田之一。

6.3 地热能资源及其分布

6.3.1 地热能的蕴藏量

按照合理的科学估计,地球内部所蕴含的热量约有 $1.25×10^{31}$J。若以地球上全部煤炭燃烧时所放出的热量为基准(100%),石油的储存量约为煤炭的 3%,目前可利用的核燃料的储存量约为煤炭的 15%,而地热能的总储存量则为煤炭的 1.7 亿倍。可见地球是一个多么庞大的热库。

地壳中地热的垂直分布,大致有三个层次。最上层是厚度为 15～20m 可变温度带,因受太阳辐射的影响,温度周期性变化。往下是 10m 左右的常温带,温度变化幅度很小,近似恒温。再往下,地层的热量主要来自地球内部,温度随着深度增加而升高,称为增温带。

每向下深入 100m 所增加的温度称为地热增温率。不同地区的地热增温率差异较大，一般来说，在地壳的浅层，每深入 100m，平均温度升高 3℃左右，通常称为正常的地热增温率。按此计算，80℃的地下热水大致埋藏在 2000~2500m 的地下，地热异常区的温度可能更高。由于技术条件限制和经济性考虑，目前人类关注和利用的还主要是几千米范围内的浅层地热资源。

国际能源署(IEA)，中国科学院和中国工程院等机构的研究报告显示，全世界地热能基础资源的总量大约为 $1.25×10^{27}$ J，相当于 $4.27×10^{16}$ t 标准煤燃烧时所放出的热量，其中埋深在 5km 以浅的地热能基础资源量为 $1.45×10^{26}$ J，折合 $4.95×10^{15}$ t 标准煤燃烧时所放出的热量。而 3000m 浅层内可利用的地热能为 $8.37×10^{20}$ J 左右。

6.3.2 世界地热资源分布

全球地热资源的分布很不平衡，但有一定的规律。

从全球地质构造观点来看，大于 150℃的高温地热资源带主要出现在地壳表层各大板块的边缘，即分布在地壳活动的地带，如板块的碰撞带、板块开裂部位和现代裂谷带。小于 150℃的中、低温地热资源则分布于板块内部的活动断裂带、断陷谷和坳陷盆地。

在地质板块的交接处形成的地热资源丰富的地热带，称为板间地热带。特点是热源温度高，多由火山或岩浆造成。环球性的板间地热带有 4 个，其位置与地质板块构造的关系如图 6.5 所示。

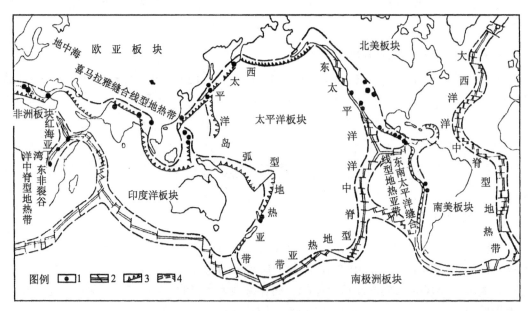

1—高温地热田；2—增生的板块边界：洋脊扩张带、大陆裂谷及转换断层；3—俯冲消亡的板块边界：深海沟-火山岛弧界面、海沟-火山弧大陆边缘界面及大陆与大陆碰撞的界面；4—环球地热带

图 6.5 环球地热带的分布与板块构造的关系

1. 环太平洋地热带

环太平洋地热带位于太平洋板块与美洲、欧亚、印度洋板块的碰撞边界。世界上许多著名的大型地热田都分布在这里,例如,美国的盖瑟尔斯、长谷、罗斯福地热田;墨西哥的塞罗普列托地热田;新西兰的怀拉基地热田;菲律宾的蒂威和汤加纳地热田;日本的松川、大岳地热田;中国的台湾马槽、大屯地热田等。

2. 地中海-喜马拉雅地热带

地中海-喜马拉雅地热带位于欧亚板块与非洲板块和印度洋板块的碰撞边界,呈"缝合线型"。这个地热带中比较著名的地热田有意大利的拉德瑞罗地热田,中国的西藏羊八井及云南腾冲地热田等。

3. 大西洋中脊地热带

大西洋中脊地热带是大西洋海洋板块的开裂部位,大部分在洋底,中脊露出海面的部分主要是冰岛。从冰岛至亚速尔群岛有许多地热田,其中最著名的是冰岛首都的雷克雅未克地热田,此外还有冰岛的纳马菲亚尔、克拉弗拉和亚速尔群岛一些地热田。

4. 红海-亚丁湾-东非裂谷地热带

红海-亚丁湾-东非裂谷地热带位于阿拉伯板块与非洲板块的边界,北起红海和亚丁湾地堑,向南经埃塞俄比亚地堑与非洲裂谷系连接,包括吉布提、埃塞俄比亚、肯尼亚等国的地热田,如著名的肯尼亚阿尔卡利亚高温地热田等。

板块内部靠近板块边界的部位,在一定地质条件下也可能形成相对的高热流区,称为板内地热带,包括在板块内部地壳隆起区和沉降区内发育的中低温地热带和少量由特殊原因形成的高温地热带,如中国东部的胶东半岛、辽东半岛、华北平原,以及东南沿海的某些地区。

表6-1给出了世界上一些主要的高温地热田。

表6-1 世界上主要的高温地热田

国 别	地热田名称	储热温度/℃	国 别	地热田名称	储热温度/℃
意大利	拉德瑞罗 蒙特阿米亚特	245 165	墨西哥	帕泰 塞罗普列托	150 388
新西兰	怀拉基 卡韦劳 维奥塔普 布罗德兰兹	266 285 295 296	冰岛	雷克雅未克 亨伊尔 雷克亚内斯 纳马菲亚尔马 克拉弗拉	320 146 230 286 280
菲律宾	蒂威和汤加纳	320	日本	松川 大岳	250 206
中国	西藏羊八井 台湾土场-清水	329 226			

6.3.3 我国的地热资源

【参考视频】

世界上四大板块地热带中,太平洋地热带和地中海-喜马拉雅地热带都经过我国版图。我国拥有丰富的地热资源,分布如表6-2所示。

表6-2 中国主要盆地地热资源量估算表

盆地	面积/km²	单位储热量/10^{12}KJ/km²	总储热量/10^{12}KJ	可开采热量/10^{12}KJ	相当标准煤量/10^8t
华北平原(北部)	90000	89.6854	8071686	80717	27.54
华北平原(南部)	60000	61.88	3712800	37128	12.67
松辽盆地	90000	18.8406	1695654	16957	5.78
苏北	32000	54.6	1747200	17472	5.96
鄂尔多斯	160000	27.1556	4344896	43349	14.83
汾渭盆地	20000	54.6	1092000	10920	3.73
江汉	45000	54.6	2457000	24570	8.38
雷琼	5100	54.6	278460	2785	3.24
四川	136000	45.93	6246480	62465	21.31
楚雄	35000	27.16	950600	9506	3.24
河西走廊	9000	40.73	366570	3666	1.25
柴达木	30000	49.4	1482000	14820	5.06
准噶尔	40000	40.73	1629200	16292	5.56
塔里木	120000	40.73	4887600	48876	16.68
吐哈	30000	40.73	1221900	12219	4.17

全国地热可采储量,是已探明煤炭可采储量的2.5倍,其中距地表2km以内储藏的地热能相当于2500亿t标准煤燃烧产生的热量。我国以中低温地热资源为主,可供高温发电的约580万kW以上,而可供中低温直接利用的盆地型潜在地热资源的埋藏量在2000亿t标准煤当量以上。

目前,全国经正式勘查并经国土资源储量行政主管部门审批的地热田有103处,经初步评价的地热田有214个。每年全国可开发利用的地热水总量约68.45亿m³,所含地热量为9.73×10^{17} J,折合每年3284万t标准煤的发电量。

按地热资源的成因、分布特点等因素,我国的地热资源可以大致划分为七个地热带。

1. **藏滇地热带(又称喜马拉雅地热带)**

藏滇地热带位于欧亚和印度两大板块的边界,属于地中海-喜马拉雅地热带,主要包括喜马拉雅山脉以北,冈底斯山脉、念青唐古拉山脉以南,西起西藏阿里地区,向东至怒江和澜沧江，呈弧形向南转入云南腾冲火山区，特别是雅鲁藏布江流域，这里水热活动强烈，地热显示集中，已经发现温泉 700 多处，其中高于当地沸点的热水区有近百处。

藏滇地热带是中国大陆地热活动最强烈的地带。西藏可能是世界上地热最丰富的地区。云南省地热资源也十分丰富，东部主要是中低温热水区，西部以高温地热田居多。腾冲地区是中国大陆有名的高温地热区，平均热流值达到 $73.5 MW/m^2$，著名的热海热田、瑞滇热田就在这一区域。

 中国之最：中国温度最高的地热井

在西藏拉萨附近的羊八井地热田，在 ZK4002 孔井深 1.5～2km 处，探获 329.8℃ 的高温地热流体，流体的干度达 47%，是目前我国温度最高的地热井。此外，羊易地热田 ZK203 孔，在井深 380m 处就获得了 204℃ 高温地热流体，具有很高的利用价值。

2. 台湾地热带

台湾地热带位于太平洋板块和欧亚板块的边界，是环太平洋地热带西部弧形地热亚带的一部分。这里是中国地震最为强烈、最为频繁的地带。地热资源非常丰富，主要集中在东、西两条强震集中发生区，在 8 个地热区中有 6 个温度在 100℃ 以上。

岛上水热活动处有 100 多处，其中大屯火山高温地热田，面积超过 $50km^2$，钻热井深 300～1500m，已探到 293℃ 高温地热流体，地热流量在 350t/h 以上，热田发电潜力可达 8～20 万 kW，已在靖水建有装机 3MW 地热试验电站。

3. 东南沿海地热带

东南沿海地热带主要包括福建、广东、海南、浙江及江西和湖南的一部分。当地已有大量地热水被发现，其分布受北东向断裂构造的控制，一般为中低温地热水，福州市区的地热水温度可达 90℃。

4. 鲁皖鄂断裂地热带

鲁皖鄂断裂地热带也称鲁皖庐江断裂地热带，自山东招远向西南延伸，贯穿皖、鄂边境，直达汉江盆地，包括湖北英山和应城。这条地壳断裂带很深，至今还有活动，也是一条地震带。这里蕴藏的主要是低温地热资源，除招远的地热水可达 90～100℃ 外，其余一般均为 50～70℃。初步分析该断裂的深部有较高温度的地热水存在。

5. 川滇青新地热带

川滇青新地热带主要分布在昆明到康定一线的南北向狭长地带，经河西走廊延伸入青海和新疆境内，扩大到准噶尔盆地、柴达木盆地、吐鲁番盆地和塔里木盆地。该地热带以低温热水型资源为主。

6. 祁吕弧形地热带

祁吕弧形地热带包括热河一带山地、吕梁山、汾渭谷地、秦岭及祁连山等地，甚至向东北延伸到辽南一带，有的是近代地震活动带，有的是历史性温泉出露地，主要地热资源为低温热水。

7. 松辽及其他地热带

松辽地热带包括松辽盆地跨越吉林、黑龙江大部分地区和辽河流域。整个东北大平原属新生代沉积盆地，沉积厚度不大，一般不超过1000m，主要为中生代白垩纪碎屑岩热储，盆地基底多为燕山期花岗岩，有裂隙地热形成，温度为40～80℃。

此外，还有一些像广西南宁盆地那样的孤立地热区。

6.4 地热能利用的发展

6.4.1 世界地热能直接利用

自有人类文明史以来，世界上许多地区就开始了对地热能的利用。早期主要是利用天然温泉沐浴、医疗，利用地下热水取暖，用天然蒸气加热或煮熟食物，以及建造温室、水产养殖、烘干谷物等。有文献记载的历史，已至少有几千年。

随着人类社会的发展和科技的进步，地热资源的利用越来越广泛。

有一定规模的地热开发是从意大利人利用地热资源提取硼酸开始的。早在1812年，拉得瑞罗人就将矿化的地热泉水引到大锅中，用木材蒸干，然后从残渣中提取硼酸(图6.6，这种生产方式持续了150多年，直到1969年才停止生产)。后来，为了取得高温蒸气，在拉得瑞罗出现了第一批蒸气井，从井中喷出的天然蒸气既可当作热源能量，又增加了硼砂的来源。

图6.6 19世纪初期拉得瑞罗地区生产硼酸的带顶温泉水池

到了20世纪，地热资源开始被用于发电和一些新型的工农业生产，直接利用的发展规模也越来越大。20世纪中叶开始，地热资源的大规模开发利用渐渐盛行起来。

世界之最：世界上第一个地热供暖系统

1928年，冰岛率先推行用地热水进行城市供暖，在首都雷克雅未克已建成世界上第一个地热供暖系统，而且较具规模，每小时从地下抽取 7000~8000t 热水，供全市 11 万居民使用。目前，冰岛仍是世界上开发利用地热能取暖最好的国家之一，用热总量达 1200MW。

目前地热能的直接利用发展十分迅速，已广泛应用于工业加工、民用采暖和空调、洗浴、医疗、农业温室、农田灌溉、土壤加温、水产养殖、畜禽饲养等各个方面，收到了良好的经济技术效益。

世界之最：**世界上最大的地热应用工厂**

目前世界上最大的两家地热应用工厂，分别是冰岛的硅藻土厂和新西兰的纸浆加工厂。

地热能的直接利用，技术要求较低，所需设备也较简易。在直接利用地热的系统中，尽管有时可以对盐和泥沙含量很低的地热流直接利用，但通常是用泵将地热流抽上来，通过热交换器变成热气和热液后再使用。地热能直接利用中所用的热源温度大部分都在 40℃以上。如果利用热泵技术，温度为 20℃或低于 20℃的地热水也可作为热源来使用(在美国、加拿大、法国、瑞典等国都有应用)。

直接利用是当前国内外地热能开发的最主要形式。因其对地热温度的要求较低，所有中低温的地热资源都可以利用，资源相当广泛。

据 2010 年世界地热大会发布的权威信息表明，2009 年世界地热直接利用的总设备容量，比上届世界地热大会公布的 2004 年数据增长了 78.9%；2009 年世界地热直接利用的能量则比 2004 年增长了 60.2%。中国是全球利用热能量最大的国家，美国则占据了地热发电装机容量和发电量全球第一的位置。

此外，地源热泵的节能、减排优势已被广泛认知，使得它成为新的投资热点，地源热泵的增长已远远超过了地热直接利用和高温地热发电的发展速度；2009 年，地源热泵的年利用能量达到了 214782TJ，比 2005 年增长了 2.45 倍，平均年增长率达到了 19.7%；地源热泵的设备容量 5 年间增长了 2.29 倍，平均年增长率为 18.0%。目前，世界地源热泵应用的前 5 个国家分别是美国、中国、瑞典、挪威和德国。

6.4.2 我国地热能直接利用

【参考视频】

我国也是研究和开发利用地热资源最早的国家之一。

古代文献中有很多关于温泉的记述。有"天下第一温泉"之称的陕西华清池温泉，早在西周时期就已被发现，那时叫"星辰汤"，至今已有 3000 多年的历史。

公元前 600—前 500 年的东周时代，有人利用地下热水洗浴治病、灌溉农田。文献有"六气淫错，有疾疠兮。温泉汨兮，以流秽兮。"的记载，《水经注》中记述了用温泉种稻越冬，一年三熟的经验。还有人从热水或热汽中提取硫黄和其他有用物质。

中华人民共和国成立以后，我国杰出的地质学家李四光多次呼吁要积极研究和开发利用地热能。

在我国东部地区，如松辽、辽河、华北、苏北等地，以及福建、广东、海南等东南沿海地区，利用该地区的天然热水资源，或钻井开发，将采出的热水用于城市供暖、工业用热、温室栽培、水产养殖、浴疗、洗澡等，已取得了可观的经济效益。

1995年我国利用的地热总容量达到191.5万kW，已居世界第一位。

2010年年底我国浅层地温能供暖(制冷)面积达到1.4亿m^2，地热供暖面积达到3500万m^2，高温地热发电总装机容量24MW，洗浴和种植使用地热热量约合50万t标准煤；各类地热能总贡献量合计500万t标准煤。我国目前包括洗浴、保健、养殖、采暖等在内的地热直接利用总容量约为8898MW，年产能达7628kJ，占据世界首位。

6.4.3 世界地热发电的发展

地热发电兴起于20世纪初。自1904年第一次地热发电成功以来，地热发电已经有了一个多世纪的发展历史。

 世界之最：世界上第一个地热电站

意大利的拉德瑞罗(larderello)地热田是世界著名的干蒸气地热田，由8个地热区组成，其中拉德瑞罗的规模最大也最有名，因此以其命名整个地热田。世界上第一座地热电站于1904年在此建成。图6.7所示为1904年第一次地热流体发电试验所用的发动机和它的发明者皮耶罗·孔蒂王子。

图6.7 1904年地热发电试验所用的发动机及其发明者

这座地热试验电站，利用天然的地热蒸气发电，是目前世界上为数不多的干蒸气地热电站之一。第一台机组的发电功率约为552W，1913年建成功率为250kW的商业性地热电站，并正式投入运行，被认为是世界地热发电的开端。自20世纪90年代以来，拉德瑞罗地热电站陆续淘汰旧机组、建设新机组，截至2013年，电站运行机组为22台，总装机容量为594MW。它在世界地热开发史上的先驱地位将成为永恒。

 世界之最：世界上第一个湿蒸气地热电站

世界上第一个直接利用地热湿蒸气发电的地热电站，建成于1958年，位于新西兰的怀拉基地热田，装机容量为19.2MW，自建成以来发电量从未减少。图6.8所示为该地热电站的照片。

图 6.8　新西兰怀拉基地热电站

美国、墨西哥、苏联、日本、菲律宾、萨尔瓦多、冰岛和中国也陆续开展地热发电的试验研究和开发建设。尤其是 20 世纪 60—70 年代以来，地热发电有了较快的发展。

世界之最：世界上最大的地热电站

目前世界上最大的地热电站，是美国的盖尔瑟斯地热电站。这座干热岩型地热电站位于著名的盖尔瑟斯地热田，建于 1960—1963 年，装机容量为 24MW。经过几十年的发展，1988 年达到 2043MW 的总装机容量，目前运行能力为 1918MW 左右。

在干热岩地热利用方面，各国也取得了可喜的进展。美国洛斯阿拉莫斯国家实验室从 1973 年开始进行干热岩的地热开发试验，此后世界各地相继出现干热岩地热开发的试验研究和开发建设。

世界之最：世界上第一座干热岩地热电站

世界上第一座干热岩地热电站在美国于 1984 年建成，装机容量为 10MW，其技术是基于美国洛斯阿拉莫斯国家实验室十年的干热岩地热开发研究和试验成果。

英国于 1977 年开始在康沃尔火山区进行干热岩地热开发研究。日本 1984 年开始钻井试验，在 1990 年建成干热岩发电厂。法国于 1992 年开始在 Soultz 地区进行干热岩开发试验。

利用 150℃ 以下的中低温热水进行发电的研究，大约从 20 世纪 70 年代开始。日本曾建造过两座利用 150℃ 地热水发电的 1MW 试验电站。

世界地热资源潜藏量前 5 名的国家，依次是印度尼西亚(27791MW)、美国(23000MW)、日本(20000MW)、菲律宾(6000MW)和墨西哥(6000MW)。

冰岛的地热发电在国家能源结构中所占的比例世界领先。1997 年冰岛的一次能源消费中 48.1% 由地热能供应。2014 年，冰岛一次能源使用量的 85% 来自本地可再生能源，其中 66% 是地热；地热发电装机量 67 万 kW，年发电量 50 亿 kW·h，占总发电量的 26.6%，如此大的地热能比例在全世界是非常罕见的。

2009 年以来，全球地热发电累计装机容量逐年增长趋势，但占可再生能源的比例仍然非常小。2009 年，全球地热发电累计装机容量为 9.77GW，至 2018 年增长至 13.28GW，占全球再生能源装机容量的 1.07%(不包括水电)。2010—2019 年世界地热发电主要国家装机容量的发展状况如表 6-3 所示。

表 6-3 2010—2019 年世界地热发电主要国家装机容量的发展状况

排名	国家	2010 年/MW	2015 年/MW	2019/MW	10 年增长/MW
1	美国	2405	2542	2555	150
2	印尼	1189	1439	2131	942
3	菲律宾	1847	1916	1928	81
4	土耳其	94	624	1515	1421
5	新西兰	726	941	941	215
6	墨西哥	965	906	936	-29
7	肯尼亚	198	619	823	625
8	意大利	728	768	800	72
9	冰岛	575	665	756	181
10	日本	537	516	525	-12
11	哥斯达黎加	166	217	262	96
12	萨尔瓦多	204	204	204	0

2009—2019 年全球地热发电累计装机容量变化如图 6.9 所示。

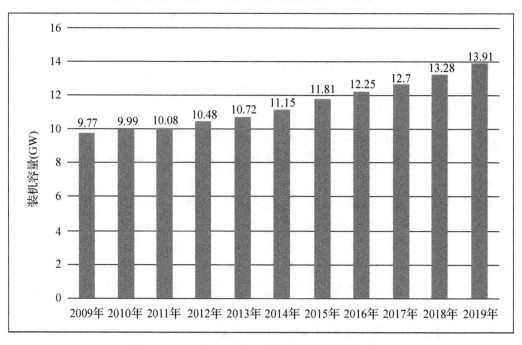

图 6.9 2009—2019 年全球地热发电累计装机容量

(数据来源 https://www.irena.org/geothermal)

从全球地热发电累计装机容量区域来看,位于 TOP5 的国家分别为美国、印度尼西亚、菲律宾、土耳其和新西兰，2019 年底地热发电累计装机容量分别为 2555MW、2131MW、1928MW、1515MW 和 941MW，TOP5 国家占全球地热发电总装机量的 65.2%。各国家装机容量示意图如图 6.10 所示。

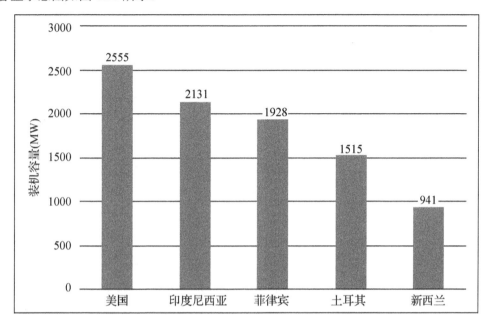

图 6.10　截至 2019 全球地热发电累计装机容量 TOP5 国家

6.4.4　我国地热发电的发展

我国的地热发电开始于 20 世纪 70 年代初，起步较晚。全国许多省、市、自治区都掀起了地热普查、勘探和地热发电试验的高潮，1970—1977 年，相继在河北、江西、广东、湖南、山东、广西等省区开发利用 67～92℃的地热水，建起几个容量为 50～300kW 的小型发电试验装置，见表 6-4。由于地热水温度低、机组容量小、发电效率低，有的采用双工质循环系统，密封不好，容易泄漏，运行过程中频频发生事故。到 20 世纪 70 年代后期，只有采用减压扩容发电装置的广东丰顺和湖南灰汤地热电站，保留下来仍在发电，其余都陆续关停。

表 6-4　中国 20 世纪 70 年代建设的中低温热水型地热电站

地热电站位置	地热水温/℃	最大装机容量/kW	工作方式	运行状态
广东丰顺县邓屋	92	300	闪蒸系统(减压扩容法)	运行
湖南宁乡县灰汤	98	300	闪蒸系统(减压扩容法)	运行
河北怀来县后郝窑	87	200	双循环系统(低沸点工质)	关停
山东招远市汤东泉	98	300	双循环系统(低沸点工质)	关停
辽宁盖州市熊岳	90	200	双循环系统(低沸点工质)	关停
广西象州市热水村	79	200	双循环系统(低沸点工质)	关停
江西宜春市温汤	67	100	双循环系统(低沸点工质)	关停

世界之最：中国第一个地热电站

1970年，广东省丰顺县邓屋建立起中国第一座闪蒸系统(减压扩容法)地热试验电站，利用91～92℃的地热水发电，最大装机容量为300kW，输出功率约为86kW。

我国的高温蒸气地热发电开始于20世纪70年代中期。中国建设的高温热水型地热电站见下表6-5。

表6-5　中国建设的高温热水型地热电站

地热电站位置	地热水温/℃	最大装机容量/kW	工作方式	运行状态
西藏羊八井	92	25000	两级闪蒸(减压扩容法) 全流发电(螺杆膨胀)	运行
西藏阿里地区朗久	98	1000(实际最高300)	闪蒸系统(减压扩容法)	关停
西藏那曲镇	87	1000	双循环系统(低沸点工质)	关停
台湾省清水	226	3000	闪蒸系统(减压扩容法)	关停
台湾省土场	90	300	双循环系统(低沸点工质)	关停
西藏当雄县羊易	207	16000	双循环系统(低沸点工质)	运行

西藏地区长期缺乏具有工业开采价值的化石能源，于是考虑就地开发高原上丰富的地热资源。1976年开始在羊八井进行勘探与开发，1977年建成著名的羊八井地热电站，并陆续扩建。西藏羊八井地热电站是目前我国最大、运行最久的地热电站，一直在安全、稳定发电。阿里地区朗久地热电站的2MW装机于1985年投运，后因地热井产汽量不足，维持1台机组以400kW出力间断运行；那曲地热电厂1MW装机于1994年投运，因井口结垢堵死在1999年停运。

羊易地热发电站位于西藏拉萨市当雄县格达乡羊易村，羊易地热电站一期16MW发电项目于2018年10月9日获得并网许可，2019年2月26日准许带12MW负荷。羊易地热电站做到了两个中国第一和一个世界第一：羊易电站发电机单机容量有16MW，是全国第一大的地热电站；是全国第一个实现百分百回灌的地热电站；羊易电站海拔4650米，还是全世界第一高的地热电站。

目前，我国正在运行的中高温地热发电站只有西藏羊八井和羊易电站。

 中国之最：中国最大的地热电站

中国最大的地热电站是西藏的羊八井地热电站(图6.11)，这也是我国自行设计建设的第一座商业化高温地热电站。羊八井地热电站位于藏北羊井草原深处，海拔高度4300m，距离拉萨市区90多千米。1977年国庆节前夕，1000kW的高温地热发电试验机组试发电成功。这是我国大陆第一台兆瓦级地热发电机组，开创了中温浅层热储资源发电的先例，也是当今世界唯一利用中温浅层热储资源进行工业性发电的电站。后来陆续完成8台机组安装，到1991年总装机容量达到25.1MW，年发电量在1亿kW·h左右。在当时拉萨电力紧缺的状况下，曾担负拉萨平时供电的50%和冬季供电的60%。

图 6.11　西藏羊八井地热电站

6.5　地热能的一般利用

6.5.1　地热能的利用方式

地热能的利用可分为地热发电和直接利用两大类，不同温度地热流体的利用方式也有所不同，其中 150℃以上的高温地热主要用于发电，发电后排出的热水可进行梯级利用。90～150℃的中温和 25～90℃的低温地热以直接利用为主，多用于工业、种植、养殖、供暖制冷、旅游疗养等方面。25℃以下的浅层地温，可利用地源和水源热泵供暖、制冷。目前全国地热资源开发利用的基本格局是：西南、华南发电；华北、东北供暖与养殖，华东、华中、西北地区洗浴与疗养，大致如表 6-6 所列。

表 6-6　不同温度地热流体的可能利用方式

温度/℃	直接发电	双循环发电	制冷	供暖	工业干燥	热加工	脱水加工	温室	医疗	其他
200～400	√									综合利用
150～200		√	√		√	√				综合利用
100～150		√	√	√	√		√			回收盐类
50～100				√	√			√	√	供热水
20～50							√	√	√	沐浴、养殖、农业

总体而言，地热能在以下 4 个方面的应用最为广泛和成功。

(1) 地热发电：是地热利用的最重要方式。高温地热流体应首先应用于发电，并努力实现综合利用。

(2) 地热供暖：将地热能用于采暖、供热或提供热水，是最普遍的地热应用方式，其发展前景仅次于地热发电。

(3) 地热用于农业：包括温室种植、水产养殖、土壤加温、农田灌溉等，应用范围也十分广阔。

(4) 温泉洗浴和医疗：主要是中低温热水的温泉沐浴等。

6.5.2 地热用于供暖

将地热能用于采暖、供热或提供热水,是最普遍的地热应用方式,具有很好的发展前景。

1. 地热水供暖系统

地热水供暖是最直接的地热利用方式之一。由于热源温度和利用温度一致,这种方式易实现,经济性好,在许多国家很受重视,尤其是具有地热资源的高寒地区国家。冰岛是发展地热采暖最早也是最成功的国家,早在1928年就在首都雷克雅未克建成了世界上第一个地热供暖系统。我国的地热供暖和供热水也发展迅速,已成为京津地区最普遍的地热利用方式。目前,我国与冰岛合作建设地热供暖系统,这一项目位于陕西省咸阳市,利用此地丰富的地热资源,提高当地人的生活质量,也为世界环保做出贡献。

实际供热量与地热水可供热量的比值,称为地热水利用率。地热水利用率一般在40%~70%,主要取决于回水温度,回水温度越低,则地热水利用率越高。

如果地热水井的供水量稳定、水质好、没有腐蚀性,可以把天然的地热水经管道系统直接送往用户,这种方式称为直接供暖系统。通过调节地热水流量可以实现供热量的调节。

如果地热水的腐蚀性较强,则应该把地热水和供暖循环水分开,通过换热器将地热水的热量传递给洁净的循环水,再把地热水排放或实现综合利用。这种方式称为间接供暖系统。循环水与地热水的流量比一般为1~1.3。

2. 地源热泵系统

所谓热泵,就是根据卡诺循环原理(电冰箱工作原理),利用某种工质(如氟利昂、氯丁烷)从地下吸收热量,并把经过压缩转化的能量传导给人们能够利用的介质。在热泵的两端一端制热,另一端制冷,同时得以利用,能十分有效地提高地热资源的品位及直接利用的效率。

地源热泵利用地热能有三种方式:①采用埋地换热器的闭式回路;②抽出地热水,通过热泵地面换热器(即蒸发器)将地热能释放给热泵工质;③将吸热装置浸入表层地热水池中。

除了直接利用地热水外,还可以把土壤作为低温热源。一般是在土壤中埋设盘管或U形管,把从土壤吸收的热能通过热泵供应给室内,如图6.12所示。因为只从土壤中取热而不取水,既不会影响地面形态,也不会造成环境污染;而且热泵系统也不会受地热水的腐蚀,所以这种通过换热器和周围土壤的热交换获取地热能的方式获得广泛应用。

3. 地源热风供暖系统

对于耗热量大的建筑物和有防水要求的供暖场合,多采用热风供暖的方式。可以集中送风,即将空气在一个大的热风加热器中加热,然后输出到各个供暖房间;也可以分散加热,即把地热水引向各个房间的暖风机或风机盘管系统,以加热房间的空气。

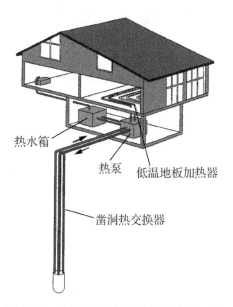

图 6.12 采用埋地换热器的地源热泵系统

6.5.3 地热用于农业和养殖业

地热在农业和养殖业中的应用范围十分广阔。利用温度适宜的地热水灌溉农田，可使农作物早熟增产；利用地热水养鱼，在28℃水温下可加速鱼的育肥，提高鱼的出产率；利用地热建造温室，可育秧、种菜和养花；利用地热给沼气池加温，可提高沼气的产量等。

如北京、河北、广东等地用地热水灌溉农田，调节灌溉水温，用30～40℃的地热水种植水稻，以解决春寒时的早稻烂秧问题。我国凡是有地热资源的地区，几乎都建有用于栽种蔬菜、水果、花卉的地热温室。2000年以前我国的地热温室面积就超过 $1.2km^2$。各地还利用地热大力发展养殖业，如北京地区就用地热水培育水浮莲和在冬季通过向养殖池输送温度恒定的地热水来养殖非洲鲫鱼。

6.5.4 地热用于温泉洗浴和医疗

温泉是地球上分布最广又最常见的一种地热显示。一般温度在20℃以上的地热水才能称为温泉，我国和日本的温泉标准都是25℃。45℃以上称为热泉，温度达到当地水沸点的称为沸泉。

中国之最：中国最早的温泉

在我国已知的2700多处温泉中，有文字记载开发利用最早的是陕西的华清池温泉。

地热水中常含有铁、钾、钠、氢、硫等化学元素，因此很多天然温泉具有一定的医疗保健作用。如用氢泉、硫化氢泉洗浴可治疗神经衰弱和关节炎、皮肤病等。

有些地热水还可以开发作为饮用矿泉水，并有特殊的健康效果。如含碳酸的矿泉水供饮用，可调节胃酸、平衡人体酸碱度，对心血管及神经等系统的疾病治疗也是有效的。饮用含铁矿泉水后，可一定程度上治疗缺铁贫血病。

目前热矿水被视为一种宝贵的资源，世界各国都很珍惜，地热在医疗领域的应用具有诱人的前景。

由于温泉的医疗作用及伴随温泉出现的特殊的地质、地貌条件，使温泉常常成为旅游胜地，吸引大批的疗养者和旅游者。在日本就有1500多个温泉疗养院，每年吸引游客达1亿人次。

6.6 地热发电

地热发电是以地下热水和蒸气为动力的发电技术，是高温地热资源最主要的利用方式。

6.6.1 地热发电的原理

地热发电的基本原理与常规的火力发电是相似的，都是用高温高压的蒸气驱动汽轮机(将热能转换为机械能)，带动发电机发电。不同的是，火电厂是利用煤炭、石油、天然气等化石燃料燃烧时所产生的热量，在锅炉中把水加热成高温高压蒸气。而地热发电不需要消耗燃料，而是直接利用地热蒸气或利用由地热能加热其他工作流体所产生的蒸气。

地热发电的过程，就是先把地热能转换为机械能，再把机械能转换为电能的过程。

要利用地下热能，首先需要有"载热体"把地下的热能带到地面上来。目前能够被地热电站利用的载热体，主要是地下的天然蒸气和热水。地热发电的流体性质，与常规的火力发电也有所差别。火电厂所用的工作流体是纯水蒸气；而地热发电所用的工作流体要么是地热蒸气(含有硫化氢、氡气等气态杂质，这些物质通常是不允许排放到大气中的)，要么是低沸点的液体工质(如异丁烷、氟利昂)经地热加热后所形成的蒸气(一般也不能直接排放)。

此外，地热电站的蒸气温度要比火电厂锅炉出来的蒸气温度低得多，因而地热蒸气经涡轮机的转换效率较低，一般只有10%左右(火电厂涡轮机的能量转换效率一般为35%~40%)，也就是说，三倍的地热蒸气流才能产生与火电厂的蒸气流对等的能量输出。因而地热发电的整体热效率低，对于不同类型的地热资源和汽轮发电机组，地热发电的热转换效率一般为5%~20%，说明地热资源提供的大部分热量都白白地浪费掉了，没有变成电能。

地热发电一般要求地热流体的温度在150℃甚至200℃以上，这时具有相对较高的热转换效率，因而发电成本较低，经济性较好。在缺乏高温地热资源的地区，中低温(如100℃以下)的地热水也可以用来发电，只是经济性较差。

由于地热能源温度和压力低，地热发电一般采用低参数小容量机组。

经过发电利用的地热流都将重新被注入地下，这样做既能保持地下水位不变，还可以在后续的循环中再从地下取回更多的热量。

在地热资源的实际利用中，有一些关键技术问题需要解决，应针对地热的特点采用相应的利用方法，实现经济高效的地热能利用，包括：①电站建设和运行的技术改进；②提高地热能的利用率；③回灌技术；④防止管道结垢和设备腐蚀等。

按照载热体的类型、温度、压力和其他特性，地热发电的方式主要是蒸气型地热发电和热水型(含水汽混合的情况)地热发电两大类。此外,全流发电系统和干热岩发电系统也在研究试验中。

6.6.2 蒸气型地热发电系统

蒸气型地热发电是把高温地热田中的干蒸气直接引入汽轮发电机组发电。在引入发电机组前先要把蒸气中所含的岩屑、矿粒和水滴分离出去。

这种发电方式最为简单,但干蒸气地热资源十分有限,而且多存在于比较深的地层,开采技术难度大,发展有一定的局限性。

蒸气型地热发电系统又可分为背压式汽轮机发电系统和凝汽式汽轮机发电系统。

1. 背压式汽轮机发电系统

背压式汽轮机地热蒸气发电系统主要由净化分离器和汽轮机组成,如图6.13所示。其工作原理为:首先把干蒸气从蒸气井中引出,加以净化,经过分离器分离出所含的固体杂质,然后把蒸气通入汽轮机做功,驱动发电机发电。做功后的蒸气可直接排入大气,也可用于工业生产中的加热过程。

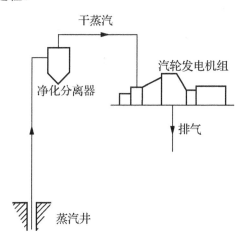

图6.13 背压式汽轮机地热蒸气发电系统

背压式汽轮机发电,是最简单的地热干蒸气发电方式。这种系统大多用于地热蒸气中不凝性气体含量很高的场合,或者综合利用于工农业生产和人民生活中。

2. 凝汽式汽轮机发电系统

凝汽式汽轮机地热蒸气发电系统如图6.14所示。在该系统中,蒸气在汽轮机中急剧膨胀,做功更多。做功后的蒸气排入混合式凝汽器,并在其中被循环水泵打入的冷却水冷却而凝结成水,然后排走。在凝汽器中,为保持很低的冷凝压力(即真空状态),常设有两台带有冷却器的抽气器,用来把由地热蒸气带来的各种不凝性气体和外界漏入系统中的空气从凝汽器中抽走。

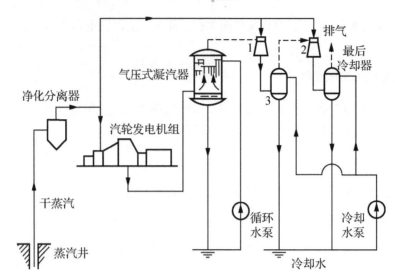

1—一级汽器；2—二级汽器；3—中间冷却器

图6.14 凝汽式汽轮机地热蒸气发电系统

采用凝汽式汽轮机，可以提高蒸气型地热电站的机组出力和发电效率，因此常被采用。

6.6.3 热水型地热发电系统

热水型地热发电是目前地热发电的主要方式，包括纯热水和湿蒸气两种情况，适用于分布最为广泛的中低温地热资源。

低温热水层产生的热水或湿蒸气不能直接送入汽轮机，需要通过一定的手段，把热水变成蒸气或者利用其热量产生别的蒸气，才能用于发电，主要有以下两种方式。

1. 闪蒸地热发电系统

闪蒸地热发电方法也称"减压扩容法"，就是把低温地热水引入密封容器中，通过抽气降低容器内的气压(减压)，使地热水在较低的温度(如90℃)下沸腾生产蒸气，体积膨胀的蒸气做功(扩容)，推动汽轮发电机组发电。

小知识

如果气压降低，液体的沸点也会随着降低。例如，在50000Pa的气压下(约为标准大气压的一半)，水的沸点会降为81℃。

闪蒸地热发电系统，不论地热资源是湿蒸气田还是热水田，都是直接利用地下热水所产生的水蒸气来推动汽轮机做功，得到机械能。闪蒸后剩下的热水和汽轮机中的凝结水可以供给其他热水用户利用。利用完后的热水再回灌到地层内。适合于地热水质较好且不凝性气体含量较少的地热资源。

湿蒸气型和热水型闪蒸地热发电系统，如图6.15所示。两种形式的差别在于蒸气的来源或形成方式。如果地热井出口的流体是湿蒸气，则先进入汽水分离器，分离出的蒸气送往汽轮机，分离下来的水再进入闪蒸器，得到蒸气后送入汽轮机发电。

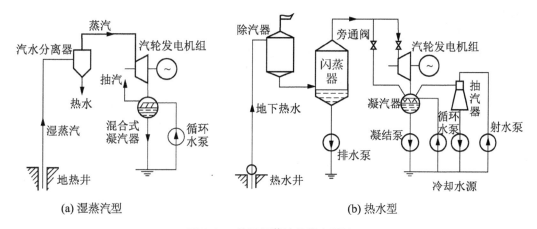

(a) 湿蒸汽型　　　　　　　　　(b) 热水型

图 6.15　单级闪蒸地热发电系统

为了提高地热能的利用率，还可以采用两级或多级闪蒸系统。第一级闪蒸器中未汽化的热水，进入压力更低的第二级闪蒸器，又产生蒸气送入汽轮机做功。发电量可比单级闪蒸发电系统增加 15%～20%。

也可以把地热井口的全部流体，包括蒸气、热水、不凝性气体及化学物质等，不经处理直接送进全流膨胀器中做功，然后排放或收集到凝汽器中，这样可以充分地利用地热流体的全部能量，这种系统称为全流法地热发电系统。单位净输出功率可比单级闪蒸地热发电系统和两级闪蒸地热发电系统分别提高 60% 和 30% 左右。不过，这种系统的设备尺寸大，容易结垢、受腐蚀，对地下热水的温度、矿化度及不凝性气体含量等有较高的要求。

2. 双循环地热发电系统

双循环地热发电方法也称低沸点工质法，是利用地下热水来加热某种低沸点工质，使其产生具有较高压力的蒸气并送入汽轮机工作，如图 6.16 所示。

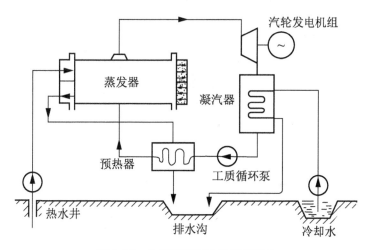

图 6.16　单级双循环地热发电系统

小知识

标准大气压下,水的沸点是100℃。而氯丁烷的沸点是12.4℃,氟利昂-11的沸点是24℃,都远远低于水的沸点。这种易于气化的物质常作为双循环发电的低沸点工质。

双循环发电常用的低沸点工质,多为碳氢化合物或碳氟化合物,如异丁烷(常压下沸点为-11.7℃)、正丁烷(-0.5℃)、丙烷(-42.17℃)、氯乙烷(12.4℃)和各种氟利昂,以及异丁烷和异戊烷等的混合物。一般为了满足环保要求,尽可能不用含氟的工质。

推动汽轮机做功后的蒸气在冷凝器中凝结后,用泵把低沸点工质重新送回热交换器加热,循环使用。经过利用的地热水要回灌到地层中。

双循环发电系统的优点:①低沸点工质蒸气压力高,设备尺寸较小,结构紧凑,成本较低;②地热水不接触发电系统,可避免关键设备的腐蚀,对成分复杂的地热资源适应性强。这是一种有效利用中温地热的发电系统。中温地热资源丰富,分布广,因此发展双循环地热发电系统很有意义。

低沸点工质导热性比水差,价格较高,来源有限,有些还有易燃、易爆、有毒、不稳定、对金属有腐蚀等特性,对双循环发电系统的发展有一定影响。

为了提高地热资源的利用率,还可以考虑用两级双循环地热发电系统,或者采用闪蒸与双循环两级串联发电系统。

6.6.4 联合循环地热发电系统

20世纪90年代中期,以色列奥玛特(Ormat)公司把地热蒸气发电和地下热水发电系统整合,设计出一种新的联合循环地热发电系统,如图6.17所示。

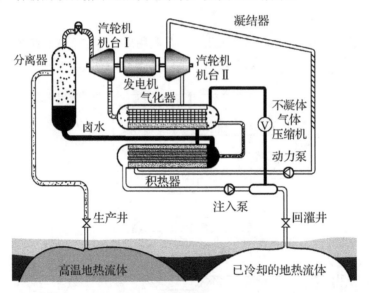

图6.17 联合循环地热发电系统

这种系统的最大优点是可以适用于大于150℃的高温地热流体发电,经过一次发电后的流体,在并不低于120℃的工况下,再进入双工质发电系统进行二次做功,这就充分利用了地热流体的热能,既提高了发电的效率,又能将以往经过一次发电后的排放尾水进行再利用,从而大大地节约了资源。

6.6.5 干热岩地热发电系统

干热岩地热发电系统又称增强地热系统(EGS)。

1970年,美国洛斯阿拉莫斯国家实验室首先提出利用地下高温岩石发电设想。1972年在新墨西哥州北部开凿了两口约4000m的深斜井,从一口井将冷水注入干热岩体中,从另一口井取出自岩体加热产生的240℃蒸气,用以加热丁烷变成蒸气推动汽轮机发电。

2005年,澳大利亚地球动力公司宣布建造全球首座使用干热岩技术的商用地热电站,他们设计的地热电站如图6.18所示。

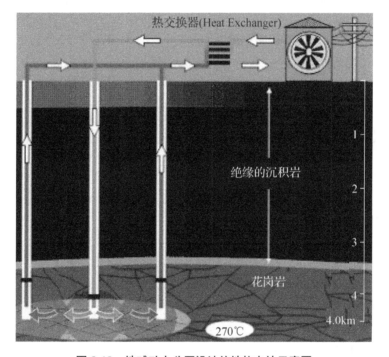

图6.18 地球动力公司设计的地热电站示意图

2012年,美国Geysers EGS示范工程热流开采与运行发电试验取得成功,所获得的生产汽流能够实现5MW的电力发电,目前正在设计适应汽流的新型发电设备。2013年,美国Desert Peak EGS示范工程完成了持续8个月的多阶段储层激发,储层渗透率显著增加,流量与注水量均达到了商业水平。

截至2017年年底,累计建设增强型地热系统(EGS)示范工程31项,累计发电装机容量约为12.2MW。随着干热岩地热资源开发利用前景的逐步明朗,越来越多的国家加入了EGS工程研发的行列。除了美国之外,英国、德国、法国、瑞典、日本、澳大利亚、瑞士、萨尔瓦多、韩国等先后启动了EGS技术研发与工程建设,部分EGS进入了试验性运行发电阶段,越来越多的公司进入了该领域,EGS大规模商业运营前景可期。2010年和2015年世界地热大会对 EGS 开发应用前景进行了预测，到 2050 年 EGS 发电装机容量将达到 70GW，包括水热型地热资源在内发电总装机容量将达到 140GW，届时地热发电占全球电力生产总量的比例将上升到 8.3%。长期来看，一旦干热岩资源商业开发获得突破，有可能改变未来全球的能源供给与消费格局。2018 年初，中国地质调查局提出将干热岩资源勘查开发作为战略性科技问题进行攻坚，有利于大大缩短我国与世界先进水平的差距。

习 题

一、填空题

1．根据在地下的存在状态，地热资源可分为热水型、蒸气型、地压型、_____和_____等几类。

2．据估计，全世界地热资源的总量大约为_____J，相当于 5000 万亿吨(4.948×10^{15}t)标准煤燃烧时所放出的热量。

3．地热能在_____、_____、_____和_____等方面的应用最为广泛和成功。

二、选择题

1．目前世界上最大的地热电站，是(　　)。
　　A．盖尔瑟斯地热电站　　　　B．蒂威地热电站
　　C．墨罗普列埃托电站　　　　D．拉德瑞罗地热电站

2．利用地下热水来加热某种低沸点工质，使其产生具有较高压力的蒸气并送入汽轮机工作的发电技术是(　　)。
　　A．闪蒸地热发电　　　　　　B．联合循环地热发电
　　C．双循环地热发电　　　　　D．干热岩地热发电

3．湿蒸气型和热水型闪蒸地热发电系统的差别在于(　　)的不同。
　　A．容器　　　　　　　　　　B．工质
　　C．沸点　　　　　　　　　　D．蒸气的来源或形成方式

三、分析设计题

1．根据地热资源的形成原因，解释地热资源的分布规律。

2．请在我国选择几处地热发电的站址，并说明选择依据，对比这些电站的资源条件和工作方式。

3．查阅资料，总结国外和国内比较著名的温泉的情况。

4．你的家乡有没有地热资源？如果有，请尝试设计一个利用地热资源为室内供暖的方案。

5．想一想，地热发电的关键技术是什么？主要难题有哪些？又该怎样克服？

第 7 章

生物质能及其利用

生物质能一直是人类赖以生存的重要能源,在世界能源消费总量中占据第四位。生物质是怎么形成的?又怎样获得?生物质资源有何特点?我国的生物质资源情况如何?沼气是如何形成的?垃圾能否利用?生物质燃料的类型和特点如何?生物质发电有哪些方式?石油树是什么树?海藻和石油有什么关系?这些问题都可以在本章中找到答案。

教学目标

- 了解生物质的概念和资源情况;
- 理解生物质能的特点和重要性;
- 掌握生物质燃料的类型并了解其生成方式;
- 掌握生物质能发电的原理和主要方式;
- 了解能源作物的种类。

教学要求

知识要点	能力要求	相关知识
生物质和生物质能	(1) 了解生物质的概念; (2) 了解生物质的来源; (3) 了解生物质能及其特点; (4) 了解我国生物质资源的总量和分布情况	—
生物质能利用概况	(1) 了解生物质能利用的历史; (2) 了解生物质能利用的主要形式	—
生物质燃料	(1) 了解固体生物质燃料的加工和使用; (2) 了解气体生物质燃料的制取和利用; (3) 理解液体生物质燃料的制取和利用	(1) 裂解; (2) 氧化-还原; (3) 燃烧
生物质能发电概况	(1) 掌握生物质能发电的一般原理; (2) 掌握生物质能发电的特点; (3) 了解生物质能发电的发展情况	—

续表

知识要点	能力要求	相关知识
常见生物质能发电技术	(1) 了解直接燃烧发电的原理和发展情况； (2) 了解沼气发电、垃圾发电的过程和发展情况； (3) 了解生物质燃气发电的原理和发展情况	直接燃烧发电、沼气发电、垃圾发电、生物质燃气发电
能源植物	(1) 了解常见的薪炭树种、石油树种； (2) 了解可作为能源利用的藻类	—

推荐阅读资料

1. 杨勇平，董长青，张俊姣. 生物质发电技术[M]. 北京：中国水利水电出版社，2007.
2. 中国生物质能网 http://www.zgswzn.com.

基本概念

生物质(biomass)：有机物中除化石燃料外的所有来源于动物、植物和微生物的物质，包括动物、植物、微生物及由这些生命体排泄和代谢的所有有机物。

生物质能：蕴藏在生物质中的能量，是直接或间接地通过绿色植物的光合作用，把太阳能转化为化学能后固定和储藏在生物体内的能量。

光合作用：绿色植物通过叶绿体利用太阳能，把二氧化碳和水合成为储存能量的有机物，并且释放氧气的过程。

沼气：有机物质在厌氧条件下经过微生物的发酵作用而生成的一种可燃气体，主要成分是甲烷(CH_4)。由于这种气体最早是在沼泽中发现的，所以称为沼气。

生物质气化：在不完全燃烧条件下，将生物质原料加热，使相对分子质量较高的有机碳氢化合物裂解，变成相对分子质量较低的一氧化碳、氢气、甲烷等可燃气体。

生物质燃气：可燃烧的生物质在高温条件下经过干燥、干馏热解、氧化还原等过程后产生的可燃混合气体，主要成分有 CO、H_2、CH_4、C_mH_n 等可燃气体，以及 CO_2、O_2、N_2 等不可燃气体及少量水蒸气。

生物柴油：以植物油脂、动物油脂、餐饮废油等为原料油，通过酯交换工艺制成的甲酯或乙酯燃料。

挥发分：燃料中有机质热分解的产物，表现为挥发性的气态物质(不包括燃料中游离水分蒸发产生的水蒸气)。

引例：烽火戏诸侯

神话故事《封神榜》中武王伐纣的情节源于一段真实的历史。周武王和辅佐他推翻殷商的姜子牙肯定都想不到，他们千辛万苦所建立的周朝，竟会因为后辈子孙一场荒唐的游戏而葬送掉。周幽王为博宠妃褒姒一笑，让人点燃烽火……各路诸侯见烽烟燃起，以为是西戎入侵，急忙带兵前来保卫。等他们赶到，未见敌兵，却看到周幽王带着宠妃褒姒在山上饮酒作乐。宠妃褒姒见诸侯的兵马大老远地跑来，还傻乎乎地忙来忙去，倒真的笑了(图7.1)，周幽王也笑了，这可是他悬赏千金得来的妙计。然而他们都没有想到，他们其实成就了一个流传千古的笑话。没多久，西戎兵马真的打到了京城来，周幽王赶紧命人又点燃烽火，诸侯们都看见了，怕又上当，全都没来。周幽王和给他出主意的那个高人随后被杀，褒姒被掳走。而西周就此结束，后来的东周也再没有能够戏弄诸侯的权威。

烽火是古代敌寇侵犯时的紧急军事报警信号。由国都到边镇要塞，沿途都遍设烽火台。烽火台(图 7.2)也称烟墩、烽燧，出现很早。长城出现后，长城沿线的烽火台成为长城防御体系的一个重要组成部分。发现紧急情况时，白天放起直冲天空的白色浓烟，称为"燧"；夜间就燃明火，称为"烽"。后来常用"狼烟四起""烽火遍地"来形容战乱纷纷。过去通常认为狼烟就是狼粪燃烧时冒起的白烟。近来有学者提出不同的看法，认为制造烽烟的燃料可能是某些草木或者马粪。暂时不管烽烟究竟烧的是什么，古代人们用植物或动物粪便作为燃料似乎可以得到证明。

图 7.1 烽火戏诸侯

图 7.2 甘肃的汉代烽火台

世界各地都有大量的植物残余或动物粪便，以及其他废弃之物，如果这些东西都能够转换为燃料为人类所用，真的可谓"变废为宝"了，而且年复一年不断更生。

7.1 生物质和生物质能

7.1.1 生物质的概念

生物质(biomass)是指有机物中除化石燃料外的所有来源于动物、植物和微生物的物质，包括动物、植物、微生物及由这些生命体排泄和代谢的所有有机物。

小知识：光合作用

光合作用是绿色植物通过叶绿体利用太阳能，把二氧化碳和水合成为储存能量的有机物，并且释放氧气的过程(图 7.3)，其化学表达式为

$$6CO_2 + 12H_2O \xrightarrow[\text{太阳能}]{\text{叶绿体}} C_6H_{12}O_6 + 6H_2O + 6O_2$$

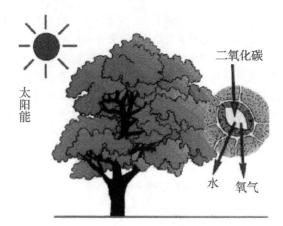

图 7.3 光合作用

【参考视频】

在自然界中,绿色植物或其他光合生物通过光合作用吸收二氧化碳,将太阳能转换为化学能,生成氧气并储存有机物,是植物赖以生长的主要物质来源和全部能量来源,也是其他直接或间接依靠植物生存的生物的有机物和能量来源。然后这些生物质又经过各种化学作用,生成二氧化碳和热能,释放到大气中,形成了自然界的碳循环。

动物、植物和微生物等生命体及其排泄或遗留物都含有大量的有机物,成为生物质能的载体。可以说,生物质是太阳能的有机能量库。

生物质是地球上存在最广泛的物质,而且可以随着生物的繁衍生长而不断再生。

7.1.2 生物质的来源

生物质来源广泛,种类繁多。获取生物质的途径大体上有两种情况:一种是有机废弃物的回收利用,另一种是专门培植作为生物质来源的农林作物等。此外,某些光合成微生物也可以形成有用的生物质。生物质分类如图7.4所示。

【参考视频】

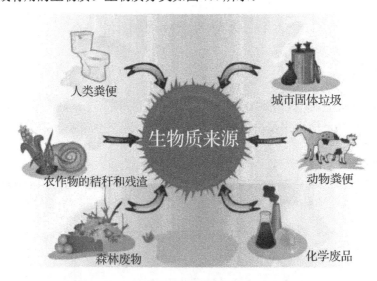

图 7.4 生物质分类

1. 农林作物形成的生物质

1) 农林作业和加工的废弃物

农业和林业生产中,每年都会产生大量的植物残体和加工废弃物。

收割农作物时残留在农田内的秸秆(如玉米秸、高粱秸、麦秸、豆秸、稻草和棉秆等),以及农产品加工过程中剩余的残渣和谷壳等,都是很常见的生物质来源。

如在温带地区非常普遍的小麦和玉米等农作物,每年可以产生十几亿吨的废弃物。热带最主要的农作物甘蔗和水稻,产能量和小麦、玉米大体相当。甘蔗渣(甘蔗加工后剩余的纤维素)常可作为燃料,为蔗糖厂提供动力,还可以发电或制取酒精。稻壳在我国和印尼等地也都有成功的应用。

森林作业和林业加工提供的生物质也很多,包括残枝、树叶等森林天然废弃物(图7.5),砍伐、运输和加工过程中的枝丫、锯末、木屑和截头等森林工业废弃物,以及林业副产品的果核、果壳等。目前,许多国家都开始利用这些林业废弃物。

2) 专门培植的农林作物

除了利用农林作物的残余物以外,为了集中地获取大量生物质,很多国家还专门培植经济价值较高的特种树木或农作物。

用作生物质能源的常见林业作物,包括白杨、悬铃木、赤杨等薪炭林树种(图7.6),桉树、橡胶树、蓝珊瑚、绿玉树等能源作物,以及葡萄牙草、苜蓿等草本植物。种植树木型能源作物都是尽量选择退化荒废的土地。据报道,国外每公顷林地每年可收获30t以上的能源作物。

图 7.5　森林中的残枝和落叶

图 7.6　薪炭林

常用作生物质资源的农作物,如可制造酒精的甜高粱、玉米、甘薯、木薯、芭蕉芋,能产生糖类的甘蔗、甜菜,以及向日葵、油菜、黄豆等油料作物。

此外,地球上广泛分布的海洋和湖泊,也提供了大量的生物质。例如,海洋生的马尾藻、巨藻、石莼、海带等,淡水生的布带草、浮萍等,微藻类的螺旋藻、小球藻、蓝藻、绿藻等。

2. 其他形式的生物质

在人类的生产和生活中,还有很多其他形式的有机废弃物也是生物质的重要来源。

1) 动物粪便

动物粪便是从粮食、农作物秸秆、牧草等植物体转化而来的，数量也很大。改革开放以来，中国农业飞速发展，畜禽养殖技术水平大幅提高，养殖规模不断扩大。因此，畜禽粪便的产量一直呈现上升趋势，鲜重资源量以年均1.46%的速度从2007年的15.6亿t增长至2015年的17.5亿t，干重以年均1.62%的速度从2007年的3.7亿t增长至2015年的4.2亿t。动物粪便发酵所释放的气体也是温室气体的主要来源之一。如果不能很好地处理这些粪便，还会对水体造成污染。动物粪便的最重要的应用方式就是发酵产生沼气，在获取能量的同时，还可以解决环境污染问题。

2) 城市垃圾

城市垃圾成分比较复杂，主要包括居民生活垃圾，办公、服务业垃圾，少量建筑业垃圾和工业有机废弃物等。2019年我国垃圾生成量已经超过2亿t，达到2.04亿t。我国城市生活垃圾的热值约为900~1500kcal/kg，则垃圾资源可折合标准煤3205万t。

3) 有机废水

有机废水包括工业有机废水和生活污水，其中往往也含有丰富的有机物。

工业有机废水主要是酒精和酿酒、制糖、食品、制药、造纸及屠宰等行业生产过程中排出的废水。

生活污水主要由城镇居民生活、商业和服务业的各种排水组成，如冷却水、洗浴排水、盥洗排水、洗衣排水、厨房排水、粪便污水等。

7.1.3 生物质能及其特点

生物质能是指蕴藏在生物质中的能量，是直接或间接地通过绿色植物的光合作用，把太阳能转换为化学能后固定和储藏在生物体内的能量。生物质能也是广义太阳能的一种表现形式。

生物质能是地球上最古老的能源，也有可能成为未来最有希望的"绿色能源"。

地球上每年通过光合作用储存在植物的枝、茎、叶中的太阳能，可达3×10^{21}J，每年生成的生物质总量达1400亿~1800亿t(干重)，所蕴含的生物质能相当于目前世界耗能总量的10倍左右。

小知识：植物中的生物质能量

仅地球上的植物，每年生物质能的生产量就相当于现阶段人类消耗矿物能的20倍，或相当于世界现有人口食物能量的160倍。

实际上，目前被人类利用的生物能源还不到2%，而且利用效率也不高。尽管如此，生物质能在全球整个能源系统中仍然占有重要地位。作为热能的来源，生物质长期以来为人类提供了最基本的燃料。在不发达地区，生物质能在能源结构中占的比例较高，如我国生物质能约占总能耗的30%，而在非洲有些国家甚至高达60%以上。

小知识：第四能源

在当今世界能源消费结构中，生物质能所占的比例为14%左右，是仅次于煤炭、石油和天然气的"第四能源"。全世界人口中，约有25亿人的生活能源有90%以上是生物质能。

生物质遍布世界各地，每个国家和地区都有某种形式的生物质。虽然生物质的密度和产量差异很大，但在很多国家和地区都受到了高度重视。

作为一种能源资源，生物质能具有以下特点：

(1) 可循环再生。与传统的化石燃料相比，生物质能可以随着动植物的生长和繁衍而不断再生，而且生物质的数量巨大。

(2) 可存储和运输。与其他可再生能源相比，生物质能是唯一可以直接储存和运输的自然资源，便于选择适当的时间和地点使用。

(3) 资源分散。能量分散，自然存在的生物质，单位数量的含能量较低，需要大量的收集；种类繁杂，有的生物质是多种成分的混合体，如城市垃圾和有机污水，使用时需要分类或过滤；分布广泛，各国都有相当数量的生物质资源，没有进口或外购的依赖性。

(4) 大多来自废物。除了专门种植的能源作物以外，大多数生物质都是废弃之物，有的甚至会造成严重的环境污染(如污水和垃圾)。生物质能的利用，正是将这些废弃物变为有用之物。

小知识

与其他可再生能源相比，生物质能是唯一可以直接储存和运输的自然资源，便于选择适当的时间和地点使用。

7.1.4 我国的生物质资源

我国是一个农业大国。生物质资源十分丰富，理论上生物质能资源达到50亿t左右，根据中国工程院的《可再生能源发展战略咨询报告》，我国生物质能源的资源量是水能的2倍和风能的3.5倍。目前，每年可开发的生物质能源约合12亿t标准煤，超过全国每年能耗总量的1/3。

其中全国各省农林剩余物资源能源潜力排序：河南、山东、黑龙江和河北排在前4位，均在2000万t标准煤以上，分别为2939万、2810万、2498万和2083万t标准煤，占全国7类农林剩余物能源潜力总量的比例依次为9.18%、8.78%、7.8%和6.51%。这4省合计1.03亿t标准煤，约占全国总量的1/3，是农林剩余物资源最丰富、具有规模化发展潜力的地区。

农林剩余物能源潜力在1500万～2000万t标准煤之间有5个省，分别是内蒙古、江苏、吉林、安徽和四川，能源潜力合计7910万t标准煤，占全国总量的24.7%。广西、湖北、湖南、新疆、辽宁和云南6省的农林剩余物能源潜力在1000万～1500万t标准煤，合计7558万t标准煤，占全国总量的比例为23.6%。以上15个省的农林剩余物能源潜力即占到全国总量的81%，是利用农林剩余物资源发展生物质能产业的重点省份。

能源潜力排在后面的16个省占全国总量的19%，江西、广东、山西、陕西、甘肃和贵州 6 省的农林剩余物能源潜力在 500 万～1000 万 t 标准煤，合计 420 万 t 标准煤，占全国总量的比例为 13.1%；重庆、浙江、福建等 10 个省的农林剩余物能源潜力均低于 500 万 t 标准煤，其中青海和西藏不足 100 万 t 标准煤，10 省合计 2008 万 t 标准煤，占全国总量的比例约为 6%。

1. 秸秆等农业生物质

国家发展改革委、农业农村部共同组织各省有关部门和专家，对全国秸秆综合利用情况进行了终期评估。评估结果显示，2019 年全国主要农作物秸秆理论资源量为 10.4 亿 t，可收集资源量为 9.0 亿 t，同利用量为 7.2 亿 t，秸秆综合利用率为 80.1%。从"五料化"利用途径看，秸秆肥料化利用量为 3.9 亿 t，占可收集资源量的 43.2%；秸秆饲料化利用量 1.7 亿 t，占可收集资源量的 18.8%；秸秆基料化利用量 0.4 亿 t，占可收集资源量的 4.0%；秸秆燃料化利用量 1.0 亿 t，占可收集资源量的 11.4%；秸秆原料化利用量 0.2 亿 t，占可收集资源量的 2.7%。我国秸秆综合利用渐入佳境。

我国秸秆资源的最大特点是既分散又集中，特别是一些主要粮食产区几乎都是秸秆资源最富裕的地区。东北地区的黑龙江和黄淮海地区的河北、山东、河南，华东地区的江苏、安徽，西南地区的四川、云南以及华南地区的广西、广东等省区，其秸秆资源几乎占全国总量的一半。秸秆的主要类型有稻谷、玉米、小麦等主要粮食作物秸秆和各种油料作物秸秆，蕴藏量占全国总量的 90% 以上。华东、华南、西南等地区稻秆资源丰富，约占全国的 87%；东北、华北等地区麦秆和玉米秆资源丰富，占全国的 40% 以上；广东、广西、云南、海南四省区蔗秆和蔗渣资源总量占到全国的 91% 以上；豆秆主要分布在黑龙江、内蒙古、四川、河南、安徽 5 省区；油料秆主要集中在湖北、四川、安徽、湖南、河南五省；棉花秆主要分布在新疆、山东、江苏、河北四省区。全国农作物秸秆理论资源量及构成如表 7-1 所示。

表 7-1　全国农作物秸秆理论资源量及构成

秸秆结构	稻草	麦秸	玉米秸	棉秆	油料作物	豆类秸秆	薯类秸秆	其他秸秆
比例/%	25.1	18.3	32.5	3.1	4.4	3.3	2.7	10.5
理论资源量 ($\times 10^4$) / t	26104	19032	33800	3224	4576	3432	2808	10920

2. 林木生物质

林木生物质资源主要分布在我国的主要林区，其中西藏、四川、云南三省区的蕴藏量约占全国总量的一半，黑龙江、内蒙古、吉林三省区则占全国总量的 27% 左右，其余依次是陕西、福建、广西等省区。

薪炭林分布广的省份多为能源不足、经济欠发达或者林业资源较丰富的地区。在许多人口稠密的缺煤地区，薪柴仍是重要的能源。内蒙古和云南虽然不缺煤，但是薪柴的应用仍很普遍。

3. 畜禽粪便

我国动物粪便产生的生物质资源也很多，主要来源是大牲畜和大型畜禽养殖场，其中集约化养殖所产生的畜禽粪便就有 11.2 亿 t 左右，主要分布在河南、山东、四川、河北、湖南等养殖业和畜牧业较为发达的地区，五省共占全国总量的 40%左右。从构成上看，牛粪和主要来自于养殖场的猪粪各占全部畜禽粪便总量的 1/3 左右。

4. 城市垃圾和废水

全国工业有机废水排放总量高达 20 多亿 t，这还不包含乡镇工业。每年城市垃圾产量也不少于 1.5 亿 t，其中有机物的含量约为 37.5%，垃圾的热值为 4.18MJ/kg 左右。

城市垃圾和废水的分布与经济发展水平、城市人口等因素紧密相关。其中城市垃圾主要分布在广东、山东、黑龙江、湖北、江苏等省，共占全国总量的 36%；废水主要分布在广东、江苏、浙江、山东、河南等省，共占全国总量的 37%。

总体而言，我国生物质能源分布不均，各地差异较大，西南、东北及河南、山东等地是我国生物质能的主要分布区。生物质能蕴藏量，以四川、云南、西藏三省区最多，共约占全国总量的 1/3。理论可获得量最大的五省区依次为四川、黑龙江、云南、西藏和内蒙古，接近全国总量的 40%；最小的五省市自治区则依次是上海、北京、天津、海南和宁夏，加在一起不到全国总量的 2%。不论蕴藏量还是可获得量，四川都位居全国第一，上海、北京、天津、宁夏和海南都处于全国后五位。同时，我国生物质能的分布与常规一次能源有一定程度的互补，在一次能源蕴藏量较低的地区往往具有开发利用生物质能的巨大潜力。

7.2 生物质能利用概述

7.2.1 生物质能利用的历史

生物质资源是人类认识和利用最早、应用方式最直接的能源，一直是人类赖以生存的重要能源。

自原始农业社会(大约始于一万年以前)以来，秸秆和薪柴一直作为主要的燃料，这就是传统生物质能，有时统称为薪炭。直到 1860 年，薪炭在世界能源消耗中还占据首位，其比例高达 73.8%。

18 世纪 60 年代的工业革命，使世界能源结构发生重大转变。传统的生物质能利用方式，不仅热效率低而且劳动强度大。随着化石燃料的大量开发利用，薪炭能源的比例逐渐下降。例如，在 1910 年世界能源消费构成中，薪炭比例下降为 31.7%。煤炭和石油相继占据世界能源结构的重要位置。

目前，在发展中国家的广大农村地区，薪炭仍然是人们日常使用的主要能源。国外的生物质能技术和装置多已实现了规模化产业经营。例如，美国、瑞典和奥地利在生物质转化为高品位能源利用方面都已具有相当可观的规模，分别占该国一次能源消耗量的 4%、16%和 10%。

目前，生物质能在世界能源消费总量中约占 14%，排第四位，仅次于煤炭、石油和天然气。有关专家估计，生物质能极有可能成为未来可持续能源系统的主要组成部分，到 21 世纪中叶采用新技术生产的各种生物质替代燃料将占全球总能耗的 40%以上。

7.2.2 生物质能利用的形式

生物质能的利用,主要是将生物质转换为可直接利用的热能、电能和可储存的燃料(常规的固态、液态和气态燃料)等。

由于生物质的组成与常规的化石燃料大体相同,其利用方式也与化石燃料类似。从原理上讲,常规能源的利用技术无须做大的改动,就可以应用于生物质能。但生物质的种类繁多,各自具有不同的属性和特点,其应用方式也趋于多样化,其利用技术可能远比化石燃料的利用更复杂。

生物质能转化利用的途径(图7.7)主要包括燃烧、热化学法、生化法、化学法和物理化学法等,可转化为热量或电力、固体燃料(木炭或成型燃料)、液体燃料(生物柴油、甲醇、乙醇等)和气体燃料(氢气、生物质燃气和沼气等)。

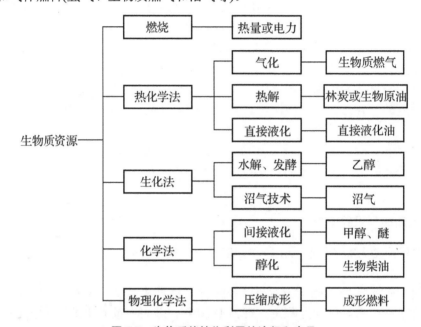

图 7.7 生物质能转化利用的途径和产品

通过发酵或光合微生物的作用,可将生物质中的有机物分解,获得氢气。生物制氢与传统的物理化学方法相比,有清洁、节能等许多突出的优点,是很有前途的应用方式。

7.3 生物质燃料

7.3.1 固体生物质燃料

1. 生物质直接燃烧

直接燃烧是最古老、最广泛的生物质利用方式。

小知识

农作物秸秆是一种很好的可再生能源,其平均含硫量只有煤的 1/10。过去,由于缺乏资源再利用渠道,秸秆大都被农民在野外白白烧掉,产生的烟雾还污染了环境。实际上,秸秆的热值并不低,2t 秸秆燃烧产生的热量与 1t 标准煤燃烧产生的热量大致相当。

生物质直接燃烧的结果是得到热量,热量可以直接利用,也可以再进行后续转换(如发电);应用场合包括炊事、供暖、工业加工、发电及热电联产等。

直接燃烧的转换效率往往很低,通常不超过 20%(经过特殊设计的节柴灶可能达到 30%)。

如图 7.8 所示,生物质燃烧的过程包括预热、干燥、析出挥发分和焦炭燃烧等阶段。生物质表面的可燃物被引燃之后,温度逐渐升高,生物质中的水分逐渐被蒸发。干燥的生物质继续吸热增温,发生分解,析出的挥发分(如焦油和气体)和空气混合,形成具有一定浓度的挥发分与氧气的混合物。若温度和浓度都满足特定条件,挥发分也起火燃烧。表面燃烧所放出的热能逐渐积聚,通过传导和辐射向生物质内层扩散,从而使内层挥发分析出,继续与氧气混合燃烧,并放出大量的热量。此时,生物质中剩下的焦炭被挥发分包围,其表面不易与氧接触,难以燃烧,因而不断产生灰分,把剩余的焦炭包裹,妨碍它继续燃烧。可以适当加以搅动或加强通风,促进剩余焦炭的燃烧,减少灰渣中残留的炭。挥发分的燃烧较快,约占燃烧时间的 10%,焦炭的燃烧时间占 90%。

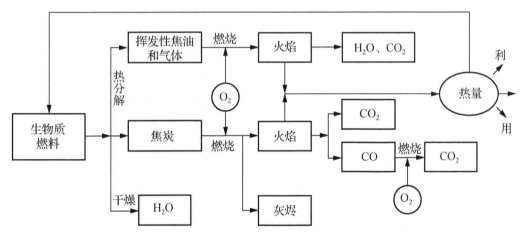

图 7.8 生物质直接燃烧发电示意图

与煤炭相比,生物质燃料含碳量少,能量密度低,燃烧时间短;多为碳氢化合物,受热分解后挥发分多,包含的能量超过生物质能量的一半(有时占 3/4),须充分利用;含氧量多,易点燃,而不需太多氧气供应;密度小,容易充分烧尽,灰渣中残留的碳量小,不过由于松散体积大,不便运输。

为了提高生物质燃料的能量密度和质量密度,过去常采用干馏等方法制取木炭。木炭大量用于炼钢,还可以广泛用作工业原料和化工原料(如木炭可用作吸附剂)。

世界之最

最早用干馏法制取木炭的国家是中国。

生物质失去挥发分后剩下的木炭，其成分基本上就是碳，能量密度是原始生物质的两倍左右。不过，获得 1t 木炭需要 4～10t 木材，如果不能有效地收集挥发分，将有 3/4 的能量损失掉。而且制取木炭的过程也会排放大量污染物，是温室气体的主要来源之一。

2. 固体成型燃料

利用木质素充当黏合剂，将松散的秸秆、树枝和木屑等农林废弃物挤压成特定形状的固体燃料，也可以提高其能源密度，改善燃烧性能。这种物理化学处理方式，称为生物质压缩成型，可以解决天然生物质分布散、密度低、松散蓬松造成的储运困难、使用不便等问题。

生物质压缩成型所用的原料主要是锯末、木屑、稻壳、秸秆等，其中含有的纤维素、半纤维素和木质素，占植物成分的 2/3 以上。

一般是将松散的原料粉碎到一定细度后，在一定的压力、温度和湿度条件下，挤压成棒状、球状、颗粒状的固体成型燃料[图 7.9(a)]。其能源密度相当于中等烟煤，热值显著提高，便于储存和运输，并保持了生物质挥发性高、易着火燃烧、灰分及含硫量低、燃烧产生污染物较少等优点，是一种不可多得的清洁商业燃料。常见的压缩成型设备[图 7.9(b)]有螺旋挤压式、活塞冲压式和环模滚压式等几种。压缩成型工艺有湿压成型、热压成型和炭化成型三种基本类型。

(a) 固体成型燃料　　　　　(b) 压缩成型机

图 7.9　生物质固体成型燃料和压缩成型机

生物质固体成型燃料可广泛用于家庭取暖、小型发电，还可用作工业锅炉、工业窑炉的燃料及化工原料，是充分利用秸秆等生物质资源替代煤炭的重要途径，具有良好的发展前景。

 趣闻

秸秆烧出来的洗衣粉？

洗衣粉是传统的高耗能产业。联合利华合肥工厂的洗衣粉车间，采用以秸秆为原料的生物质能替代

第7章 生物质能及其利用

传统的燃气,这里有目前中国日化行业中唯一的以秸秆作为燃料的燃炉,每天要消费掉80t以稻草、玉米秸秆为原料的生物质固体成型燃料。

7.3.2 气体生物质燃料

将生物质转换为高品质的气体燃料是利用生物质能的一个好方法。气体燃料的优点包括:①既可以直接燃烧,又能用来驱动发动机和涡轮机;②能量转换效率比生物质直接燃烧高;③便于运输,等等。

1. 木煤气

可燃烧的生物质在高温条件下经过干燥、干馏热解、氧化还原等过程后,能产生可燃性混合气体,称为生物质燃气。其主要成分有一氧化碳(CO)、氢气(H_2)、甲烷(CH_4)、烃类(C_mH_n)等可燃气体,和二氧化碳(CO_2)、氧气(O_2)、氮气(N_2)等不可燃气体及少量水蒸气。另外,还有由多种碳氧化合物组成的大量煤焦油。

由生物质生成可燃混合气体的过程,称为生物质气化。生物质气化所用的原料,主要是原木生产及木材加工的残余物、薪柴、农业副产物等,包括板皮、木屑、枝杈、秸秆、稻壳、玉米芯等。不同的生物质资源气化所产生的混合气体成分可能稍有差异。

生物质气化产生的混合气体成分与"煤气"(煤经过汽化后产生的可燃混合气体)大致相同,俗称"木煤气"。

目前世界上常用的生物质燃气发生器,通常分为热裂解装置和气化炉两类。热裂解是指在隔绝空气或只通入少量空气的不完全燃烧条件下,将生物质原料加热,用热能将相对分子质量较高的生物质大分子中的化学键切断,使之分解为相对分子质量较低的一氧化碳、氢气、甲烷等可燃气体。而气化炉的工作原理是将生物质原料送入炉内,加一定量燃料后点燃,同时通过进气口向炉内鼓风,通过一系列氧化还原反应形成煤气。由于空气中含有大量氮气,因此生物煤气中可燃气体所占比例较低,热值较低,一般为4000~5800kJ/m³。

生物质汽化的能量转换效率,简单装置约为40%,设计良好的复杂气化系统可达70%以上。

2. 沼气

人和动物的粪便,农作物的秸秆、谷壳等农林废弃物,有机废水等有机物质,在密封装置中利用特定的微生物分解代谢,能够产生可燃的混合气体。由于这种气体最早是在沼泽中发现的,所以称为沼气。

沼气的主要成分是甲烷,通常占总体积的60%~70%;其次是二氧化碳,占总体积的25%~40%;其余硫化氢、氨、氢和一氧化碳等气体约占总体积的5%,如图7.10所示。甲烷的发热值很高,可达36840kJ/m³。甲烷完全燃烧时仅生成二氧化碳和水,并释放热能,是一种清洁燃料。混有多种气体的沼气,热值为20~25MJ/m³,1m³沼气的热值相当于0.8kg标准煤。

沼气可以作为燃料,用于生活、生产、照明、取暖、发电等,沼液、沼渣是优质的有机绿色肥料。

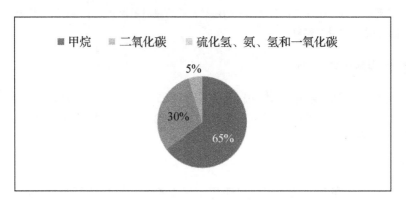

图 7.10 沼气主要成分

利用微生物代谢作用来生产各种产品的工艺过程称为发酵。沼气发酵又称为厌氧消化，是指有机物质在一定的水分、温度和厌氧条件下，通过种类繁多、数量巨大且功能不同的各类微生物的分解代谢，最终形成甲烷和二氧化碳等混合性气体(沼气)的复杂的生物化学过程。

要正常地产生沼气，就必须为微生物创造良好的条件，使它们能生存、繁殖。沼气池必须符合多种条件。第一，沼气池要密闭，因为有机物质发酵成沼气，是多种厌氧菌活动的结果，因此在建造沼气池时要注意隔绝空气，不透气、不渗水。第二，沼气池里的温度要维持在 20～40℃，因为通常在这种温度下产气率最高。第三，沼气池要有充足的养分，供给微生物用于生存和繁殖。在沼气池的发酵原料中，人畜粪便能提供氮元素，农作物的秸秆等纤维素能提供碳元素。第四，发酵原料要含适量水，一般要求沼气池的发酵原料中含水 80%左右，过多或过少都对产气不利。第五，沼气池的 pH 一般控制在 7～8.5。

我国在农村推广的沼气池多为水压式沼气池，其结构如图 7.11 所示，在第三世界国家广泛采用，被称为中国式沼气池。一般情况下，在中国南方这样一个沼气池每年可产出 250～300m³ 沼气。

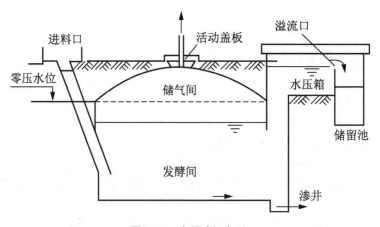

图 7.11 水压式沼气池

据农业农村部统计，截至 2006 年年底，全国农村大约有 2200 多万户农村家庭已经利用上了沼气能源，尤其是在西部地区，发展更快。新疆塔城地区就有 20960 户农户使用上了沼气。2010 年年底，全国已建成大中型沼气工程 2.26 万处，养殖小区和联户沼气工程 1.99 万处，秸秆沼气示范工程 47 处，全国沼气用户达到 4000 万户，占全国适宜农户的 33%，各类沼气工程超过 6 万处，受益人口达到 1.55 亿人。产业规模不断壮大，全国沼气生产人员达到 27 万多名，各类沼气生产和服务企业 4000 多个，实现年产值 260 多亿元。截至 2018 年，农村户用沼气池 5310 万户。2016—2018 年我国沼气行业市场规模如图 7.12 所示。

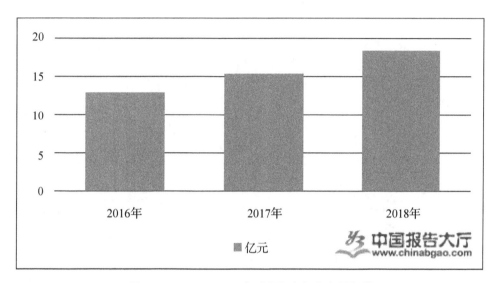

图 7.12　2016—2018 年我国沼气行业市场规模

沼气发酵技术对工厂废水、城市生活垃圾、农业废弃物等有非常好的处理效果，有积极的环保意义。

7.3.3　液体生物质燃料

用生物质制取液体燃料替代供应日益紧张的石油，也是生物质能利用的一个重要发展方向。

液体生物质燃料主要包括燃料乙醇、植物油、生物柴油等，都属于优质的清洁能源，可以直接代替柴油、汽油等由石油提取的常规液体燃料。

生成液体生物质燃料的途径有热解和直接液化法等。热解是指在隔绝空气或只通入少量空气的不完全燃烧条件下，将生物质原料加热，用热能将相对分子质量较高的生物质大分子中的化学键切断，使之分解为相对分子质量较低的可燃物。固态的生物质经过一系列化学加工过程，转化成液体燃料(主要是汽油、柴油、液化石油气等液体烃类产品，有时也包括甲醇、乙醇等醇类燃料)，称为生物质的直接液化。与热解相比，直接液化可以生产出物理稳定性和化学稳定性都更好的液体产品。

此外，还可以依靠微生物或酶的作用，对生物质能进行生物转化，生产出如乙醇、氢、甲烷等液体或气体燃料。

1. 燃料乙醇

【参考视频】

乙醇俗称酒精,通常由淀粉质原料、糖质原料、纤维素原料等经发酵、蒸馏后制成。乙醇进一步脱水(使乙醇含量达 99.6%以上)再加上适量的变性剂即可制成燃料乙醇。图 7.13 为乙醇生产流程图。

用于生产燃料乙醇的原料主要有:淀粉质原料,如甘薯、木薯、马铃薯、玉米、大米、大麦、高粱等;糖质原料,如甘蔗、甜菜、糖蜜等;纤维素原料,如农作物秸秆、柴草、林木加工剩余物、工业加工的纤维素下脚料和某些城市垃圾;还包括某些工厂废液。

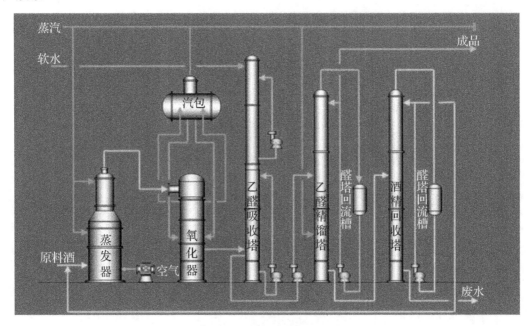

图 7.13 乙醇生产流程图

用淀粉和纤维素制造乙醇需要水解糖化加工过程,纤维素的水解要比淀粉难得多。用糖质原料生产乙醇更为简单而直接。经过发酵生成的液体一般含有 10%的乙醇,能量转换效率偏低。

每千克乙醇完全燃烧时能产生 30000kJ 左右的热量,是一种优质的液体燃料。燃料乙醇的生产成本与汽油和柴油大致相当,产生的环境污染却少得多。生物燃料乙醇在燃烧过程中排放的二氧化碳和含硫气体均低于汽油燃料。燃料乙醇燃烧所排放的二氧化碳和作为原料的生物质生长所吸收的二氧化碳基本持平,这对减少大气污染及抑制"温室效应"意义重大。

经过适当加工,燃料乙醇可以制成乙醇汽油、乙醇柴油、乙醇润滑油等用途广泛的工业燃料。

俄罗斯是利用植物原料生产乙醇产品最早的国家。巴西是乙醇燃料开发利用最有特色的国家,早在 1931 年就开始将乙醇混入汽油中作为发动机燃料试用,1991 年巴西的 980 万辆汽车中,有近 400 万辆纯用乙醇作燃料,还有很多用乙醇和汽油的混合燃料。目前巴西大部分新产汽车均以乙醇为燃料,乙醇燃料已占巴西汽车燃料消费量的50%以上。美国汽车用油总量的70%左右也都添加乙醇。

世界之最:世界上最大的生物质燃料乙醇生产系统

巴西的 PRO-ALCOOL 项目是世界上最大的生物质燃料乙醇生产系统,于1975年建成,用糖渣来制取燃料乙醇。截至2000年,25年内因为减少石油进口而节省了400亿美元。目前生物质油的年产量已超过150亿L,所用的汽油中一般都含有26%左右的乙醇。

2. 植物油

植物油是指利用野生或人工种植的含油植物的果实、叶、茎,经过压榨、提取、萃取和精炼等处理得到的油料。

根据油品的组分不同,有些可以作为食用油,有些只能作为工业原料用,有些可以直接作为液体燃料。

植物油的发热量一般可以达到37~39GJ/t,只比柴油的42GJ/t稍小。无论是单独使用还是和柴油混合使用,植物油都可以在柴油机里面直接燃烧。不过植物油的燃烧不完全充分,会在气缸中留下很多没有烧完的炭。所以将植物油转化成柴油再利用更合理一些。

在一些气候比较温暖的国家,在柴油中添加30%的植物油仍可以直接使用,如菲律宾多添加椰子油,巴西常添加棕榈油,南非常添加的是向日葵油。

3. 生物柴油

生物柴油是指来自生物质的原料油经过一系列加工处理过程制成的液体燃料。

【参考视频】

制取生物柴油的原料,包括植物油脂(主要来自油料作物)、动物油酯、废弃食用油等。其中植物油脂是我国最为丰富的生物柴油资源,占油脂总量的70%。

生物柴油生产技术以化学法为主,即原料油与甲醇或乙醇在酸、碱或生物酶等催化剂的作用下进行酯交换反应,生成相应的脂肪酸甲酯或乙酯燃料油。

生物柴油的性质与常规柴油相近,是汽油、柴油的优质代用燃料。生物柴油可替代柴油单独使用,又可以一定比例(2%~30%)与柴油混合使用。生物柴油的闪点是柴油的两倍,使用、处理、运输和储藏都更为安全;在所有替代燃油中,生物柴油的热值最高;也只有它达到美国《清洁空气法》所规定的健康影响检测的全部要求。

7.4 生物质能发电简介

7.4.1 生物质能发电的基本原理

生物质能发电技术是目前生物质能利用中最成熟有效的途径之一。

生物质能发电是利用生物质直接燃烧或将生物质转化为某种燃料后燃烧所产生的热量来发电的技术。

生物质能发电的流程,大致分为两个阶段:先把各种可利用的生物原料收集起来,通

【参考视频】

过一定程序的加工处理，转变为可以高效燃烧的燃料；然后把燃料送入锅炉中燃烧，产生高温高压蒸汽，驱动汽轮发电机组发电。

生物质能发电的发电环节与常规火力发电是一样的，所用的设备也没有本质区别。

生物质能发电的特殊性在于燃料的准备，因为松散、潮湿的生物质不便于作为燃料使用，而且往往热转换效率也不高，一般要对生物质进行一定的预处理，如烘干、压缩、成型等。对于不采用直接燃烧方式的生物质能发电系统，还需要通过特殊的工艺流程，实现生物质原料到气态或液态燃料的转换。

完整的生物质能发电技术，涉及生物质原料的收集、打包、运输、储存、预处理、燃料制备、燃烧过程的控制、灰渣利用等诸多环节。

利用生物质能发电的同时，还常常可以实现资源的综合利用。例如，生物质燃烧所释放的热量除了送入锅炉产生驱动汽轮机工作的蒸气外，还可以直接供给人们用于取暖、做饭；生物质原料燃烧后的灰渣还可以作为农田优质肥料等。

7.4.2 生物质能发电的特点

生物质能发电具有以下特点：

(1) 适于分散建设、就地利用。与常规发电方式及风电等其他可再生能源发电相比，生物质能更适合分散建设，就地利用。生物质能转换的难度决定了转换设备的容量目前还不可能做大。生物质更接近人类生活的场所，不需外运燃料和远距离输电，可以对人类用能的需求就近满足。尤其适合于居住分散、人口稀少、用电负荷较小的农牧业区及山区。

(2) 技术基础较好、建设容易。生物质的组织结构与常规的化石燃料相似，其利用方式与化石燃料也类似。可以借鉴常规能源的利用技术，其技术发展快。

(3) 仍有碳排放，但比化石燃料少。与风电、太阳能发电等可再生能源发电方式相比，生物质能发电仍会产生碳排放，但要比常规火电厂少很多。更重要的是，由于生物质来源于 CO_2(光合作用)，燃烧后仍产生 CO_2，在其自然循环周期内，并不会增加大气中 CO_2 的含量。这与在亿万年前吸收了 CO_2 而在当今时代排放 CO_2 的化石燃料不同。

(4) 变废为宝，更加环保。生物质能发电，除了自身产生的环境污染少之外，还可实现废物利用，顺便解决了废物、垃圾的处置问题，对环境还有清理的作用。

不过在发展生物质能发电时，有以下问题需要引起注意。

(1) 生物质能的转化设备必须安全可靠。在生物质能转化过程中和完成后，可能产生或者残存一些有毒有害的物质，如果发生泄漏或者排放不当，仍可能造成二次污染。

(2) 能源作物需要占用大量土地。生物质能的利用需要占用大量的土地。太阳能可以利用房顶上的空间，而风能可以利用山地或贫瘠的土地，但种植能源作物就必须利用耕地。将这些土地用来生产其他的可再生能源，有可能对减少二氧化碳的排放更有利。

 小知识

向年发电量 1000 万 kW·h 的电厂提供能源，按合理的产量和转换效率考虑，利用太阳能需要 40 万 m^2 土地，风电场大概要 100 万 m^2 土地，而种植能源作物的土地需要 300 万～1000 万 m^2。

7.4.3 生物质能发电的发展状况

世界生物质能发电起源于 20 世纪 70 年代。

1988 年丹麦诞生了世界上第一座秸秆生物质燃烧发电厂。

自 1990 年以来，包括直接燃烧发电和利用先进的小型燃气轮机联合循环发电两种形式的生物质能发电在欧美许多国家开始大发展。

2002 年，约翰内斯堡可持续发展世界峰会以后，由于包括生物质能发电在内的生物质能利用有众多其他形式能源不可比拟的优势，全球加快推进了生物质能的开发利用。

以生物质为燃料的小型热电联产已成为瑞典和丹麦等欧洲国家的重要发电和供热方式。据资料显示，目前在丹麦、瑞典、芬兰、荷兰等欧洲国家，以农林生物质为燃料的发电厂已有 300 多座。生物质能发电产业保持持续稳定的增长，主要集中在发达国家，但印度、巴西和东南亚等发展中国家也积极研发或者引进技术建设生物质直燃发电项目。

截至 2004 年，世界生物质能发电装机容量已达到 3900 万 kW，年发电量约为 2000 亿 kW·h，可替代 7000 万 t 标准煤，是风电、光电、地热等可再生能源发电量的总和。到 2005 年年底，全世界生物质能发电总装机容量约为 5000 万 kW，主要集中在北欧和美国。2009 年全球生物质能装机容量为 61.8GW，至 2018 年达到 117.8GW，年复合增长率达 7.43%。根据 IRENA 最新发布的 RENEWABLE CACITY STATISTICS 2020 显示，2019 年，全球可再生能源装机容量达到 253700 万 kW，比 2018 年增长了 17600 万 kW。其中全球生物质能发电装机达到 124GW，约占整个可再生能源发电装机容量的 4.9%，如图 7.14 所示。

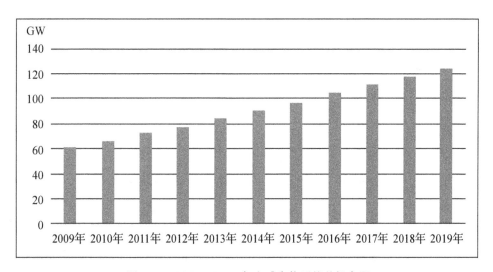

图 7.14　2009—2019 年全球生物质能装机容量

(数据来源：IRENA)

根据国家能源局数据显示，截至 2019 年底，我国生物质发电装机容量达到 2254 万 kW，同比增长26.6%；2019年中国生物质发电量为1111亿kW·h，同比增长20.4%。我国2015~2019年生物质发电量及装机容量如图7.15所示。

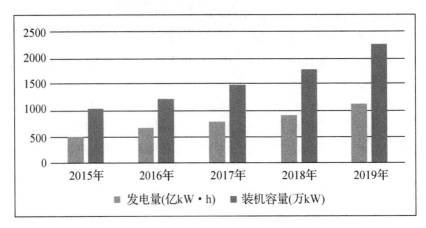

图7.15　2015—2019年中国生物质发电量及装机容量

(数据来源：国家能源局)

截至2019年底在各类生物质能中，垃圾焚烧发电装机容量占生物质发电装机总容量的53%，排名第一；农林生物发电装机容量占比为43%；沼气发电装机容量占比4%。2019年中国生物质发电专业装机容量占比如图7.16所示。

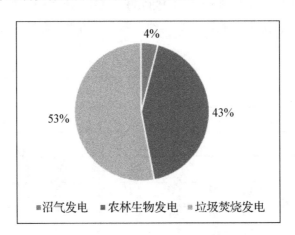

图7.16　2019年中国生物质发电专业装机容量占比

(数据来源：中国产业发展促进会生物质能产业分会)

截至2019年底，全国30个省(区、市)垃圾焚烧发电累计装机容量为1202万kW，较2018年增长31%，2019年新增发电装机容量286万kW。2015—2019年垃圾焚烧累计装机容量和新增装机容量如图7.17所示。

第 7 章　生物质能及其利用

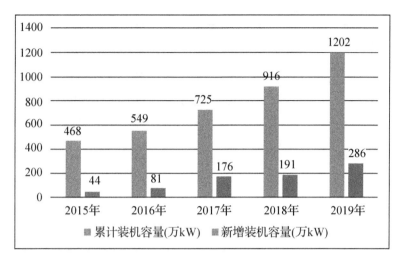

图 7.17　2015—2019 年垃圾焚烧累计装机容量和新增装机容量

(数据来源：中国产业发展促进会生物质能产业分会)

截至 2019 年底，垃圾焚烧发电累计装机容量排名前五的省份分别是广东省、浙江省、山东省、江苏省和安徽省。这 5 个省份合计装机容量占全国累计装机容量的 58.9%。

截至 2019 年底，全国 25 个省(区、市)农林生物质发电累计装机容量 973 万 kW，较 2018 年增长 21%，2019 年新增装机容量 170 万 kW。2015—2019 年农林生物质累计装机容量和新增装机容量如图 7.18 所示。

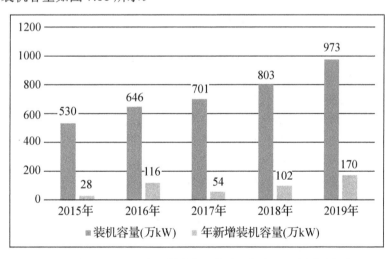

图 7.18　2015—2019 年农林生物质累计装机容量和新增装机容量

(数据来源：中国产业发展促进会生物质能产业分会)

截至 2019 年底，全国 25 个省(区、市)沼气发电累计装机容量 79 万 kW，较 2018 年同比增长 27%，2019 年新增发电装机容量 17 万 kW。2015—2019 年沼气发电累计装机容量和新增装机容量如图 7.19 所示。

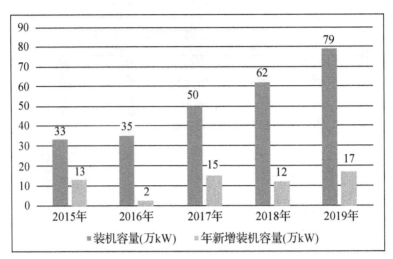

图 7.19 2015—2019 年沼气发电累计装机容量和新增装机容量

(数据来源：中国产业发展促进会生物质能产业分会)

我国能源依然面临着总量不足、石油紧缺、环境污染严重、人均占有量少和能效低等诸多问题。而我国生物质能资源相当丰富，理论生物质能资源大约有 50 亿 t 标准煤，达到了我国目前总能耗的 4 倍左右。因此，大力开发利用生物质能源已成为我国发展可再生能源的首要问题。

7.5 生物质能发电技术

7.5.1 直接燃烧发电

生物质直接燃烧发电，就是直接以经过处理的生物质为燃料，而不需转换为其他形式的燃料，用生物质燃烧所释放的热量在锅炉中生产高压过热蒸气，通过推动汽轮机的涡轮做功，驱动发电机发电。生物质直接燃烧发电的原理和发电过程与常规的火力发电是一样的，所用的设备也没有本质区别。

直接燃烧发电是最简单、最直接的生物质能发电方法。最常见的生物质原料是农作物的秸秆、薪炭木材和一些农林作物的其他废弃物。由于生物质质地松散、能量密度较低，其燃烧效率和发热量都不如化石燃料，而且原料需要特殊处理，因此设备投资较高，效率较低，即使在将来，这种情况也很难有明显改善。为了提高热效率，可以考虑采取各种回热、再热措施和联合循环方式。

世界之最：最早发展秸秆燃烧发电的国家

丹麦是世界上最早利用生物质能发电的国家之一。世界性的石油危机爆发后，丹麦就开始大力推行秸秆等生物质能发电。从 1988 年丹麦诞生世界上第一座秸秆生物质燃烧发电厂到现在，该国已经拥有此类发电厂 100 多家，所产生的能源占全国能源消费的 24%。

第7章 生物质能及其利用

世界之最：世界上最大的秸秆发电厂

位于英国坎贝斯的生物质能发电厂是世界上最大的秸秆发电厂，装机容量3.8万kW。

中国之最：我国第一个具有自主知识产权的秸秆发电项目

晋州秸秆热电项目是我国第一个采用具有自主知识产权的直燃锅炉的生物质直接燃烧发电项目，于2006年开工建设，占地约100亩(1亩=666.67m²)，工程总投资约为2.6亿元，以玉米、小麦秸秆和果木枝条为燃料，年燃烧秸秆17万～20万t，年发电量约为1.3亿kW·h，年供热量为51×10^{13}J，能够满足100万m²建筑的采暖要求。

7.5.2 沼气发电

提示

沼气的概念和生成原理，参见7.3.2节气体生物质燃料。

沼气发电就是以沼气为燃料实现的热动力发电。沼气发电系统如图7.20所示，消化池产生的沼气经气水分离器、脱硫塔(除去硫化氢及二氧化碳等)净化后，进入储气柜；再经稳压器(调节气流和气压)进入沼气发动机，驱动沼气发电机发电。发电机排出的废气和冷却水携带的废热经热交换器回收，作为消化池料液加温热源或其他热源再加以利用。发电机发出的电经控制设备送出。

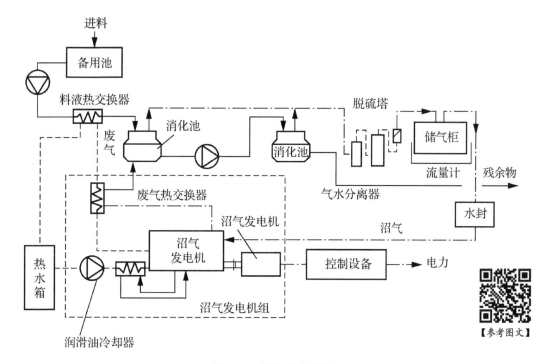

图7.20 沼气发电系统

沼气发动机与普通柴油发动机一样，工作循环也包括进气、压缩、燃烧膨胀做功和排气 4 个基本过程。

发动机排出的余热占燃烧热量的 65%～75%，通过废气热交换器等装置回收利用，机组的能量利用率可达 65% 以上。废热回收装置所回收的余热可用于消化池料液升温或采暖。

沼气发电的生产规模，50kW 以下为小型，50～500kW 为中型，500kW 以上为大型。

世界之最：世界上最大规模的垃圾沼气发电厂

2006 年 12 月 12 日，世界上最大规模的垃圾沼气发电厂在韩国建成并正式投入运营，发电规模为 50MW 级。这座沼气发电厂每月可发电 200 万 kW·h，为 18 万户家庭供电，可替代韩国每年 50 万桶重油的进口。在此之前，全世界 50MW 级的沼气发电厂仅在美国有一座。

某沼气发电厂的发酵罐如图 7.21 所示。

图 7.21　沼气发电厂的发酵罐

中国之最：我国第一个垃圾沼气发电厂

1998 年 10 月，我国首家垃圾沼气发电厂在浙江杭州天子岭废弃物填埋总场建成，装机总容量为 1940kW，并入华东电网。

【参考视频】

中国之最：世界上最大的畜禽粪便沼气发电厂

安徽马鞍山蒙牛现代牧业集团投资 3400 万元，建成了国内最大的畜牧饲养业沼气能源发电项目。这是目前全球最大的畜禽类沼气发电厂，日处理牛粪量达 800～1000m³，产气量达 1.4 万 m³，日发电量超过 2 万 kW·h。

小知识：全球大型沼气发电技术示范工程

2009 年位于北京市延庆县的德青源沼气发电厂竣工，并正式向华北电网并网发电，被列为"全球大型沼气发电技术示范工程"。

7.5.3 垃圾发电

垃圾发电主要是从有机废弃物中获取热量用于发电。从垃圾中获取热量主要有两种方式：一种是垃圾经过分类处理后，直接在特制的焚烧炉内燃烧；另一种是填埋垃圾在密闭的环境中发酵产生沼气，再将沼气燃烧。

垃圾发酵产生沼气的原理，可参考本章相关内容，在此不再详细介绍。垃圾沼气发电的效率非常低，但发电成本低廉，仍然很有开发价值。

小知识

理论上，每吨垃圾可产生 150～300m³ 的气体，其中有 50%～60%的甲烷，能提供 5～6GJ 的热量。燃烧气体转化为电能的效率假设为 35%，则整个系统的效率在 10%以下。100 万 t 的垃圾填埋只能提供 2MW 的发电功率。

垃圾焚烧，可以使其体积大幅度减小，并转换为无害物质。被焚烧废物的体积和质量可减少 90%以上。

垃圾焚烧发电，既可以有效解决垃圾污染问题，又可以实现能源再生，作为处理垃圾最为快捷和最有效的技术方法，近年来在国内外得到了广泛应用。

垃圾焚烧发电这种方式从原理上看似容易，但实际的生产流程却并不简单。首先要对垃圾进行品质控制，这是垃圾焚烧的关键。一般都要经过较为严格的分选，凡有毒有害垃圾、无机的建筑垃圾和工业垃圾都不能进入。符合规格的垃圾卸入巨大的封闭式垃圾储存池。垃圾储存池内始终保持负压，巨大的风机将池中的"臭气"抽出，送入焚烧炉内。然后将垃圾送入焚烧炉，并使垃圾和空气充分接触，有效燃烧。

焚烧垃圾需要利用特殊的垃圾焚烧设备，有垃圾层燃焚烧系统、流化床式焚烧系统、旋转筒式焚烧炉和熔融焚烧炉等。

当然，也可以焚烧与发酵并用。一般是把各种垃圾收集后，进行分类处理，如图 7.22 所示。对燃烧值较高的进行高温焚烧(也彻底消灭了病源性生物和腐蚀性有机物)；对不能燃烧的有机物进行发酵、厌氧处理，最后干燥脱硫，产生沼气再燃烧。燃烧产生的热量用于发电。

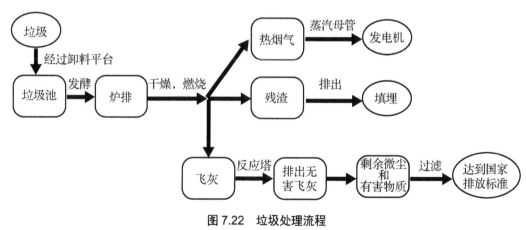

图 7.22 垃圾处理流程

世界之最：世界上最大垃圾发电厂

2019年6月28日，上海老港再生能源利用中心二期宣布正式启用，老港一、二期工程总焚烧处理生活垃圾将每年达300万t，成为全球规模最大的垃圾焚烧厂。

 小知识

我国人均年产垃圾400kg，如果将其中的1/3有效地用于发电供热，每年可节省煤炭2100万t。

 中国之最：中国第一座垃圾焚烧发电厂

位于清水河的深圳市市政环卫综合处理厂(图7.23)，是国内第一座采用焚烧技术处理城市生活垃圾并利用其余热发电、供热的现代化公益设施。1985年引进日本技术及设备兴建，1988年正式投产。日处理垃圾400t，日发电量为3000kW·h。

 中国之最：中国第一座国产化的垃圾焚烧发电厂

我国第一座国产化的垃圾焚烧发电厂已在温州市瓯海区并网发电，日处理生活垃圾320t，年发电量2500万kW·h。

图7.23 深圳市市政环卫综合处理厂

7.5.4 生物质燃气发电

生物质燃气发电就是将生物质先转换为可燃气体，再利用这些可燃气体燃烧所释放的热量发电。

生物质燃气发电的关键设备是气化炉(或热裂解装置)，一旦产生了生物质燃气，后续的发电过程和常规的火力发电及沼气发电没有本质区别。

生物质燃气发电系统如图7.24所示，主要由煤气发生炉、煤气冷却过滤装置、煤气发动机、发电机四大主机构成。

生物质燃气发电机组主要有三种类型：一是内燃机/发电机机组，二是汽轮机/发电机机组，三是燃气轮机/发电机机组。三种方式可以联合使用，汽轮机和燃气轮机发电机组联合运行的前景较为广阔，尤其适用于大规模生产。

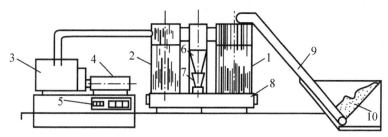

1—煤气发生炉；2—煤气冷却过滤装置；3—煤气发动机；4—发电机；
5—配电盘；6—离心过滤器；7—灰分收集器；8—底座；9—燃料输送带；10—生物质燃料

图 7.24　生物质燃气发电系统

7.6　典型的能源植物

除了利用农林作物的残余物和其他各种废弃物以外，为了集中地获取大量生物质，很多国家还专门培植经济价值较高的能源作物。例如，瑞典有 $180km^2$ 的能源作物用来提供热量。瑞士也有种植 $1000km^2$ "能源林"的计划。据报道，国外每 $0.01km^2$ 林地每年可收获 30t 以上的能源作物。

7.6.1　薪炭树种

目前世界上比较优良的薪炭树种有加拿大杨、意大利杨、美国梧桐、红桤木、桉树、松、刺槐、冷杉、柳、沼泽桦、乌桕、梓树、火炬树、大叶相思、牧豆树等。近年来我国发展的适合作薪炭的树种有银合欢、柴穗槐、沙枣、旱柳、杞柳、泡桐树等，有的地方种植薪炭林三五年就见产，平均每亩薪炭林可产干柴 1t 左右。

1. 银合欢与新银合欢树

新银合欢(图 7.25)与银合欢(图 7.26)是两种不同的植物，前者无刺，后者有刺。外形看似差别不多，其实木质软硬区别很大。银合欢树皮薄，木质坚硬；新银合欢树皮稍厚，木质脆弱。

图 7.25　新银合欢树的花

图 7.26　银合欢树

原产中美洲的新银合欢树生长迅速,适应性强,产量高,用途广,被誉为奇迹树,已经引种到我国。

2. 铁刀木

铁刀木(图 7.27)为落叶乔木,最高可长到 20 多 m,砍伐后的树桩表面,能看到周围 2cm 厚的金黄色边材,中间呈黑红色,因此俗称黑心树,主要分布在印度、缅甸、泰国,我国云南省西双版纳也普遍栽培。其具有抗病虫害、速生的特点,一般情况下,播种后 5 年高可达 15m,直径在 25cm 以上。以后隔 3 年砍伐一次,每棵树就可取柴 200～300kg。铁刀木材质好,燃烧慢,火力强,烟雾小,不炸火星,是良好的薪炭材。

(a) 铁刀木的花

(b) 铁刀木薪炭林

图 7.27　铁刀木的花和铁刀木薪炭林

3. 桉树

桉树(图 7.28)是目前世界上比较优良的薪炭树种,在美国、澳大利亚和新西兰都比较常见。

(a) 桉树的叶子

(b) 桉树林

图 7.28　桉树的叶子和桉树林

7.6.2　石油树

某些绿色植物能通过光合作用在体内形成类似于石油成分的烷烃类物质。从这些植物中，可以提取代替石油产品的燃料，科学家称其为"绿色石油"。全球已发现有上千种可生产"绿色石油"的植物。

1. 苦配巴

在南美洲亚马孙河流域，巴西的热带雨林中，有一种苦配巴树，最大直径可达 1m，若在树干上钻一个直径 5cm 的孔，2h 能流出近 2kg 的金黄色油状树液，每棵树可年产"柴油"20kg 左右。这种树液不经任何处理即可直接作为汽车燃料，而且排出的废气不含硫化物，不污染空气。人们把这种树称为柴油树。图 7.29 所示为苦配巴的叶子和果实。

2. 香胶树

香胶树(图 7.30)，也称荼胶、毛樟和毛黄肉楠，生长于巴西，是一种出油量很大的树种。每棵树在半年之内可分泌出 20～30kg 胶液，其化学成分与石油相似，不必经过任何提炼，即可作为柴油使用，是可以直接利用的生物原油。

图 7.29　苦配巴的叶子和果实

3. 油楠树

在我国海南岛及越南、泰国、马来西亚、菲律宾的热带森林里，生长着一种能产"柴油"的油楠树(图 7.31)，树高多为 10～30m，直径最大在 1m 以上。一般情况下，当油楠长到 12～15m 高时，就能大量产油了。在树干上钻一个直径 5cm 的孔，2～3h 就能流淌出 5L 浅黄色的油液。每株年产油量可达 25kg，最多的有 50kg 之多。这种油液过滤后，可直接作为柴油机的燃料。

图 7.30　香胶树

图 7.31　南亚热带森林中的油楠树

4. 杭牙树

菲律宾有一种能产生可燃树液的野生果树，称为杭牙树。其果实内含有 16%的黏质油脂，树根和树干都能分泌出一种含有烯烃和烷烃成分的树液，类似柴油，用火柴一点就能直接燃烧。每棵树可年产"柴油"5kg 左右。

5. 油桐树

油桐树(图 7.32)也叫麻疯树,是目前主要开发利用的生物能源植物之一。该树种原产于美洲热带地区,现在在我国的广东、广西、四川、贵州、云南等广泛引种。这种树生长迅速,生命力强,从第二年开始,在长达 30~50 年的时间里都能结种。在两广地区,一棵成熟的油桐树一年结种两次,每次产 5~15kg 种子,种仁含油量高达 50%~60%,是提炼环保清洁生物柴油的主要原料树种,具有较高的开发价值和广阔的利用前景。

(a) 油桐树

(b) 油桐树的果实

图 7.32　油桐树及其果实

(来源: http://www.gzf.gov.cn/)

6. 草本植物

目前还发现许多草本植物也富含石油。

美国一些农场种植的金花鼠草,其茎、叶充满白色乳汁,乳汁中含有 1/3 的烃类物质。$10m^2$ 的生长面积的野生金花鼠草可提炼出大约 1kg 石油,人工栽培的杂交金花鼠草产油量可高达 6.5kg。

澳大利亚的桉叶藤和牛角瓜,是多年生的草本植物,可以从中提炼类似于石油的液体。这两种草生长速度快,一年可以收割好几次。如果澳大利亚大面积人工栽培种植这两种草,提炼出的燃料足可以满足该国至少 1/4 的石油需求。

趣闻:石油草与诺贝尔奖

美国著名的化学家、加利福尼亚大学的卡尔文教授,在 20 世纪 80 年代发现了含油植物,并选育出绿玉树、三角大戟和续随子三种"石油植物",因此获得了诺贝尔生物学奖。他用遗传工程法培养出的石油植物,每 $4046m^2$ 年产 50t 植物石油,经适当加工,能生产 1~5t 碳氢化合物,可连续收获 20~30 年。

7.6.3　巨藻

生长在大陆架海域或湖泊沼泽中的巨藻(图 7.33),含有丰富的甲烷成分,可以用来制取煤气。

巨藻的生长速度极为惊人,每昼夜可长高 30cm,成熟的巨藻一般长达 70~80m,最长可达 500m。成熟的巨藻的叶片多集中于海水表面，便于机械化收割，可以在大陆架海域大规模养殖，一年可以收割 3 次。

图 7.33 巨藻

近年来日本的科研人员成功地从一种淡水藻类中提取出了石油，不仅发热量高，而且氮、硫含量较低(分别为重油的 1/2 和 1/190)。这些石油是藻类在进行光合作用的过程中蓄积在体内的。可喜的是，这种淡水藻广泛分布在世界各地的湖泊沼泽中。2g 重的藻块在 10 天内就可增长到 10g，其中约含 5g 的石油。

生物质能是被人类利用的最古老的能源，一直是人类赖以生存的重要能源，长期在全球能源结构中占据重要地位。由于其资源的大量存在和广泛分布，以及在开发利用上的诸多优点，将会在未来的社会发展中继续发挥非常重要的作用。

习　　题

一、填空题

1．获取生物质的途径大体上有两种情况：一种是_____，另一种是_____。

2．生物质能发电是利用生物质_____或生物质转化为_____后燃烧所产生的热量来发电。

3．生物质能发电的流程，大致为两个阶段：先把各种可利用的_____收集起来，通过一定程序的加工处理，转变为可以高效燃烧的燃料；然后把燃料送入锅炉中燃烧，产生_____，驱动汽轮发电机组发出电能。

二、选择题

1．作为一种能源资源，生物质能的特点包括(　　)。

　　A．资源集中　　　　　　　　　　B．可存储和运输
　　C．循环再生　　　　　　　　　　D．大多来自废物

2．生物质能的利用，主要是将生物质转变为可直接利用的(　　)。
    A．热能　　　　B．电能　　　　C．水能　　　　D．风能

3．直接以经过处理的生物质为燃料，利用其燃烧所释放的热量，在锅炉中生产高压过热蒸汽，通过推动汽轮机的涡轮做功，驱动发电机发电，称为(　　)。
    A．沼气发电　　　　　　　　　B．垃圾发电
    C．生物质直接燃烧发电　　　　D．生物质燃气发电

三、分析设计题

1．分析一下在你的家乡有哪些形式的生物质资源可以利用。请结合当地的具体情况，大致规划一下生物质能的开发利用策略。

2．你认为开发哪种形式的生物质燃料最合理？请说明你的理由。

3．怎样实现生物质能的跨越式发展？

第 8 章

氢能和燃料电池

名列元素周期表首位的氢，在地球上的含量非常丰富，但大多以化合物的形态存在。氢气质量轻，含能量大，是非常优质的燃料。被称为第四代电力的燃料电池，主要以氢为燃料，具有诸多优点，具有非常好的应用前景。那么怎样才能从各种化合物中制取氢气？氢气应该如何保存？燃料电池是怎样工作的？有哪些类型？各自有什么特点？可以在哪些场合应用？海面为何会突然烧起大火？这些问题都可以在本章中找到答案。

教学目标

- ➢ 了解氢和氢能的特点及利用情况；
- ➢ 掌握氢的制取和储存的主要方式；
- ➢ 了解燃料电池的工作原理和主要类型；
- ➢ 理解燃料电池的特点和应用价值。

教学要求

知识要点	能力要求	相关知识
氢和氢能	(1) 掌握氢和氢能的特点； (2) 了解氢能利用的方式和历史	氢原子的结构
氢的制取	(1) 了解各种制取氢气的方法； (2) 掌握主要制氢方法的原理和特点	化学反应
氢的储存	(1) 了解各种储存氢气的方式； (2) 掌握主要储氢方式的特点和应用前景	—
燃料电池的概念	(1) 了解燃料电池的发展历史； (2) 理解燃料电池的基本结构和工作原理； (3) 掌握燃料电池发电的特点	电解质、化学反应
燃料电池的类型	(1) 了解燃料电池的分类； (2) 了解各种燃料电池的特点和发展情况	—
燃料电池的应用	了解燃料电池的主要应用领域	—

推荐阅读资料

1. 毛宗强. 氢从哪里来[J]. 太阳能，2007(2): 20-22.
2. 毛宗强. 如何把氢储存起来[J]. 太阳能，2007(3): 17-19.
3. 洪明子，崔明灿. 燃料电池发电技术[J]. 吉林化工学院学报，2005, 22(3): 23-27.

基本概念

氢能：主要是指游离的分子氢(H_2)所具有的能量，包括氢燃烧、发生化学反应或核聚变时释放出的能量。

燃料电池：一种直接将储存在燃料和氧化剂中的化学能转换为电能的发电装置。

水的电解：在导电的水溶液中通入直流电，将水分解成 H_2 和 O_2。

生物制氢：所有利用生物产生氢气的方法，包括生物质气化制氢和微生物制氢等不同的技术手段。

引例：威力巨大的氢弹

北极圈内有一个新地岛(原属苏联、现属俄罗斯)，气候寒冷，终年积雪，离它最近的城市也在700km以外。这个只有北极熊和海鸥光顾的荒岛却因冷战而热闹起来，并且很快就引起了全世界的关注。

1961年10月30日，苏联的一架图-95战略轰炸机在15000m高空丢下一个煤气罐一样的东西(赫鲁晓夫氢弹，直径约2.5m，长约12m，如图8.1所示)，然后以最快的速度逃离。17min后，吊在降落伞下的"煤气罐"在4500m高空爆炸。此时飞机已经飞出200多千米，但还是被爆炸的冲击波追上，就像波谷浪尖的小船一样无助地抛起、落下。躲在250km以外地下室内的试验人员也感觉到了犹如末日的来临，或被抛起或被震翻，有的经不起这强烈的刺激而精神失常。天空渐渐形成一团高达70km的蘑菇云(图8.2)。而蘑菇云的下方，3m多厚的冰层瞬间融化，建筑物荡然无存，坦克群七扭八歪，15000只动物所剩无几。4000km² 内的飞机、雷达和通信系统全部受到不同程度的冲击。苏联自己尝到了苦头，美国也莫名其妙地遭了殃，尤其是靠近苏联的阿拉斯加和格陵兰岛。

图8.1 赫鲁晓夫氢弹

图8.2 氢弹爆炸形成的蘑菇云

这次爆炸震惊了世界。所有的地震台站都有记录。这就是人类历史上最大的氢弹——赫鲁晓夫氢弹，爆炸当量超过5000万t TNT炸药，实际上这还只是装了一半的药量。如果更大的家伙在大西洋爆炸，海啸引起的上千米的巨浪就会漫过整个美洲大陆。

第 8 章 氢能和燃料电池

氢弹是利用核聚变释放巨大能量的，威力比原子弹更大。我们当然不希望有这种东西来毁灭地球，但是从中可以看到氢所蕴含的巨大能量。如果氢的能量只被用于改善人类的生存和生活条件，那么将是人类的一大福音。

8.1 氢和氢能概述

8.1.1 氢和氢能简介

元素周期表中排在首位的氢，是目前已知的最轻的化学元素。其在标准状态下，氢气为无色无味的气体，密度是空气的 1/14.5。

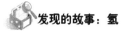发现的故事：氢

1766 年，英国人亨利·卡文迪许发表《关于人造空气的实验》，详细介绍了氢气的性质，以及用锌、铁、锡与稀酸反应制取氢气的方法，成为公认的发现氢的人。1777 年，法国化学家安托万·拉瓦锡通过实验证明水是由氢和氧组成的，把氢称为"水素"；1785 年，拉瓦锡根据这种气体能够与氧气反应生成水的性质，为其取名为"Hydrogen(氢)"，其中 Hydro 为水，gen 即产生。

氢元素是宇宙中最丰富的元素(约占宇宙物质总质量的 3/4)，其在地球上各种元素的含量中排第三位。在地球及其周围大气中，除了空气中的少量氢气以外，绝大部分氢元素都以化合物的形态存在，虽然甲烷(CH_4)、氨(NH_3)和各种烃类(C_mH_n)中也有氢元素，但氢元素主要还是存在于水(H_2O)中，而水是地球上最广泛的物质。地球上的水约有 $1.4×10^9 m^3$，水中大约含有 11%的氢。如果把全球水中的氢都提炼出来，约有 $1.5×10^{17}t$，所产生的热量是地球上化石燃料的 9000 倍。

8.1.2 氢能及其利用方式

氢能够以气体、液体或固态金属氢化物的形式出现，能适应储运及各种应用环境的不同要求。

氢能主要是指氢燃烧、发生化学反应或核聚变时所释放出的能量。

提示

由于目前应用的氢大都是人工制取的，因此，氢能是一种二次能源。

利用氢能的方式很多，包括：直接作为燃料提供热能或在热力发动机中做功；制造燃料电池，在催化剂的作用下进行化学反应直接产生电能；利用氢的热核反应释放出核能；等等。

在所有的气体中，氢气的导热性最好，比大多数气体的导热系数高 10 倍以上，是能源工业中极好的传热载体。此外，氢气还能转换成固态氢用作结构材料。

1. 氢燃料

氢是含热量很高的燃料。每千克的氢燃烧时所释放的热量为 140 多兆焦耳，约为汽油的 3 倍，酒精的 3.9 倍，焦炭的 4.5 倍，超过任何一种有机燃料。

氢气的燃烧性能好，点燃快，燃点高，在混合的空气中体积分数为 4%～74%时都能稳定燃烧。

氢是最清洁的燃料。氢本身无毒，燃烧后只生成水和微量的氮化氢，而没有其他任何可能污染环境的排放物。氮化氢经过适当处理后也不会污染环境，生成的水还可继续制氢，反复循环使用。

到 21 世纪中叶，氢有可能取代石油，成为使用最广泛的燃料之一。

2. 氢的核聚变

【参考视频】

氢的核能利用理论基础是爱因斯坦的相对论。发生质量亏损 m 时释放出的能量为 $E=mc^2$，其中 c 为光速(3×10^8 m/s)。4 个氢(H)原子聚变成一个氦(He)原子，在质量上会减少 0.711%。那么，1g 氢聚变为氦释放的能量为 6.39 亿 kJ，相当于 23t 标准煤燃烧产生的热量。

可见，氢的核聚变能量是十分巨大的。而且，氢的核聚变过程没有放射性，对环境没有任何污染。一旦受控的氢核聚变获得成功，人类的能源与环境问题将得到根本的解决。

小知识

氢是原子核只有一个质子的元素，有中子数为 0、1、2 的三种同位素(质量数分别为 1、2、3)，分别称为氕(H，就是通常所说的氢)、氘(^{2}H)和氚(^{3}H)。用于核聚变的氢主要是其同位素氘和氚，其核聚变产生的能量比铀原子核裂变释放出来的能量大若干倍。

3. 氢燃料电池

关于氢燃料电池的结构和原理，可参见本章后续内容。

除了作为燃料以外，长期以来，氢一直是石油、化工、化肥和冶金工业的重要原料。

氢能可以输送、储存、大规模生产并且能再生利用，同时对环境友好，基本上没有污染，具有无可比拟的潜在开发价值。

8.1.3　氢能的应用历史和现状

【参考图文】

16、17 世纪都有人在金属与酸的反应中得到过氢气。1766 年卡文迪许发表论文，详细介绍了氢气的制取方法和性质。

20 世纪初，比空气轻很多的氢气被用于充装飞行物(图 8.3)。第一次世界大战(简称一战)期间，交战双方都用氢气球窥测对方在战线后方的活动。一战后，用氢气充装的飞船在交通运输业中使用了多年。

1938 年，直升机的创始人西考斯基提出了以氢为航空器燃料的设想。

20 世纪 50 年代，加拿大多伦多大学尝试把氢作为普通内燃机燃料，美国开始研究用液氢作为军用飞机的飞行燃料，并有一架用液氢作燃料的 B57 轰炸机试飞成功。

由于液氢的优良燃烧特性和能量密度，随后广泛用于卫星和航天器的火箭发动机中（图 8.4）。

图 8.3　氢气球

图 8.4　氢燃料用于航天器

1974 年 3 月，美国迈阿密大学组织的"能源与氢经济会议"，有来自 30 个国家的 700 多位代表参加，可见在那个时候，氢能的概念就已在世界范围内获得了广泛的关注。同年国际氢能协会成立，进行氢能利用的研究交流，包括氢的制取、储存、运输和应用技术等。

20 世纪 60 年代以后，氢-氧燃料电池发展起来，又给氢能的利用开辟了一个新的领域。

近年来，美国、欧洲、日本研制成功的以液氢为原料的燃料电池电动汽车，已进入了商业化生产阶段。美国克莱斯勒和福特公司于 2004 年在汽车市场上推出了这种新型汽车。2005 年 7 月，戴姆勒-克莱斯勒公司研制的"第五代新电池车"成功地横跨美国，全程行驶 5245km，最高时速 145km。

世界之最：最理想的氢能生态城市交通系统

冰岛于 1999 年投入 650 万美元在其首都雷克雅未克启动了一个名为"生态城市交通系统"的计划，主要发展电解水技术，在加氢站就地制氢，以燃料电池为主要动力设备。其总体目标为在 2030 年前后，在冰岛全境实现以氢能替代传统能源。

如今，氢能在化工、化肥、塑料和冶金行业中，也作为一种重要的原料而获得广泛应用。

氢的核聚变能最早用于制造氢弹。美国率先开始氢弹的研制，并制造出世界上第一枚氢弹。我国也于 1967 年实现了氢弹爆炸。

世界之最：世界上第一枚氢弹

美国于1952年完成了世界上第一枚氢弹的设计和制造，并在太平洋马绍尔群岛成功爆炸，竟把一个直径1.6km的小岛硬生生炸没了，核当量高达1000万t TNT，相当于700枚广岛原子弹。

而氢能和平利用的终极梦想就是受控的氢核聚变。氢核聚变几乎不会带来放射性污染等环境问题，而且其原料可直接取自海水中的氘，来源几乎取之不尽，是理想的能源利用方式。

2007年9月处于世界领先地位的中国新一代热核聚变装置首次成功完成了放电实验，获得电流200kA、时间接近3s的高温等离子体放电。这表明，我国在受控氢核聚变领域的研究工作已经走在世界的前列。

目前世界各国对于氢能的开发利用投入巨大。

美国2011年财政年度中氢能开发的预算为2.56亿美元，包括了燃料电池系统、氢燃料、氢能技术研发、氢安全、法规、标准等多项与氢能有关的项目。

德国"国家创新计划"(NIP) 由政府与工业界出资14亿欧元在2007—2016年集中精力于氢和燃料电池市场，聚焦示范与开发相结合项目，通过市场化推动氢能和燃料电池。项目中为推动燃料电池汽车(FCV) 的顺利发展，德国政府将建立全国性的加氢站网络，加氢站将遍及德国各大城市及城市与城市之间的交通道路。

日本对于氢能源的开发利用主要集中在燃料电池汽车用电池和固定装置燃料电池方面。为尽快研发、推广燃料电池汽车，日本采取了全额投入经费的办法，委托VEDO公司负责管理"日本氢能和燃料电池示范项目"。该项目的目标之一，就是到2025年，在全日本建立1000座加氢站。为推进2015年燃料电池汽车的量产计划，日本政府先后制定了加氢站和氢能基础设施建设的优惠政策，同时加大了奖励幅度和资金支持。

2004年5月，中国科技部与戴姆勒-克莱斯勒公司签署了燃料电池公共汽车采购合同，成为发展中国家第一个燃料电池公共汽车示范运行的国家。目前我国已具备开发氢动力燃料电池发动机的能力。2008年北京奥运会时，燃料电池轿车已经小批量、示范性地行驶在街头。而在2010年世博会上，又有6辆上海汽车公司的燃料电池公交的示范运营。

截至2019年年底，全球共投入运营的加氢站数量达432座，还有226座加氢站正处于计划建设阶段。全球加氢站主要分布在亚洲和欧洲地区，亚洲、欧洲、北美洲加氢站数量分别为178座、177座、74座，亚洲新增加氢站数量达42座，总量首次反超欧洲，成为全球加氢站建设数量最多的区域，日本以114座加氢站数量位居全球首位。在我国，截至2020年2月，全国共有加氢站66座，已建成正在运营的加氢站有46座，内部实验站7座，暂停运营的加氢站3座。目前，广东以建成17座加氢站位居第一，其中佛山是国内加氢站数量最多的城市；上海以10座已建成加氢站位列全国第二。2019年3月十三届全国人大二次会议中通过的《政府工作报告》，提出要加快我国加氢站等设施建设。据规划显示，到2020年我国加氢站数量将达到100座，到2030年将达到1000座。

8.2 氢 的 制 取

通常所说的氢能,是指游离的分子氢所具有的能量。虽然地球上的氢元素相当丰富,但游离的分子氢却十分稀少。大气中的 H_2 含量只有 200 万分之一的水平。氢通常以化合物的形态存在于水、生物质和矿物质燃料中。从这些物质中获取氢,需要消耗大量的能量。据估计,目前全世界每年生产的氢气超过 6500 万吨,我国氢气产量将近 2000 万吨。

8.2.1 化石燃料制氢

1. 以煤为原料制氢

煤的主要成分是碳。煤制氢的本质是用碳置换水中的氢,生成氢气和二氧化碳,用化学反应方程式表示为

$$C + 2H_2O \rightarrow CO_2 + 2H_2$$

以煤为原料制取含氢气体的方法主要有两种。

(1) 煤的焦化(高温干馏),在隔绝空气条件下以 900~1000℃高温制取焦炭,副产品为焦炉煤气。每吨煤可制得煤气 300~350m³,可作为城市煤气,也是制取氢气的原料。焦炉煤气组分中体积分数为氢气 55%~60%、甲烷 23%~27%、一氧化碳 5%~8%。

(2) 煤的气化,即在高温下与水蒸气或氧气(空气)等发生反应转化成气体产物。其中氢气的含量与气化方法有关。煤的气化制氢是一种具有中国特色的制氢方法。通常做法是将煤放到专门的设备中进行反应。也可以在地下进行,在煤矿的地表建两口井,一个进气,一个出含氢的混合气,净化后可得到氢气。

2. 天然气制氢

天然气的主要成分是甲烷(CH_4),本身含有氢元素。天然气制氢的方式主要有两种。

(1) 天然气蒸气转化法。这曾经是较普遍的制造氢气的方法。本质是以甲烷中的碳取代水中的氢,碳起到化学试剂的作用并为置换反应提供热。氢大部分来自水,小部分来自天然气本身。其化学反应方程式为

$$CH_4 + 2H_2O \rightarrow 4H_2 + CO_2$$

这种传统制氢过程伴有大量的二氧化碳排放。每转化 1t 甲烷,要向大气中排放 2.75t 二氧化碳。

(2) 甲烷(催化)高温裂解制氢。20 世纪中叶开发的甲烷(催化)高温裂解制氢技术,在制取高纯氢气的同时,还能得到更有经济价值、易储存的固体碳,而不向大气排放二氧化碳。该方法制得的氢完全来自甲烷本身所含的氢元素。该方法技术较简单,但是制造成本仍然不低。

和煤制氢相比，用天然气制氢产量高、排放的温室气体少，因此天然气成为国外制造氢气的主要原料。

3. 重油部分氧化制氢

重油是炼油过程中的残余物，在部分氧化过程中碳氢化合物与氧气、水蒸气反应生成氢气和二氧化碳。该过程在一定的压力下进行，对于某些原料及过程可能还需要采用催化剂。催化部分氧化通常是以甲烷或石脑油为主的低碳烃为原料，而非催化部分氧化则以重油为原料，反应温度在 1150~1315℃。重油部分氧化制得的氢主要来自水蒸气。

化石燃料制造氢气的传统方法，会排放大量的温室气体，对环境不利。

氢气中的 90%是以石油、天然气和煤为主要原料制取的。在我国由化石燃料生产的氢气比例更高。

8.2.2 水分解制氢

地球上的氢绝大多数都以化合物的形态存在于水中，将水分解制取氢气是最直接的方式。

1. 电解水制氢

电解水制氢已经有很长的历史了，也是目前最广泛的制氢方法。水的电解过程就是在导电的水溶液中通入直流电，将水分解成 H_2 和 O_2。其反应式为

$$2H_2O \xrightarrow{电解} 2H_2\uparrow + O_2\uparrow$$

水电解制得的氢气纯度高，操作简便，但需要消耗电能。理想状态下(水的理论分解电压为 1.23V)，制取 1kg 氢大约需要消耗电 33kW·h。实际的耗电量大于此值。常压下电解制氢的能量效率一般在 70%左右。为了提高制氢效率，水的电解通常在 3.0~5.0MPa 的压力下进行。水电解制氢的效率达到 75%~85%时，生产 $1m^3$ 氢气的耗电量为 4~5kW·h。

2. 高温水蒸气分解制氢

水直接分解需要在 2227℃以上的温度，工程实现难度很大。为了降低水的分解温度，可采用多步骤热化学反应制造氢气，使反应温度降低到 1000℃以下。利用化学试剂在 2~4 个化学反应组成的一组热循环反应中互为反应物和产物，循环使用，最终只有水分解为氢和氧。其化学反应通式为↑

$$H_2O + X \rightarrow XO + H_2$$
$$2XO \rightarrow 2X + O_2$$

总反应为

$$2H_2O \rightarrow 2H_2\uparrow + O_2\uparrow$$

反应式中 X 为反应的中间媒体，它在反应中并不消耗，仅参与反应，但是由于其反应呈气态，很易和氧气发生氧化反应而重新生成氧化物。因此，需将它们从产物中分离出来。

一般采用快速冷却法,使其冷却成固体。整个过程仅仅消耗水和一定的热量。由于产物分离技术尚不成熟,热化学制氢目前尚未商业化。

3. 等离子体制造氢气过程

通过电场电弧能将水加热到 5000℃,水被分解成 H^+、H_2、O^{2-}、O_2、OH^- 等,其中 H^+、H_2 的总体积分数可达 50%。要使等离子体中氢组分含量稳定,就必须对等离子体进行淬火,使氢不再和氧结合。该过程能耗很高,因而制氢成本很高。

我国的氢气生产,除了用化石燃料以外,其余的主要都通过水电解法生产。水电解制造氢气不产生温室气体,但是生产成本较高,主要适合于水电、风能、地热能、潮汐能及核能比较丰富的地区。

趣闻：神秘的海面大火

1977 年 11 月 9 日,印度东南部马得里斯海湾附近海域,飓风骤起,激起滔天巨浪。忽然海面上燃起火来,形成了一片通天火海,据目击者称,那场面相当壮观。人们无不惊诧:周围并未见油船经过,那大火是怎么着起来的? 又怎么能在海面持续 20 多天? 后来有科学家分析,这个现象应该是时速 200 多千米的飓风与海面剧烈摩擦时产生的巨大能量,把水中的氢和氧分离,在摩擦发热和电荷的作用下,易燃的氢气在助燃的氧气中剧烈地燃烧起来。据推算,海浪上燃烧的这场大火,其能量相当于 200 颗氢弹爆炸所释放出的能量。1993 年 8 月 25 日晚间,渤海深处的大钦岛西北海域,也出现过类似的"海火"现象,持续了大约 40min。

8.2.3 生物制氢

生物制氢是指所有利用生物产生氢气的方法,包括生物质气化制氢和微生物制氢等不同的技术手段。

1. 生物质气化制氢

生物质气化制氢是将生物质原料(如薪柴、锯末、麦秸、稻草等)压制成型,在气化炉(或裂解炉)中进行气化(或裂解)反应制得含氢的混合燃料气。其中的碳氢化合物再与水蒸气发生催化重整反应,生成 H_2 和 CO_2(参见天然气制氢的有关内容)。

生物质超临界水气化制氢是正在研究的一种制氢新技术。在超临界水中进行生物质的催化气化,生物质气化率可达 100%,气体产物中氢的体积分数可达 50%,反应不生成焦油、木炭等副产品,无二次污染,因此有很好的发展前景。

2. 微生物制氢

微生物制氢是在常温常压下利用微生物进行酶催化反应制得氢气。用于制氢的微生物有两大类:一类是光合细菌(或藻类),在光照作用下使有机酸分解出 H_2 和 CO_2;另一类是厌氧菌,利用碳水化合物及蛋白质等发酵产生 H_2、CO_2 和有机酸。

江河湖海中的某些藻类、细菌,能够像一个生物反应器一样,在太阳光的照射下用水做原料,连续地释放出氢气。

8.2.4 太阳能制氢

太阳能制氢是未来规模化制氢方法中最有吸引力且最具现实意义的一条途径,可分为直接制氢和间接制氢两种。

1. 直接制氢

太阳能直接制氢法又分为热分解法和光分解法。

热分解法是指用太阳能的高热量直接裂解水,得到氢和氧。不过必须将水加热至 3000℃以上,反应才有实际应用的可能,应用起来困难较大。

光分解法是基于光量子可使水和其他含氢化合物分子中氢键断裂的原理,制氢途径主要有光催化法和光电解法等。光催化过程是指含有催化剂的反应体系,在光照下由于催化剂存在,促使水解制得氢气,这种光解过程的效率很低,一般不超过 10%。光电解制氢是利用半导体电极的光化学效应制成太阳能光电化学电池,以水为原料,在太阳光照射下制造氢气。这些太阳能直接制氢方法目前尚处于基础研究阶段。

2. 间接制氢

太阳能间接制氢法主要包括太阳能发电和电解水制氢。目前已无技术困难,关键是需要大幅度提高系统效率和降低成本。

8.2.5 制氢方式总结

目前,制取氢的方法比较多,包括以化石燃料和水为原料常规制氢法、生物制氢法、太阳能制氢法等。用这些方法制取氢的生产成本都比较高,今后要大量产氢,就必须努力把成本降下来,才能满足作为主体能源的需要。

图 8.5 给出了各种制取氢气的途径。

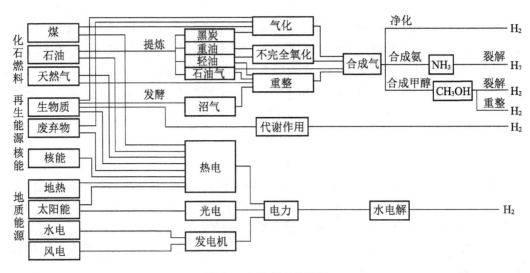

图 8.5 制取氢气的途径

以石油、天然气和煤为主要原料制取氢气的比例约为90%。在我国，由化石燃料生产的氢气比例更高，其余主要是通过水电解产生的。

8.3 氢的储存

氢能体系包括氢的生产、储存运输、氢能应用等环节。氢能的储存是关键，也是目前氢能开发的主要技术障碍。

氢是最轻的元素，在标准状态下的密度为0.0899g/L，是空气的1/14.5，为水密度的万分之一。即使在-252.7℃的低温下可变为液体，密度也只有70kg/m^3，相当于水的1/15。所以，氢气可以储存，但是很难高密度地储存。更何况，氢还是易燃、易爆的高能燃料。

8.3.1 对储氢系统的要求

氢的高效安全储存，对储氢系统有很高的要求。

储氢系统的安全性当然是第一重要的要求，不过因为所有的储氢系统在设计时都会充分考虑安全性，并且在使用中能够满足安全要求，人们反而不经常单独提出这一点了。

单位质量储氢密度，即储氢质量与整个储氢单元(含容器、储存介质材料、阀及氢气等)的质量之比，是衡量氢气储运技术是否先进的主要指标。例如，一个100kg的钢瓶(含阀及内部氢气质量)储有1kg的氢气，单位质量储氢密度为1%。好的储氢系统，最重要的是要有较高的储氢密度。

美国能源部提出单位质量储氢密度达到6.5%，单位体积储氢密度达到62kg/m^{3}的目标要求。按照这样的标准，氢燃料电池汽车可以达到与具有相同体积油箱的汽车相同的行驶距离。到目前为止，还没有一种储氢系统能够满足这一要求。国际权威机构希望储氢标准能进一步提高，体积储氢密度达80kg/m^3，质量储氢密度达9%。

储氢设备使用的方便性，如充放氢气的时间、使用的环境温度等也是很重要的要求。

8.3.2 氢气的储存

氢气可以像天然气一样用巨大的水密封储罐低压储存，不过由于氢气的密度太低，该方法只适合大规模储存气体时使用，应用不多。

气态高压储氢是最普通和最直接的储氢方式，一般将氢气压缩到15~40MPa高压，装入钢瓶中储存和运输。通过调节减压阀就可以直接释放出氢气。

目前，我国常使用容积为40L的钢瓶以15MPa高压储存氢气。这样的钢瓶只能储存6m^{3}标准氢气，重约0.5kg，还不到高压钢瓶质量的1%。储氢量太小，运输成本过高。

使用新型轻质复合材料的高压容器(耐压35MPa左右)则储氢密度可达2%以上。新型复合高压氢气瓶的内胎为铝合金，外绕浸树脂的高强度碳纤维，所以其自重比老式的钢瓶轻很多。目前75MPa的高压储氢容器已经上市，其质量储氢密度可达3%以上。人们正在研制100MPa的高压储氢容器。我国现在可以自行制造35MPa的高压储氢容器。

高压储氢的优点很明显，在已有的储氢体系中，动态响应最好。能在瞬间提供足够的氢气保证氢燃料供应；也能在瞬间关闭阀门，停止供气。高压氢气在零下几十摄氏度的低温环境中也能正常工作。高压储氢是目前实际使用最广泛的储氢方法。其缺点在于储氢密度较低，另外，用户也会担心高压带来的安全隐患。

8.3.3 液氢储存

氢气的沸点约为 20.4K，在-252.7℃的低温下可以变为液体，体积大大缩小。可以把冷却为液体的氢气储存在绝热的低温容器中。液态氢的单位体积含能量很高，常压下的密度为氢气的 845 倍，体积能量密度比高压气态储存时高几倍。

液氢的沸点很低，气化潜热小，容器内部温度与外界温度存在巨大的温差，稍有热量从外界渗入容器，液氢就可能迅速沸腾气化。

液氢的理论体积密度只有 70kg/m³，约为水的 1/15。考虑到容器和附件的体积，液氢系统的储氢密度还不到 40kg/m³。

液氢在大的储罐中储存时存在热分层问题。即储罐底部液体承受来自上部的压力因而沸点略高于上部，上部由于少量挥发而始终保持极低温度。静置后，液体形成下"热"上"冷"的两层，显然这是一个不稳定状态，稍有扰动就会翻动。如果略热而蒸气压较高的底层翻到上部，就会发生液氢爆沸，产生氢气，体积膨胀，使储罐爆破。因此，大的储罐都备有缓慢的搅拌装置以阻止热分层。

液氢储罐的结构很复杂，一般如图 8.6 所示，最理想的储罐形状是球形。

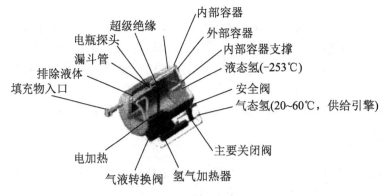

图 8.6 液氢储罐的结构

以液氢方式储运的最大优点是质量储氢密度高，按目前的技术条件可以做到 5%以上，存在的问题是液氢蒸发损失与成本问题。

目前，液氢燃料在航空航天领域得到了广泛应用。

8.3.4 固体金属氢化物储存

某些金属具有很强的捕捉氢的能力，在一定的温度和压力条件下，这些金属能够大量"吸收"氢气，发生化学反应生成金属氢化物，氢就以固体形式存储起来。需要用氢时，可将这些金属氢化物加热，它们又会分解，将储存在其中的氢释放出来。

这种能"吸收"氢气的金属，称为储氢合金或氢化金属。目前已经发现的氢化金属有锂(Li)、镁(Mg)和钛(Ti)合金。

金属氢化物的储氢容量较大，在相同温度、压力条件下，其单位体积储氢密度是纯氢气的 1000 倍。氢化金属的体积储氢密度与液氢相当，不过质量储氢密度低。金属氢化物储存的安全性也很好，即使遇枪击也不爆炸。

由于储存容量大、储运安全方便等优点，金属氢化物可能是最有发展前景的一种储氢方法。

8.3.5 研究中的新储氢方法

有机物储氢已成为一项有发展前景的储氢技术。有机液体化合物储氢剂主要是苯和甲苯，其原理是苯或甲苯与氢反应生成环己烷或甲基环己烷(理论储氢量分别为 7.19%和 6.18%)，在 0.1MPa、室温下呈液体状态，储存和运输简单易行，通过催化脱氢反应可以产生氢以供使用。这种方式具有储氢量大、能量密度高、储存设备简单等特点，而且还可以多次循环利用，寿命长达 20 年。不过这种储氢方式加氢时放热量大、脱氢时能耗高，脱放氢时的温度在 1000℃左右，在很大程度上限制了它的应用。

地下压缩储氢被认为是一种长期大量储氢(百万立方米以上)的主要方法。多孔、水饱和的岩石是理想的防止氢气扩散的介质。德国、法国和英国都有相关的储氢实践。但地下储存的氢气有 50%左右会滞留在岩洞中，难以被释放出来。

碳质储氢材料一直为人们所关注。碳质储氢材料主要是高比表面积活性炭等。特殊加工后的高比表面积活性炭，在 2~4MPa 和超低温(77K，为液氮的温度)下，质量储氢密度可达 5.3%~7.4%，但低温条件限制了它的广泛应用。碳纳米管自 1991 年被发现以来，已经成为目前人们研究最多的碳质储氢材料，具有储氢量大、释氢速度快、常温下释氢等优点，但工业化应用还不成熟。

此外，配位氢化物储氢和水合物储氢近年来也得到广泛研究。

8.4 燃料电池概述

【参考图文】

燃料电池是一种直接将储存在燃料和氧化剂中的化学能转换为电能的发电装置，被称为继水电、火电、核电之后的第四代发电装置。国际能源界预测，燃料电池将是 21 世纪最有吸引力的发电方式之一。

8.4.1 燃料电池的发展历史

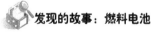

1839 年，英国的格罗夫(W. R. Grove)在实验室里发现并验证了燃料电池现象。他的试验装置如图 8.7 所示，将铂电极放入试管，在不同的试管里分别充满氢气和氧气，再把多个这样的装置串联起来，将试管的开口浸入稀硫酸溶液，在两端的电极之间就形成了较高的电压。1842 年，格罗夫制成了第一个真正意义上的燃料电池系统。

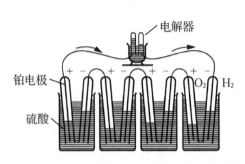
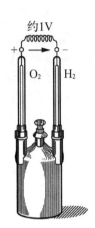

图 8.7 格罗夫的燃料电池试验装置

1889 年，英国人蒙德(L. Mond)与朗格(C. Langer)用空气和工业煤气制造了一个装置，得到 $0.2A/cm^2$ 的电流密度，并首先给出"燃料电池(Fuel Cell)"这一名称。这是世界上第一个实用的燃料电池，具有很高的能量转换效率，比早期的燃料电池和同时期的热机的效率都高出很多。

随着材料研究的进展，1920 年以后，气体扩散电极开始被用于燃料电池。

1933 年，鲍尔(Baur)设计了一种以氢为燃料的碱性电解质燃料电池。

1939 年，英国人培根(F.T.Bacon)第一次用氢氧化钾(KOH)水溶液制造出了燃料电池。后来，美国联合技术公司购买了他的专利，率先开发燃料电池技术，并于 1984 年成立了国际燃料电池公司。

20 世纪中叶以后，燃料电池的研究得到了迅速发展。20 世纪 50 年代，培根(Bacon)教授在剑桥大学成功地开发出多孔镍电极，制成了第一个千瓦级碱性燃料电池，这就是美国国家航空航天局阿波罗飞船中的燃料电池原型。随后又建造了 6kW 的高压氢氧燃料电池。1958 年，布劳尔斯(Broers)改进了熔融碳酸盐燃料电池，取得了较长的预期寿命。

燃料电池技术的实际应用开始于 20 世纪 60 年代的航天领域。1960 年 10 月，美国通用电气公司(GE)，首次成功地研制了质子交换膜燃料电池，并将其用于为双子星座飞船提供电力。1968 年，美国的阿波罗登月飞船以碱性燃料电池作为主电源。

1967 年美国首先开发出了磷酸型燃料电池。之后日本等国也开始了磷酸型燃料电池的实用化研究。20 世纪 70 年代中期，磷酸型燃料电池开始取代碱性燃料电池，成为燃料电池的主要形式之一。同时，由于碳氢化合物是首选燃料，燃料重整技术也获得了相应的发展。

20 世纪末，在膜和催化剂方面所取得的突破性进展，使质子交换膜燃料电池获得了广泛的研究和开发。

发达国家都将大型燃料电池的开发作为重点研究项目，企业界也纷纷斥以巨资，从事燃料电池技术的研究与开发，现在已取得了许多重要成果。磷酸型燃料电池的发电功率已经达到兆瓦级，寿命也已经达到实用要求。熔融碳酸盐和固体氧化物燃料电池，由于综合

第 8 章 氢能和燃料电池

热效率高,也得到了较快的发展。高温燃料电池还需解决使用寿命的问题。质子交换膜燃料电池被公认为是最有希望的汽车电源之一。

世界之最:世界上最大的燃料电池公园

由美国开发商 FuelCell 承建的世界最大的燃料电池公园(图 8.8)已于 2014 年在韩国京畿道华城市(Hwasang)建成并投产。京畿道绿色能源公园包含 21 个 2.8MW(DFC3000 熔融碳酸盐型燃料电池)的燃料电池电站,总输出功率为 59MW。公园占地面积约 2 公顷,运行时不仅可以向韩国电网供电,还可以为当地供热系统提供热量。

韩国正在推进热电联产,另一个位于首尔的 19.6MW 燃料电池公园将用于为当地供热及作为附近火车站的后备电源。这个公园已于 2014 年年底投入运营。

图 8.8 世界上最大的燃料电池公园——京畿道绿色能源公园

8.4.2 燃料电池的基本原理

在燃料电池中,不经过燃烧而以电化学反应方式将燃料的化学能直接变为电能。和其他化学电池不同的是,它工作时需要连续地从外部供给反应物(燃料和氧化剂),所以被称为燃料电池。

利用电能将水分解为氢气和氧气的过程为水的电解。燃料电池利用水电解的逆反应,即氢元素和氧元素合成水并输出电能。

【参考视频】

燃料电池由阳极、阴极和夹在这两个电极中间的电解质及外接电路组成。一般在工作时,向燃料电池的阳极供给燃料(氢或其他燃料),向阴极供给氧化剂(空气或氧气)。氢在阳极分解成氢离子(H^+)和电子(e^-)。氢离子进入电解质中,而电子则沿外部电路移向正极。在阴极上,氧同电解质中的氢离子吸收抵达阴极上的电子形成水。电子在外部电路从阳极向阴极移动的过程中形成电流,接在外部电路中的用电负载即可因此获得电能。

当源源不断地从外部供给燃料和氧化剂时,燃料电池就可以连续发电。燃料电池最主要的燃料是氢。

氢燃料电池的基本结构,如图 8.9 所示。发生的化学反应如下

阳极: $H_2 + CO_3^{2-} \rightarrow H_2O + CO_2 + 2e^-$

阴极: $O_2 + 2CO_2 + 4e^- \rightarrow CO_3^{2-}$

总反应式: $O_2 + 2H_2 \rightarrow 2H_2O$

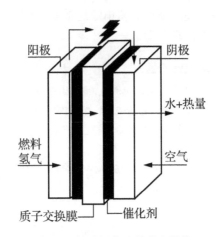

图 8.9　氢燃料电池的基本结构

为了加速电极上的电化学反应，燃料电池的电极上往往都包含催化剂。催化剂一般做成多孔材料，以增大燃料、电解质和电极之间的接触面。这种包含催化剂的多孔电极也称为气体扩散电极，是燃料电池的关键部位。

对于液态电解质，需要有电解质保持材料，即电解质膜。电解质膜的作用是分隔氧化剂和还原剂，并同时传导离子。固态电解质直接以电解质膜的形式出现。

外电路包括集电器(双极板)和负载。双极板具有收集电流、疏导反应气体的作用。

燃料电池中的电解质有 5 种主要类型：碱性型(A 型)、磷酸型(PA 型)、固体氧化物型(SO 型)、熔融碳酸盐型(MC 型)和质子交换膜型(PEM 型)。

由一个阳极(燃料极)、一个阴极(空气极)和相关的电解质、燃料、空气通路组成的最小电池单元称为单体电池；一个单体电池，从理论上讲，在标准状态下可以得到 1.23V 电压。但其实际工作电压通常仅为 0.6~0.8V。为满足用户的需要，需将多节单体电池组合起来，构成一个电池组，也称电堆。实用的燃料电池均由电堆组成。

燃料电池就像积木一样，可以根据功率要求灵活组合，容量小到为手机供电、大到可与常规发电厂相提并论。

8.4.3　燃料电池系统的构成

燃料电池系统(图 8.10)除燃料电池本体(发电系统)外，还有一些外围装置，包括燃料重整供应系统、氧气供应系统、水管理系统、热管理系统、直流-交流逆变系统、控制系统和安全系统等。

(1) 燃料重整供应系统，作用是将外部供给的燃料转换为以氢为主要成分的燃料。如果直接以氢气为燃料，供应系统可能比较简单。若使用天然气等气体碳氢化合物或者石油、甲醇等液体燃料，需要通过水蒸气重整等方法对燃料进行重整。而用煤炭作燃料时，则要先转换为以氢和一氧化碳为主要成分的气体燃料。用于实现这些转换的反应装置分别称为重整器、煤气化炉等。

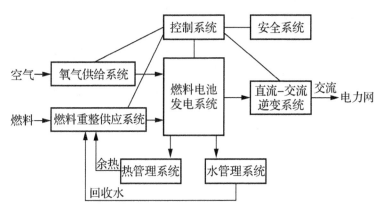

图 8.10 燃料电池系统的构成

(2) 氧气供应系统，作用是提供反应所需的氧气，可以是纯氧，也可以是空气。氧气供应系统可以用电动机驱动的送风机或者空气压缩机，也可以用回收排出余气的涡轮机或压缩机的加压装置。

(3) 水管理系统，可以将阴极生成的水及时带走，以免造成燃料电池失效。对于质子交换膜燃料电池，质子是以水合离子状态进行传导的，需要有水参与，而且水少了还会影响电解质膜的质子传导特性，进而影响电池的性能。

(4) 热管理系统，作用是将电池产生的热量带走，避免因温度过高而烧坏电解质膜。燃料电池是有工作温度限制的(如质子交换膜燃料电池，温度应控制在80℃)。外电路接通形成电流时，燃料电池会因内电阻上的功率损耗而发热(发热量与输出的发电量大体相当)。热管理系统中还包括泵(或风机)、流量计、阀门等部件。常用的传热介质是水和空气。

(5) 直流-交流逆变系统，将燃料电池本体产生的直流电转换为用电设备或电网要求的交流电。

(6) 控制系统，主要由计算机及各种测量和控制执行机构组成，作用是控制燃料电池发电装置启动或停止、接通或断开负载，往往还具有实时监测和调节工况、远距离传输数据等功能。

(7) 安全系统，主要由氢气探测器、数据处理器及灭火设备构成，实现防火、防爆等安全措施。

需要说明的是，上面所说的各个部分，是大容量燃料电池可能具有的结构。对于不同类型、容量和适用场合的燃料电池，其中有些部分可能被简化甚至取消。例如，微型燃料电池就没有独立的控制系统和安全系统。手机和笔记本式计算机的燃料电池，就不需要逆变装置。

8.4.4 燃料电池发电的特点

燃料电池不同于常见的干电池与蓄电池，它不是能量储存装置，而是一个能量转化装置。一方面，需要不断地向其供应燃料和氧化剂，才能维持连续的电能输出，供应中断，发电过程就结束。另一方面，燃料电池可以连续地对自身供给燃料并不断排出生成物，只要供应不断，就可以连续地输出电力。

与其他发电方式相比，燃料电池具有很多独特的优点。

(1) 能量转换效率高。其不涉及燃烧，不受卡诺循环限制，又没有过多的中间转换环节，因而燃料电池本体的发电效率可达 40%～60%。10～50MW 规模的联合循环发电系统的效率可达到 70%以上，若将热能充分利用，燃料电池的总效率可达到 80%以上。实际的效率一般是普通内燃机的 2～3 倍。此外，燃料电池的发电效率受负荷和容量的影响较小，在满负荷或低负荷下运行，均能保持高发电效率。

(2) 污染物排放少。没有燃烧过程，几乎不排出氮、硫氧化物，更没有固体粉尘，CO_2 的排出量也大大减少。即使用天然气和煤气为燃料，CO_2 的排出量也比常规火电减少 40%～60%，氮、硫氧化物的排放量更可减少 90%以上，比严格的环保标准还小 10 倍左右。在注重环保的今天，这非常重要。

(3) 燃料电池系统中，能量转换的主要装置没有运动部件，因此设备可靠性高，噪声极小。

(4) 资源广泛，建设灵活。很多能制氢的燃料都可以用于燃料电池，资源广泛。采用组件化设计、模块化结构，建设灵活，扩容和增容容易，电站建设工期短(平均仅需 2 个月左右)；选址几乎没有限制，很适合在内陆及城市地下应用，并可按需要装配成要求的发电系统安装在海岛、边疆、沙漠等地区。

总之，燃料电池是一种高效、洁净、方便的发电装置，既适合作为分布式电源，又可在将来组成大容量中心发电站，对电力工业具有极大的吸引力。

8.4.5 制约燃料电池行业发展的因素

1. 成本因素

高成本是制约燃料电池产业化的关键因素。燃料电池成本中占比最高的是燃料电池组，其次是氢燃料罐和电池配件。要实现燃料电池商业化，并与内燃机汽车进行竞争，那么燃料电池组的成本必须下降，其中主要涉及三个关键部件的成本，包括：铂催化剂、电解质膜和双极板。

2. 燃料来源

燃料电池的类型有很多，其中氢能燃料电池研发的首要问题，就是解决氢气来源，也就是如何廉价制氢。传统工业制氢的方法以化石材料制氢、电解水制氢为主。而随着对大规模制氢需求的提高，生物制氢、热化学制氢和太阳光催化光解制氢等方法也获得广泛应用。

从成本角度来看，在燃料电池推广初期，应以分散式制氢为主，可进一步控制成本，且使用便利。但随着未来燃料电池规模化发展之后，集中制氢的成本和环保优势将会进一步突出。

3. 配套设施

燃料电池汽车的推广，其中最主要的制约因素是配套设施的缺失，即加氢站的覆盖率过小，而其高昂的建设成本也使得加氢站的建设只能作为试验性经营，还远远不足以满足燃料电池产业化推广的要求。

4. 储存与运输

当前氢气主要以三种形态储存和运输：高压气态、液态和氢化物状态。短期内，高压罐储氢仍主要是氢气储存运输手段。但从长期来看，更需要具备高储氢容量、高安全性、吸/放氢速率快、长寿命和低成本的储氢材料。因此，轻质储氢材料、有机液态储氢材料等低压或常压储氢材料将成为未来发展的重点。

8.5 燃料电池的类型

根据所使用电解质的种类，燃料电池可分为碱性燃料电池(AFC)、磷酸型燃料电池(PAFC)、熔融碳酸盐型燃料电池(MCFC)、固体氧化物型燃料电池(SOFC)、质子交换膜型燃料电池(PEMFC)和直接甲醇型燃料电池等。各种燃料电池的特性见表8-1。

表8-1 燃料电池的类型及特性

电池类型	碱性(AFC)	磷酸型(PAFC)	熔融碳酸盐型(MCFC)	固体氧化物型(SOFC)	质子交换膜型(PEFC/PEMFC)	直接甲醇型(DMFC)
工作温度/℃	60~80	约100	600~700	800~1000	约100	约100
电解质	KOH	磷酸溶液	熔融碳酸盐	固体氧化物	全氟磺酸膜	全氟磺酸膜
反应离子	OH^-	H^+	CO_3^{2-}	O^{2-}	H^+	H^+
可用燃料	纯氢	天然气、甲醇	天然气、甲醇、煤	天然气、甲醇、煤	氢、天然气、甲醇	甲醇
适用领域	移动电源	分散电源	分散电源	分散电源	移动电源、分散电源	移动电源
污染性	—	CO中毒	无	无	CO中毒	CO中毒

8.5.1 碱性燃料电池

碱性燃料电池(alkaline fuel cell)，以氢氧化钾(KOH)等碱性溶液为电解质，以高纯度氢气为燃料，以纯氧气作为氧化剂，工作温度为60~80℃。

总的来说，在所有的应用领域中，碱性燃料电池都可以和其他燃料电池相竞争。特别是它的低温快速启动特性，在很多应用场合更具有优势。但是由于碱性燃料电池需要纯H_2和O_2作为燃料和氧化剂，必须使用贵金属作催化剂，价格昂贵；电解质的腐蚀严重，寿命较短；气化净水和排水排热系统庞大。这些都限制了碱性燃料电池的广泛应用。

碱性燃料电池是燃料电池中发展最早的一种。1933年，鲍尔设计了一种以氢为燃料的碱性电解质燃料电池。1939年，英国人培根第一次用KOH水溶液制造出了燃料电池。1968年美国的阿波罗登月飞船就是以碱性燃料电池作为主电源的。

8.5.2 磷酸型燃料电池

磷酸型燃料电池(phosphorus acid fuel cell)，以磷酸水溶液为电解质，以天然气或者甲醇等气体的重整气为燃料，以空气为氧化剂，一般要用铂作催化剂，对燃料和空气中的

CO_2 具有耐受能力，工作温度约为 200℃，发电效率一般为 30%~40%，如再将其余热加以利用，综合效率可提高到 60%以上。

磷酸型燃料电池由于工作温度低，效率不是很高，而且要用昂贵的铂作催化剂，燃料中 CO 的浓度超过 1%易引起催化剂中毒，因此对燃料的要求较高，世界各国对这种电池的研发投入不多。不过由于对燃料气体和空气中的 CO_2 具有耐受力，磷酸型燃料电池能适应各种工作环境，目前也应用于多个领域中。虽然磷酸型燃料电池的技术已成熟，产品也进入商业化，不过其寿命难以超过 4000h，发展潜力较小，用于建造大容量集中发电站较困难。

8.5.3 熔融碳酸盐型燃料电池

熔融碳酸盐型燃料电池(molten carbonate fuel cell)，以碳酸锂(Li_2CO_3)、碳酸钾(K_2CO_3)及碳酸钠(Na_2CO_3)等碳酸盐为电解质，以混有 CO_2 的 O_2 为氧化剂；由于进行内部调整，可以使用天然气、甲醇、煤等原料的重整气(含有 H_2 和 CO_2)为燃料；电极采用镍的烧结体；由于电池阳极生成 CO_2 而阴极消耗 CO_2，所以电池中需要 CO_2 的循环系统。

熔融碳酸盐型燃料电池的工作温度为 600~700℃。由于工作温度高，电极反应活化能小，不需要采用贵金属作为催化剂，而且工作过程中放出的高温余热可以回收利用，电池本体的发电效率为 45%~60%，整体效率可以更高。

基于上述优点，熔融碳酸盐型燃料电池具有较好的应用前景。不过，高温条件下电解质的腐蚀性较强，对电池材料有严格要求，在一定程度上会制约熔融碳酸盐型燃料电池的发展。而且，用来利用废热的复合废热回收装置体积大、质量重，熔融碳酸盐型燃料电池只适合应用于大功率的发电厂中。

多年来，熔融碳酸盐型燃料电池(图 8.11)一直是世界各国燃料电池研究的重点。1958年，布劳尔斯(Broers)改进了熔融碳酸盐型燃料电池，取得了较长的预期寿命。目前，熔融碳酸盐型燃料电池的水平已接近实用化。熔融碳酸盐燃料电池在国外已经进行了兆瓦级大规模的示范和应用，它的寿命基本上是在 4 万 h 以上。韩国建成世界上最大的 59MW 的电站，已经开始在韩国京畿道的工业园区示范应用。国内的中广核也投资了韩国 10MW 的熔融碳酸盐燃料电池电站，也在示范应用。从目前的应用情况来看，两种电池堆组合方式，其中一种是 2.8MW 的，由两个发电模块并联组成，效率达到 47%；另外一种是 3.7MW 的电站，由两个模块并联，最后再串联一个小的发电模块，它的效率达到 60%。我国目前已经掌握了熔融碳酸盐燃料电池的核心关键技术，开发出了 20kW 的熔融碳酸盐燃料电池系统，燃料利用率达到 69%，发电效率达到 51%。

图 8.11 日本 1MW 熔融碳酸盐型燃料电池结构图

8.5.4 固体氧化物型燃料电池

固体氧化物型燃料电池(solid oxide fuel cell)又称固体电解质型燃料电池,其以掺杂氧化钇(Y_2O_3)的氧化锆(ZrO_2)晶体为固体电解质,以重整气(H_2 和 CO)为燃料,以空气为氧化剂。其两侧是多孔的电极,工作温度为1000℃左右,运行压力为0.3~1.0MPa,是所有燃料中温度最高的。

固体氧化物型燃料电池在高温下工作,因此不需要采用贵金属作为催化剂。但由于工作温度高,需要采用复合废热回收装置来利用废热,体积大、质量重,主要适合应用于大功率的发电厂。

固体氧化物型燃料电池是国际上正在研发的新型发电技术之一,主要采用工作温度为500~800℃的中温和400~600℃的低温电解质。美国在固体电解质型燃料电池技术方面处于世界领先地位。美国的25kW级电堆已经运行了上万小时;1998年与荷兰、丹麦合作,开发出100kW的电堆。此外,日本、德国、英国、法国和荷兰的一些公司,也在对固体电解质型燃料电池进行研究。我国目前已有几十瓦的小功率固体氧化物型燃料电池发电成功的例子。示范业绩证明固体氧化物型燃料电池是未来化石燃料发电技术的理想选择之一。

8.5.5 质子交换膜型燃料电池

质子交换膜型燃料电池(proton exchange membrane fuel cell)也称固体高分子型燃料电池或聚合物电解质燃料电池,所用的燃料一般为高纯度的氢气,采用以离子导电的固体高分子电解质膜。

固体高分子电解质膜具有以氟的树脂为主链、以能够负载质子(H^+)的磺酸基为支链的构造。这是一种阳离子交换膜,其离子导电体为 H^+。

质子交换膜型燃料电池的最佳工作温度为80℃左右,在室温下也能正常工作。由于工作温度低,这类燃料电池需要采用贵金属作为催化剂。在质子交换膜型燃料电池中,燃料的化学能绝大部分都可转化为电能,其理论发电效率是83%,但实际效率为50%~70%。

质子交换膜型燃料电池的特点之一是电极反应生成的是液态的水,而不是水蒸气。此外,在工作时,每迁移一个 H^+ 离子,需要同时迁移4~6个水分子。为了提高电流密度,必须对阳极燃料气体加湿以增大阳极的含水量。

不过,质子交换膜型燃料电池只产生少量的废热和水,不产生污染大气环境的氮氧化物。质子交换膜型燃料电池的最大优越性体现在它的工作温度低、启动快、功率密度高,使其成为电动汽车、潜艇、航天器等移动工具电源的理想选择之一,一般不适合做大容量中心电站。

加拿大的巴拉德动力公司多年前就推出了以质子交换膜型燃料电池为动力的公共汽车,并研制出了250kW的电池。美国、日本、德国和英国的一些公司也在对此积极研发。目前,全球有上百辆燃料电池汽车在做商业化试验运行。

世界之最:世界上最大质子交换膜型燃料电池示范电站

全球最大的质子交换膜燃料电池示范电站落址在华南理工大学大学城校区内,电站占地2000m^2。示范电站可以实现24h运转,产生的电流直接输送到学校的380V低压电网上,满负荷运行时可满足电站附近的华工国际学术中心正常运营所需。示范电站副产热水为 50℃ 左右，可作为学生宿舍生活用热水。在热和电都得到充分利用的情况下，燃料电池电站的能源利用率将达到 90%。示范电站具有整洁、安静，新技术发电的优点，天然气在这里首先转化成为氢气，氢气进入燃料电池发电机组产生电流和热水。

由于各项新技术的使用，目前华南理工大学研发的燃料电池成本已降低至每千瓦 6000～7000 元人民币，仅是国际市场价格的 1/10，虽然与传统的发电技术相比，这个投资成本依旧偏高，但是和其他新能源如太阳能等相比，成本价格却降低不少。另外，燃料电池规模化生产后，成本还有很大的下降空间，同时许多国家的政府均表示，一旦燃料电池大范围商业化推广，各地加氢站的建设将不是问题，燃料电池走进平民百姓家里的一天指日可待。

8.5.6 直接甲醇型燃料电池

直接甲醇型燃料电池(direct methanol fuel cell)是质子交换膜燃料电池的一种，其工作原理与质子交换膜燃料电池的工作原理基本相同，氧化剂为空气或纯氧。

直接甲醇型燃料电池的特别之处就在于其燃料为甲醇(气态或液态)，而不是氢气；而且不通过重整甲醇来生成氢，而是直接把蒸汽与甲醇变换成质子(氢离子)来发电。

直接甲醇型燃料电池具有效率高、设计简单、内部燃料直接转换、加燃料方便等诸多优点。由于直接甲醇型燃料电池不需要重整器，所以可以做得更小，更适合于汽车等移动式应用。

直接甲醇型燃料电池的基础是 1992 年 E. Muelier 首次进行的甲醇的电氧化试验。1951 年，Kordesch 和 MarKo 最早进行了直接甲醇型燃料电池的研究。目前，对直接甲醇型燃料电池进行研究的主要是美国、英国、意大利、韩国、中国、日本等国家的诸多大学、公司和科研机构等，大都采用美国杜邦公司开发的 Nafion 系列的膜，价格较高且存在甲醇通过膜的穿透现象。

> **世界之最：第一辆安装直接甲醇型燃料电池的燃料电池汽车**
>
> 由美国和加拿大合作研制的世界上第一辆安装直接甲醇型燃料电池的燃料电池汽车，电池输出功率为 6kW，发电效率为 40%，工作温度为 110℃。

8.6 燃料电池的应用领域

燃料电池具有高效、洁净、功率密度高及使用模块化结构等突出特点，在很多方面有着广阔的应用前景。

8.6.1 发电站

燃料电池电站具有效率高、噪声小、污染少、占地面积小等优点，可能是未来最主要的发电技术之一。从长远来看，有可能对改变现有的能源结构、能源的战略储备和国家安全等都具有重要意义。

燃料电池既可用于大型集中式发电站，又可用于分布式电站。大型集中式电站，以高温燃料电池为主体,可建立煤炭气化和燃料电池的大型复合能源系统,实现煤化工和热、电、冷联产。中小型分布式电站,可以灵活布置在城市、农村、企事业单位甚至居民小区,也可以安装在缺乏电力供应的偏远地区和沙漠地区,磷酸盐型和高温型燃料电池都是可能的选择。

8.6.2 交通工具的动力

使用燃料电池的车辆不会或者极少排出污染物,解决了常规汽车的尾气污染问题,而且还没有机械噪声。只要燃料供应充足,车辆行驶的里程是不受限制的。所以燃料电池车(图 8.12)的发展前途光明。

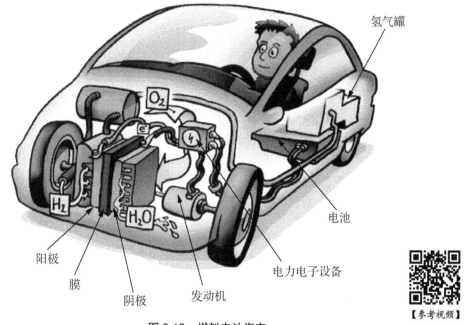

图 8.12 燃料电池汽车

汽车生产商戴姆勒公司、克莱斯勒公司、福特汽车公司、现代汽车公司、大众汽车公司等,都纷纷联手开发燃料电池和燃料电池汽车。以质子交换膜燃料电池为电源的电动车已经研制成功,有的已经投入使用。我国也成功开发了燃料电池公交车和轿车,正在向商业化迈进。

目前普遍认为,质子交换膜燃料电池(特别是直接甲醇型燃料电池),由于具有优越的启动特性和环保特性,而且供料支持系统简单,作为车载燃料电池,最有希望在将来取代内燃机。

8.6.3 仪器和通信设备电源

手持式移动电话机、数字照相机和摄像机、笔记本式计算机等电子产品的主要技术难题就是电源问题,电源寿命短,且电池供电的维持时间也短。燃料电池正好可以克服这一缺陷。

便携式燃料电池以碱性燃料电池和质子交换膜燃料电池为主，其关键技术是氢燃料的储存和携带。

目前，东芝、IBM、NEC等世界著名企业正在投巨资研发燃料电池。

8.6.4 军事上的应用

军事应用也是燃料电池最为适合的主要市场。效率高、类型多、使用时间长、工作无噪声，这些特点都非常适合军事装备对电源的需求。从战场上移动手提装备的电源到海陆运输的动力，都可以由特定型号的燃料电池来提供。20世纪80年代，美国海军就用燃料电池为其深海探索的船只和无人潜艇提供动力。

由于燃料电池取代传统的发电机和内燃机能大大降低空气污染，因而有望部分取代传统发电机及内燃机而广泛应用于发电及汽车上。值得注意的是，这种重要的新型发电方式实现电能的终点生产与消费同步，可以大大提高燃料利用率，降低空气污染，解决电力供应难题，提高电网的安全性。燃料电池发电技术是电力工业中的高新技术，已受到普遍重视，对国家电源结构调整、技术创新、形成高新技术产业、实现跨越式发展、提高国际竞争能力都具有重要意义。

现在燃料电池的发展速度非常快。据 Fuel Cell Today 数据显示，2019年全球燃料电池年装机量突破1GW，我国氢燃料电池装机量为128.1MW，同比增长140.5%。。燃料电池这种新型能源，作为继火电、水电、核电之后的第四代发电方式，将在能源领域占据举足轻重的地位。

习　题

一、填空题

1．氢能主要是指氢元素燃烧、_____或_____时所释放出的能量。

2．燃料电池是一种直接将储存在燃料和氧化剂中的_____转化为_____的发电装置。

3．根据所用电解质的种类，燃料电池可分为_____、磷酸型燃料电池(PAFC)、_____、_____和质子交换膜燃料电池(PEMFC)等。

二、选择题

1．目前，制取氢的方法较多，包括(　　)。
　　A．生物制氢法　　　　　　　　B．水分解制氢法
　　C．太阳能制氢法　　　　　　　D．化石燃料制氢法

2．燃料电池最主要的燃料是(　　)。
　　A．氧气　　　　B．空气　　　　C．氢　　　　D．CO_2

3. 燃料电池系统的外围装置包括(　　)。

　　A. 水管理系统　　　　　　　　B. 燃料电池本体

　　C. 氧气供应系统　　　　　　　D. 控制系统

三、分析设计题

1. 请总结一下氢能的特点。
2. 对各种常见的制氢方式进行比较。
3. 分析各种储氢方式的特点及适用场合。
4. 描述燃料电池的基本工作过程，必要时可以画图说明。
5. 查阅相关资料，然后绘制表格，对比各种燃料电池的特点和应用。

第 9 章

互补发电与综合利用

有些可再生的新能源,因为具有间歇性和波动性而使其供电可靠性较低。有些可再生资源,如果仅仅用于发电,会有大量的能量白白流失,或者有些重要的优点不能得以发挥。于是互补发电和综合利用就成为可能的思考方向。什么是互补发电?互补发电能否解决可再生新能源的间歇性和波动性问题?什么是综合利用?各种新能源怎样进行综合利用?这些问题都可以在本章中找到答案。

 **教学目标**

- 了解互补发电的概念和特点;
- 了解常见的互补发电技术;
- 了解能源综合利用的概念和方式;
- 理解互补发电与综合利用的意义和发展前景。

 **教学要求**

知识要点	能力要求	相关知识
互补发电的概念和特点	(1) 了解互补发电的概念; (2) 掌握新能源互补发电的特点	发电机组
风-光互补发电	(1) 了解风-光互补应用的基础; (2) 掌握风-光互补发电系统的结构和配置; (3) 了解风-光互补发电系统的应用情况	风电机组、太阳能电站
其他互补发电系统	(1) 了解风-水互补发电的基本思想; (2) 了解风-光-柴互补发电的基本思想; (3) 了解微型燃气轮机-燃料电池互补应用的思想	水电机组、燃气轮机、燃料电池
冷热电联产	(1) 了解热电联产和冷热电三联产的基本概念; (2) 理解进行冷热电联产的意义	—
新能源的综合利用	(1) 了解太阳能房的特点和构成; (2) 了解潮汐电站的综合利用方式; (3) 了解地热的综合利用方式; (4) 了解海洋温差发电的综合开发	太阳能、潮汐能、地热、温差能

第9章 互补发电与综合利用

推荐阅读资料

1. 徐锦才，董大富，张巍. 可再生能源多能互补发电综述[J]. 小水电，2007(3): 12-14.
2. 严俊杰，黄锦涛，何茂刚. 冷热电联产技术[M]. 北京：化学工业出版社，2006.

基本概念

互补发电：采用多种电源联合运行，让各种发电方式在一个系统内互为补充，通过它们的协调配合来提供稳定可靠的、电能质量合格的电力。互补发电在明显提高可再生能源可靠性的同时，还能提高能源的综合利用率。

风-光互补：风力发电和太阳能光伏发电协调互补的联合运行方式。

热电联产：简称 CHP，就是热和电两种形式的能量联合生产，一般是在发电的同时将剩余的热量回收，用于供热、供暖等，以提高能源的综合利用率。

冷热电三联产：又称冷热电联产，简称 CCHP，是指热、电、冷三种不同形式能量的联合生产，是在热电联产基础上发展起来的。典型的冷热电三联产系统一般包括动力系统和发电机(供电)、余热回收装置(供热)、制冷系统(供冷)等。

太阳能房：一般指综合利用太阳能进行供电、供热、供暖和制冷的环保节能建筑。

引例：西藏单机容量最大的风-光互补发电系统

2009 年 9 月，西藏自治区单机容量最大的风-光互补发电站(图 9.1)投入使用。该电站位于那曲县香茂乡一村，总投资 210 万元，由 20 套 1kW 的户用型风力发电系统和 20kW 风-光互补型集中供电系统组成，总功率为 40kW。单台风机功率为 10kW 和 5kW，是目前在西藏自治区应用的功率最大的风机。该电站户用系统分别采用 400W 光伏、600W 风能和 300W 光伏和 700W 风能两组风-光互补组合体，其建成和投入使用，将解决该村 58 户近 400 人的用电问题。

图9.1 牧民在"风光互补"的发电站前挤羊奶

(来源：西藏日报)

9.1 互补发电的概念和特点

9.1.1 互补发电的概念

很多可再生新能源因其资源丰富、分布广泛,而且在清洁环保方面具有常规能源所无法比拟的优势,因而获得了快速的发展。

尤其是小规模的新能源发电技术,可以很方便地向附近用户供电,非常适合在无电、少电地区推广普及。不过由于风能、太阳能等可再生新能源本身所具有的变化特性,所以独立运行的单一新能源发电方式很难维持整个供电系统的频率和电压稳定。

考虑到新能源发电技术的多样性,以及它们的变化规律并不相同,在大电网难以到达的边远地区或隐蔽山区,一般可以采用多种电源联合运行,让各种发电方式在一个系统内互为补充,通过它们的协调配合来提供稳定可靠的、电能质量合格的电力,在明显提高可再生能源可靠性的同时,还能提高能源的综合利用率。这种多种电源联合运行的方式,就称为互补发电。

9.1.2 互补发电的特点

可再生新能源互补发电,具有明显的优点,总结起来,至少包含以下几个方面。

(1) 既能充分发挥可再生能源的优势,又能克服可再生能源本身的不足。风能、太阳能、生物质能等可再生新能源,具有天然、分布广泛、清洁环保等优点,在互补运行中仍能继续体现,而其季节性、气候性变动造成的能量波动,可以在很大程度上通过协调配合而相互减弱,从而实现整体的平稳输出。

(2) 对多种能源协调利用,可以提高能源的综合利用率。发电是为用电服务的,保障用户用电的连续可靠是最基本的要求。单一的发电方式,在一次能源充沛(如风速较高或日照充足)的情况下,可能由于用电量的限制,不得不减额输出,而使很多能够转换为电能的能量被轻易放弃;在一次能源减少(如风速很低,阴雨天光照弱或夜晚没有光照)时,又会造成供电不足。多种能源的协调配合,可以很好地利用各种新能源的差异性,最大限度地利用各自的能量,提高多种能源的综合利用率。

(3) 电源供电质量的提高对补偿设备的要求降低。单一的发电方式,功率的波动性和间歇性明显,为了连续可靠地向用户供电,可能需要配备昂贵的大量储能装置或补偿装置。而互补运行的多种新能源发电,其间歇性和波动性已经通过相互抵消而大大削弱,因而需要的储能或功率补偿要求都明显降低。

(4) 合理的布局和配置,可以充分利用土地和空间。如果同时有多种电源可以利用,通过合理的布局和配置,可以在有限的土地面积和空间内最大限度地提高能源的获取量。反过来看,获取所需的能量,需要占用的土地面积和空间就可以大大减少。

(5) 多种电源共用送变电设备和运行管理人员,可以降低成本,提高运行效率。多种能源互补发电,一方面将多个分散的电源进行统一输配和集中管理,可以通过共用设备和运行管理人员，减少建设和运行成本；另一方面，总的发电能力增加了，也可降低平均的运行维护成本。

互补发电具有广泛的推广应用价值，是能源结构中一个崭新的增长点。

理论上，只要资源允许，任何几种新能源发电方式都可以互补应用。然而由于各种各样的条件限制，目前新能源互补发电方式中，实际应用较多的是风能-水能(简称风-水)互补发电、风能-太阳能(简称风-光)互补发电等。另外，新能源发电也可以同燃气轮机等小型常规发电方式互补应用。

9.2 风能-太阳能互补发电

【参考视频】

9.2.1 风-光互补发电的基础

风能和太阳能是目前众多可再生新能源中，应用潜力最大、最具开发价值的两种。近年来风力发电和太阳能发电技术发展很快，其独立应用技术已经成熟。

太阳能发电系统的优点是供电可靠性高，运行维护成本低，缺点是系统造价高。风力发电系统的优点是发电量较大，系统造价和运行维护成本低，缺点是小型风力发电机可靠性低。二者的合理配置，有可能兼顾供电可靠性的提高和建设运行成本的降低。

风力发电和太阳能发电(本章主要考虑其中的光伏发电)系统有一个共同缺陷，就是由于资源的波动性和间歇性造成的发电量的不稳定及与用电量的不平衡，且受天气等因素的影响很大。一般来说，风力发电和光伏发电系统都必须配备一定的储能装置才能稳定供电。

【参考图文】

由于风能资源和太阳能资源本身的特点，同时用来发电具有较好的互补性，可以在很大程度上弥补各自独立发电时的波动性和间歇性缺点。例如，晴天太阳能充足，光伏发电可提供大量电能；阴雨天和夜晚往往有较大的风力可用于发电。我国属于季风气候区，很多地区的风能和太阳能具有天然的季节互补性，即太阳能夏季大、冬季小，而风能夏季小、冬季大，很适合采用风能-太阳能互补发电系统。此外，在一些边远农村地区，不仅风能资源丰富，而且有充足的太阳能资源，风能-太阳能互补发电也是解决该地区供电问题的有效途径。

风-光互补发电系统应根据用电情况和资源条件进行容量的合理配置，可以共用储能装置和供电线路等，在保证系统供电可靠性的同时，还能减少占地，降低成本。可见，无论在技术上还是经济上，风-光互补发电系统都是非常合理的独立电源系统。

对于用电量大、用电要求高，远离大电网，而风能资源和太阳能资源又比较丰富的地区，风-光互补供电无疑是最佳选择。

9.2.2 风-光互补发电系统的结构和配置

【参考图文】

风-光互补发电系统，一般由风力发电机组、太阳能光伏电池组、储能装置(蓄电池组)、电力变换装置(整流器、逆变器等)、直流母线及控制器等部分构成，向各种直流或交流用电负载供电。

图 9.2 为风-光互补发电系统的结构示意图。

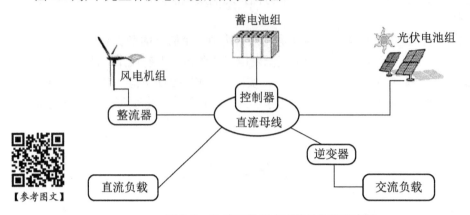

图 9.2　风-光互补发电系统的结构示意图

风电机组和光伏电池组的发电原理，在前面的章节中已经详细介绍。蓄电池组等储能装置的作用是临时储存过剩的电能，并在需要时释放出来，保证整个系统供电的连续性和稳定性。直流母线和控制器的作用是对发电、用电、储能进行能量管理和调度。风力发电输出的电能一般是交流电，光伏发电输出的电能一般是直流电。在进行能量管理和向交直流负载供电时，往往需要进行电力变换(把交流电变为直流电的过程称为整流，所用的装置是整流器；把直流电变为交流电的过程称为逆变，所用的装置是逆变器)。例如，逆变器把直流电变成与电网频率相同(50Hz)的 220V 交流电，可以向众多常见的交流用电设备提供高质量的电能，同时还具有自动稳压功能，可改善风-光互补发电系统的供电质量。

风-光互补发电系统中，需要对风电机组、光伏电池组、蓄电池组等各部分的容量(即额定功率，正常工作时允许长期维持的理想功率值)进行合理配置，才能保证整个互补供电系统具有较高的可靠性。

一般来说，风-光互补发电系统的发电和储能配置，应考虑以下几个方面。

1. 负荷的用电量及其变化规律

作为独立运行的系统，发电量和用电量平衡才能保持整个供电系统的持续稳定。为了使发电系统能够以尽量低的成本很好地满足用户的用电需求，应该合理地估计用户负荷的用电量及其变化规律，并以此为依据对发电容量和储能容量进行合理的配置。一般需要了解用户的最大用电负荷(一天中所有用电设备可能形成的最大用电功率)和平均日用电量(一年中或一个月中平均每天用电多少千瓦时)。逆变器的容量不能小于最大交流用电负荷；平均日发电量可作为选择风电机组、光伏电池组和蓄电池组容量的重要依据。

2. 蓄电池的能量损失和使用寿命

蓄电池等储能装置具有一定范围的功率调节作用。发电量大于用电量时，剩余的电能可以向蓄电池充电，保存起来；发电量不够用时，蓄电池可以将储存的电能释放出来，补充发电的缺额。但必须说明的是，任何类型的储能装置，都存在能量的流失，也就是说释放出来的能量会明显小于原来储存进去的能量。很多储能装置的能量利用率都在 70%以下。而且，储能装置频繁地经历充电、放电过程，尤其是长期处于亏电状态，使用寿命一般都不会太长。所以，在系统设计时，应该根据用电负荷的变化规律，尽量充分利用风能和太阳能资源的互补特性，不要过分依赖储能装置的调节能力。

3. 太阳能和风能的资源情况

虽然对于任何适用的应用场合，风-光互补发电系统中的风电、光电、储能容量之间，都可能存在性价比较高的最优配置方案，但实际的资源情况不一定都能支持这种人为"优化"出来的配置方案。风能和太阳能资源的实际状况，也应作为确定风电机组、光伏电池组容量配比的重要依据。针对用电负荷确定了容量范围之后，要根据风、光资源情况，对风电机组和光伏电池组进行合理的配置。

根据风力和阳光的变化情况，风-光互补发电系统有三种可能的运行模式：风力发电机组单独向负载供电；光伏电池组单独向负载供电；风力发电机组和光伏电池组联合向负载供电。

9.2.3　风-光互补发电系统的应用

风-光互补发电系统是一种相当合理的独立电源系统。其合理性表现在资源配置和性能、价格等多方面，具有很高的可靠性，在资源条件允许的地区，发展应用的前景非常好。

实际上，风-光互补发电系统是对风力发电和太阳能发电的综合利用，对风力资源和太阳能资源的各自要求都要低一些，因而受自然条件的限制较少，应用的地域范围比单独的风力发电和太阳能发电还要广。尤其在远离大电网而风能和太阳能资源充足的地方，更可以考虑发展风-光互补发电系统。

 中国之最：中国第一个并网的风-光互补发电系统

2004年12月8日，我国第一个风-光互补发电系统在华能南澳风力发电场成功并入当地10kV电网。该系统采用100kW的发电设备，是国内首个并入电网运行的太阳能光伏发电系统。

【参考视频】

世界之最：世界上第一个集风力发电、光伏发电、储能系统和智能输电于一体的风光储输示范工程

2011年12月25日，由国家电网公司承担，投资32.26亿元的世界上第一个集风力发电、光伏发电、储能系统和智能输电于一体的国家风光储输示范工程在河北省张北县竣工投入运行。示范工程包括风电98.5MW、光伏40MW、储能20MW，以及一座220kV智能变电站。示范工程实现了风、光、储的多组态和多功能联合发电系统运行模式，应用自主研发的全景联合监控系统，实现对风力发电、光伏发电的远程控制和调度，实现化学储能电池的大规模集成及监控。2016年12月11日，国家风光储示范工程获得第四届中国工业大奖。

2009年6月，青海省黄南藏族自治州泽库县和日乡叶贡多寄宿小学的4kW风-光互补发电系统，完成系统安装调试并投入运行。该系统由浙江省科技厅援建，总投资25万元，由2kW太阳电池板光伏阵列及旋转式光伏阵列支架、2kW风力发电机及支架、蓄电池、充电器、逆变器、控制系统等组成，一举解决了叶贡多寄宿小学近200名师生的教学、生活用电问题。

除了规模较大的风-光互补发电系统，小容量的风-光互补式路灯也得到了很好的应用。图 9.3 所示为一种用在路灯上的风-光互补发电装置。

在上海安装的风-光互补式新型路灯，使用一盏功率为 55W 的低压 LED 路灯，3~4 级风时即可保证连续供电，风力发电机的使用寿命长达 10 年，蓄电池使用寿命也有 5 年。

2007 年，一种"风-光互补发电系统"在江苏省常州市蔷薇园投入使用(图 9.4)，为园内厕所提供照明用电。顶部的风车和中部的太阳能接收系统可以分别利用风能和太阳能发电。如果遇到连续阴雨或风力较小的天气，该系统能够自动切换到交流电。

图 9.3 路灯上的风-光互补发电装置

图 9.4 蔷薇园风-光互补发电装置

(来源：新华网)

在某些地区还出现了移动式多功能风-光互补发电机组，如内蒙古的东乌旗。与安装使用同等功率的汽-柴油机组相比，每年每套移动式多功能风-光互补发电机组可节省油料费 31760 元。

利用风能、太阳能的互补特性，可以获得比较稳定可靠的功率输出，在保证同样供电的情况下，可大大减少储能蓄电池的容量。风力发电、光伏发电在近几年发展迅速，也带动了风-光互补发电系统的发展应用，在未来有着巨大的商业开发前景。

9.3 其他互补发电系统

9.3.1 风能-水能互补发电

风能具有明显的波动特性。在一天甚至一个小时内都可能有很大的差异，如果发电规模较小，这种短时间内的能量波动可以用太阳能光伏发电进行一定程度的弥补，就是 9.2 节所介绍的风-光互补发电系统。如果风力发电的规模较大，在现有的经济技术条件下，用光伏发电进行互补的效果就很有限了。

风能资源的季节性变化也很明显。例如，在我国的内蒙古、新疆一带，风能主要集中在冬春季节,同年度 4—9 月这半年时间里的发电量要比 10 月至次年 3 月这半年中的发电量少一半以上。

若考虑风能变化的季节性,在某些地区可以用水力发电进行互补。在我国西北、华北、东北等内陆风区,大多是冬春季风大、夏秋季风小,与水能资源的夏秋季丰水、冬春季枯水分布正好形成互补特性,这是构建风能-水能互补发电系统的基础条件。在这样的地区,经过详细的调研,进行合理的发电容量配置,可以充分发挥风能和水力资源的各自优势,通过两种可再生能源的互补,在一定程度上解决新能源发电的间歇性和波动性问题。

风-水互补发电系统,可以避免水力发电在枯水季节发电量不足的问题,也可以通过共用输配电设备节省建设投资,是一种比较经济有效的大规模新能源利用方式。

世界之最:全球最大水光互补并网光伏项目

2014 年 12 月 30 日,全球最大水光互补并网光伏项目——中电投黄河公司龙羊峡水光互补二期 530MW 并网光伏发电项目(见图 9.5)成功并网发电,首批发电 160MW。龙羊峡水光互补并网光伏电站总装机容量为 850MW,占地面积 20.40km^2,是目前全球当期建设规模最大的水光互补并网光伏电站。一期 320MW 于 2013 年 12 月 6 日并网发电。

龙羊峡水光互补二期 530MW 并网光伏电站是黄河公司继龙羊峡水光互补一期 320MW 光伏电站并网发电后建设的又一座水光互补并网光伏电站。电站占地面积 11.24km^2,无论是建设规模,还是装机容量都超过了一期项目,电站建成后接入到一期已建的 330kV 升压站,以 330kV 电压等级接入龙羊峡水电站。电站共划分为 9 个光伏发电生产区,每年可将 8.24 亿 kW·h 绿色能源输送到西北电网,以火电煤耗(标准煤)320g/(kW·h)计算,每年可节约标准煤 26.33 万 t,减少二氧化碳约 79.5 万 t,一氧化碳约 69.3t,二氧化氮约 3051.3t,粉尘约 3571.2t。同时,该电站的建设将带动海南地区的经济发展(加工业、社会零售、服务等),每年可增加地方财政收入约 5000 多万元。

图 9.5 水光互补并网光伏项目

9.3.2 风电或光伏-柴油机互补应用

目前,在很多边远或孤立地区,柴油发电机组是提供生活和生产必要用电的常用发电设备。不过,柴油价格高,运输不便,有时还供应紧张,因而柴油机发电的成本很高,还往往不能保证电力供应的可靠性。

幸好在这些边远地区，尤其是高山和海岛，太阳能和风能资源往往比较丰富，可以因地制宜地用这些可再生新能源与柴油机联合发电运行。风力发电和太阳能光伏发电的技术已经成熟，发电成本也降到柴油机发电成本以下。

风电或光伏发电与柴油发电机组并联运行，一方面可以节省燃料柴油，降低发电成本；另一方面，还可以充分利用可再生能源，减轻发电可能造成的环境污染，并保证供电的连续性和可靠性。

光伏-柴油混合型发电系统同风力-柴油联合发电系统的设计思想和基本特点是类似的。不过，其中光伏发电系统对逆变器的要求较高，既要有较高的效率和可靠性，又要适应因光照变化造成的直流电压变化。其发展在一定程度上取决于光伏逆变器的技术水平和成本。

当然也可以采用风-光-柴联合发电运行的方式，如图9.6所示。例如，甘肃某地区在2002年5月建成了4kW的风-光-柴互补供电系统，其中柴油机主要用作备用电源。该系统运行良好，可靠地解决了建设单位的日常用电问题。目前，正在运行的比较先进的风-光-柴互补发电系统，有我国建造的30kW的风-光-柴互补联合发电系统，德国的风-光-蓄(电池)联合系统等。2019年3月12日，我国首套应用于南极地区的完整风-光-燃-储互补智能微电网发电系统建成，并在南极泰山站投入运营。该套新能源微电网系统针对南极泰山站高寒、大风、高海拔、低气压等特殊环境，采用了定制化风机、光伏和储能电池，并通过控制终端对整套新能源供电系统进行智能控制。

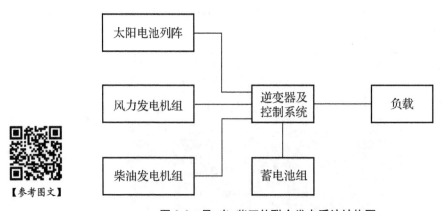

图9.6 风-光-柴互补联合发电系统结构图

这种多能源互补系统与风-柴联合发电系统相比，更能减少发电的柴油用量和环境污染。此外，还可以使用沼气发电等代替柴油发电机组。在系统设计时应恰当地选择柴油发电机组的容量，尤其是要考虑风-光互补性较差的时段和季节，以及负载供电连续性和稳定性的要求。

新能源与柴油发电机组联合发电，已经成为世界各国在风能和太阳能利用方面颇受瞩目的方向之一。其优点包括：①联合运行，互补发电，供电的连续性和可靠性好，在新能源发电输出随机变化的情况下，也可以24h不间断供电，并且可以具有较好的电能质量；

②节省燃料能源，环境污染少，普通的风-柴互补发电系统可以节省30%～100%的柴油用量；③功率变动范围小，所需的储能设备(蓄电池等)容量小；④投资少，见效快；⑤对燃料的依赖程度低，对新能源可综合开发利用，适用范围很广。

目前，风-光-柴联合发电系统主要以独立供电的方式，用于广大缺电的边远地区和无电的海岛地区，系统功率一般小于100kW。随着太阳能和风能发电的商业化程度不断提高，这种互补联合发电系统必然朝着大功率和并网方向发展。

9.3.3 微型燃气轮机-燃料电池互补发电

除了风能、太阳能等可再生能源外，燃料电池也可以用于互补联合发电系统。燃料电池发电是目前世界上最先进的高效洁净发电方式之一，技术已经渐趋成熟。

属于常规发电方式的燃气轮机发电，技术已经比较完善，效率较高(与其他方式联合运行时效率可高达60%～70%)，而且氮化物、一氧化碳等污染物的排放量也很少。

燃料电池与微型燃气轮机联合发电系统，有着非常好的发展前景。尤其是高温燃料电池的工作温度与燃气轮机的工作温度相匹配，两者组成联合发电系统具有更高的效率。商用固体氧化物燃料电池和微型燃气轮机联合循环发电效率可以高达60%～75%，是目前矿物燃料动力发电技术中效率最高的。2006年，美国能源部和西屋电器公司建成250kW的固体氧化物燃料电池与燃气轮机联合循环示范电站，其中燃料电池和燃气轮机的发电容量分别为200kW和50kW。据称，燃料电池与微型燃气轮机联合发电系统的潜在效率可高达80%。

9.4 能源的综合开发利用

9.4.1 冷热电联产

热电联产或冷热电三联产是最常见的能源综合利用方式之一。

热电联产(Combined Heat and Power, CHP)是指热和电两种形式的能量联合生产，一般是在发电的同时将剩余的热量回收，用于供热、供暖等，以提高能源的综合利用率。

冷热电三联产(Combined Cooling, Heat and Power, CCHP)是指热、电、冷三种不同形式能量的联合生产，是在热电联产基础上发展起来的，如图9.7所示。典型的冷热电三联产系统一般包括动力系统和发电机(供电)、余热回收装置(供热)、制冷系统(供冷)等。燃料燃烧产生的热能首先通过汽轮机或燃气轮机等热工转换设备发电，做功之后的余热，在冬季直接向用户供热，夏季则利用消耗热能的制冷机组向用户供冷，其能量利用效率比一般的热电联产更高。

【参考图文】

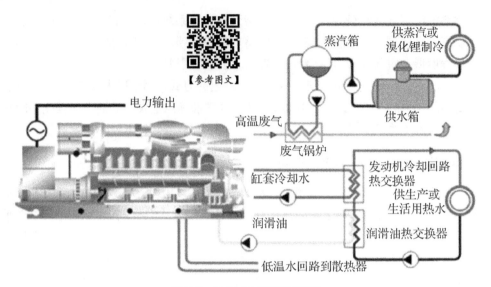

图9.7 冷热电三联产示意图

热电联产和冷热电三联产的实质在于综合梯级的科学用能,将制冷、供热(采暖和供热水)及发电过程一体化,因而可以大大提高能源利用效率,降低能源损耗,减少碳化物及有害气体的排放。

与热电联产技术有关的可选方式有蒸汽轮机等驱动的外燃烧式方案和燃气轮机驱动的内燃烧式方案。热电联产的驱动系统可以是蒸汽轮机系统、燃气轮机系统、柴油发动机系统、燃气发动机系统和燃料电池系统等。内燃烧式的燃气轮机用于热电联产时,既能发电又能产生蒸汽,兼有高机械效率(30%~40%)和较高的热效率(70%~80%),因此应用越来越广。

燃气轮机热电联产系统是利用燃气轮机的排气提供热能,来对外界供热或制冷,其典型结构如图9.8所示。燃气轮机的排气在余热锅炉中加热水,产生的蒸汽直接作为生产用汽或居民生活供热。

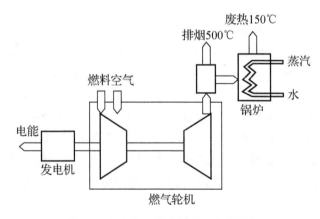

图9.8 燃气轮机热电联产系统的结构

制冷方式有压缩式、吸收式或其他热驱动等多种制冷方式可供选择。压缩式制冷是消耗外功并通过旋转轴传递给压缩机进行制冷的,通过机械能的分配,可以调节发电量和制冷量的比例;而吸收式制冷是用耗费低温位热能来达到制冷目的的,通过把来自热电联产的部分或全部热能用于驱动吸收式制冷系统,根据对热量和冷量的需求进行调节和优化。目前最为常见的吸收式制冷系统为溴化锂吸收式制冷系统和氨吸收式制冷系统。

此外,供热、供冷热源还有直接热源(燃气轮机排烟作为热源)和间接热源(由余热锅炉回收燃气轮机排气余热产生蒸汽,再以蒸汽作为热源)之分。

美国是最早建立冷热电三联产系统的国家,现在小型商用热电联产和冷热电联产都比较发达。资源贫乏的日本对冷热电联产极为重视,东京、札幌、大阪等许多城市都出现了冷热电三联产系统。中国的冷热电三联产系统则发展较晚。

世界之最:世界上最早的冷热电三联产系统

20 世纪 60 年代,世界第一套冷热电联供系统在美国 Hartford city 建成。

欧洲之最:欧洲最早的冷热电三联产系统

1998 年 5 月,欧洲第一套冷热电三联产机组在葡萄牙首都里斯本的世博新村投入运行,其发电量为 5MW、制冷量为 60MW、供热量为 44MW,总效率可达 85%(若单独发电,机组效率只有 30%)。

中国之最:中国最早的冷热电三联产系统

1992 年,山东省淄博市率先利用张店热电厂的低压蒸汽作为热源,实现了冷热电三联产。

太阳能热发电、地热发电、沼气发电等涉及热循环的新能源发电技术,也都可以考虑进行热电联产。以这些新能源发电技术为核心的热电联产,其设计思想、基本原理和特点均与上文所述类似。

此外,还有一些能够直接作为热电联产驱动系统的新能源发电方式,如磷酸型燃料电池。

9.4.2 太阳能房

太阳能房是综合利用太阳能光热转换、光电转换等过程,实现主动或被动的太阳能利用的节能建筑。通过安装太阳能热水器,提供生活热水;通过安装太阳能空调,调节室内温度;通过安装太阳电池板,提供生活用电。通过对建筑方位的选取及设计,使建筑能够实现最佳采光、采暖,达到夏季凉爽、冬季保暖的目的。甚至还可以结合使用风力、地热等可再生能源及建筑节能材料,实现零耗能建筑。

如图 9.9 所示为美国的一处太阳能房。

我国北京、甘肃、青海、内蒙古和沿海岛屿等地,已成功建成了一批类似的节能住宅和节能办公楼。

图 9.9 太阳能房

(来源：美国可再生能源国家实验室网站)

9.4.3 综合型潮汐电站

潮汐电站与常规的河川水电站在原理上是类似的，但潮汐电站还有一些独特的优点。

潮汐是一种呈规律性变化的可再生能源，位于沿海发达地区的潮汐电站往往靠近用电负荷中心，不消耗燃料，输电距离短，运行费用低，而且不排放有害物质，不会污染环境。

更重要的是，潮汐电站(图 9.10)的建设不需要淹没土地，不用移民；潮汐电站除发电外，还可以综合利用，创造附加价值，具体如下。

图 9.10 综合型潮汐电站

(1) 电站的建设，可以促淤围垦，增加农田。
(2) 电站的水库，可以用于蓄水灌溉，保障沿岸农业用水。
(3) 电站水库可创造或改善水产养殖条件。

(4) 电站工程可控制、调节咸淡水进出水量，有利于提高沿岸农田灌溉、排涝、防洪标准。

(5) 水库的水位控制，将低潮位提高，可增大库区航运能力。

(6) 堤坝可结合桥梁和道路修建，改善交通情况。

(7) 潮汐电站还有可能美化环境，有利于发展旅游事业。

(8) 电站坝、闸工程还可起到挡潮、抗浪、保岸、防坍的作用。

9.4.4 地热能的综合利用

不同温度的地热流体，可以有不同的利用方式，如图 9.11 所示。

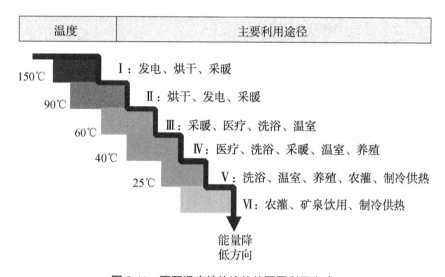

图 9.11 不同温度地热流体的不同利用方式

高温地热蒸汽应首先用于发电，并可实现综合利用，如进行冷热电三联产。用于发电后温度有所降低的地热流体可用于采暖、供热或提供热水，都是很常见的地热应用方式。

在进行热能利用的同时，还可以从地热流体中提取有用的盐类等矿物质资源。

温度较低的地热水，可以用于温室种植、水产养殖、土壤加温、农田灌溉等，在农业和养殖业中的应用范围十分广阔。含有较多有益矿物质的中低温地热水，可以用于温泉洗浴和保健医疗，甚至可以围绕这一特色开发旅游事业。

9.4.5 海洋温差发电的综合开发

海洋温差发电方式中，有一种开式循环系统在发电的同时还可以产生大量淡水和化工产品。

开式循环系统以表层的温海水作为工作介质，先用真空泵将循环系统内抽成一定程度的真空，再用温水泵把温海水抽入蒸发器。由于系统内已保持有一定的真空度，温海水就在蒸发器内沸腾蒸发，变为蒸汽；蒸汽经管道喷出推动蒸汽轮机运转，带动发电机发电。蒸汽通过汽轮机后，又被冷水泵抽上来的深海冷水冷却，凝结成淡化水后排出。

开式循环系统不但可以获得电能，而且可以获得很多有用的副产品。例如，温海水在蒸发器内蒸发后所留下的浓缩水，可用来提炼很多有用的化工产品；水蒸气在冷凝器内冷却后可以得到大量的淡水。

多种能源互补发电，是将多种能源联合发电运行，在协调配合中充分发挥其各自的优势，提高系统的整体能源利用率。

【参考视频】

能源的综合利用，可以是对同一种能源进行科学的梯级开发，在重复或循环中减少能量的损失，通过增加利用的环节和方式来增加能源的利用率；也可以综合利用同一种资源的多种特性，或者在建设利用时因地制宜地发挥其他方面的作用。

这两种方式的设计思想都是要尽可能充分地利用资源，提高能源利用的综合效益，因而都具有非常好的发展前景。

习　题

一、填空题

1．多种电源联合运行的方式称为互补发电，常见的有风能-太阳能互补发电、_____、_____、_____等。

2．风-光互补发电系统一般由_____、_____、_____、_____、直流母线及控制器等部分构成。

3．冷热电三联产是指热、电、冷三种不同形式能量的联合生产，是在热电联产基础上发展起来的。典型冷热电三联产系统一般包括_____、_____、_____等。

4．冷热电三联产系统按照各部分的功能分为5个部分，即驱动系统、发电系统、供热系统、制冷系统和控制系统。常见的驱动系统有_____、_____、_____等。

二、选择题

1．下列各项属于可再生新能源的有(　　)。
　　A．燃料电池　　　B．生物质能　　　C．潮汐能　　　D．太阳能

2．下列说法正确的是(　　)。
　　A．风-光互补就是风力发电和太阳能光伏发电协调互补的联合运行方式
　　B．风-光互补发电系统无空气污染、无噪声、不产生废弃物
　　C．利用风能、太阳能的互补性，可以获得比较稳定的输出，系统有较高的稳定性和可靠性，在保证同样供电的情况下，可大大减少储能蓄电池的容量
　　D．通过合理地设计风-光互补发电系统，不需备用电源和储能装置就可获得较好的社会效益和经济效益

3．下列说法正确的是(　　)。
　　A．热电联产就是热和电两种形式的能量联合生产，一般是在发电的同时将剩余的热量回收，用于供热、供暖等，以提高能源的综合利用率

B. 冷热电三联产是指热、电、冷三种不同形式能量的联合生产，是在热电联产基础上发展起来的

C. 热电联产和冷热电三联产的实质在于综合梯级的科学用能，将制冷、供热(采暖和供热水)及发电过程一体化

D. 在夏季空调用电高峰季节，冷热电三联产中用消耗热能的制冷机组代替电制冷机组，有利于减轻温室效应和保护臭氧层，还可以缓解电网用电压力

三、分析设计题

1. 为你的家乡设计一种比较现实的能源互补发电方案。
2. 调研一下你所了解的某处地热资源，考虑如何进行综合开发利用。
3. 简要说明互补发电和综合利用的可行性及意义。

第 10 章

分布式发电技术

可再生能源发电等新型独立电源的技术成熟和容量增大,很好地适应了环保和可持续发展的要求,于是分布式发电技术也应运而生。什么是分布式发电?分布式发电与传统的发电方式有什么区别?分布式发电系统中的常用电源有哪些?微电网和分布式发电有什么关系?分布式发电系统中为什么要用储能装置?常用的储能方式有哪些?发展分布式发电有什么特殊意义?这些问题都可以在本章中找到答案。

教学目标

- 了解分布式电源和分布式发电的概念;
- 掌握分布式发电的特点和适用场合;
- 了解常见的分布式电源和储能方式;
- 理解分布式发电的重要意义和发展前景。

教学要求

知识要点	能力要求	相关知识
分布式发电的概念	(1) 了解分布式发电的概念; (2) 掌握分布式发电的特点和适用场合	—
分布式电源	(1) 复习各种新能源分布式电源的特点; (2) 了解微型燃气轮机发电技术及其特点	集中式电源、独立电源
分布式供电系统和微电网	(1) 了解分布式供电系统的基本结构; (2) 了解微电网的概念和特点; (3) 理解微电网的运行控制方式	电网
分布式发电系统的储能装置	(1) 了解常见的储能方式; (2) 理解和掌握储能装置在分布式系统中的作用	各种储能原理
分布式发电的发展	(1) 理解发展分布式发电的重要意义; (2) 了解分布式发电的发展状况和应用前景	—

第10章 分布式发电技术

推荐阅读资料

1. 胡学浩. 分布式发电与微型电网技术[J]. 电气时代，2008(12)：77-78.
2. 徐建中. 分布式供电和冷热电联产的前景[J]. 节能与环保，2002(3)：10-14.

基本概念

分布式发电：在一定的地域范围内，由多个甚至多种形式的发电设备共同产生电能，以就地满足较大规模的用电要求。

分布式电源：分散的小规模电源。

分布式供电系统：分布式发电系统和由其供电的负荷等共同构成的本地电力系统。

微电网：由负荷和为其供电的微型电源(即各种小型分布式电源)共同组成的小型局部电网，是能够独立运行或者作为一个整体与公共电网联网的分布式供电系统。

储能：即能量储存，主要指以物理或化学方式将电能储存备用，并在需要时再转换为电能释放出来使用。

引例：海洋上的能源岛

美国的发明家多米尼克·米凯利斯(Dominic Michaelis)和他的儿子共同设计了一种漂浮在海面上的"能源岛"(图10.1)，可以综合利用海洋的温差能、波浪能和海上的风能、太阳能等多种形式的可再生能源，能够全年每天24h连续运行。

在能源岛直径约600m的六边形平台上，除了中央的海洋热能转换(OTEC)系统，还有若干风力机和大面积的太阳能光伏阵列。能源岛水下还有波浪能转换装置和水轮机系统捕捉附近海浪能量。这样的一个能源岛，建造成本超过6亿美元，具有250MW的发电能力，足够向一个小型城市供电。把多个能源岛连在一起，就能形成类似岛屿的能源生产基地，可以为农作物生长提供充足的温室条件，可作为浮在海面的小型港口供船只停泊，还可以为观光者带来如临仙境的奇妙感受。

图10.1 能源岛模型

10.1 分布式发电的概念

10.1.1 分布式发电简介

分布式发电(Distributed Generation，DG)，是指在一定的地域范围内，由多个甚至多种形式的发电设备共同产生电能，以就地满足较大规模的用电要求。

"分布"二字，相对于集中发电的大型机组而言，是指其总的发电能力由分布在不同位置的多个中小型电源来实现；相对于过去的小型独立电源而言，是指其容量分配和布置有一定的规律，其分布要满足特定的整体要求。

分布式发电一般独立于公共电网而靠近用电负荷，可以包括任何安装在用户附近的发电设施，而不论其规模大小和一次能源种类。一般来说，分布式电源是集成或单独使用的、靠近用户的小型模块化发电设备，多为容量在 50MW 以下的小型发电机组。

除了分布式发电，还有分布式电力和分布式能源的概念。分布式电力(Distributed Power，DP)，是位于用户附近的模块化的发电和能量储存技术。分布式能源(Distributed Energy Resources，DER)，包括用户侧分布式发电、分布式电力，以及地区性电力的有效控制和余热资源的充分利用，也包括冷热电联产等。

分布式发电、分布式电力和分布式能源的关系如图 10.2 所示。由于三者的概念类似，发挥的作用也基本相同，为了叙述方便，在后文一律称为"分布式发电"。

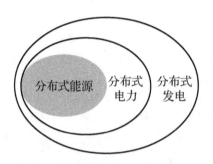

图 10.2 分布式发电、分布式电力和分布式能源的关系

分布式发电技术可以实现多种资源及地域之间的互补。

近年来，以可再生能源为主的分布式发电技术得到了快速发展，与传统电力系统相比克服了大系统的一些弱点，成为电能供应不可缺少的有益补充，二者的有机结合将是新世纪电力工业和能源产业的重要发展方向。分布式发电以其优良的环保性能和与大电网良好的互补性，成为世界能源系统发展的热点之一，也为可再生能源的利用开辟了新的方向。

10.1.2 分布式发电的特点

与常规的集中式大电源或大电网供电相比，用分布式发电系统提供电能具有很多特点。

(1) 建设容易，投资少。分布式发电多采用风能、太阳能、生物质能等可再生能源或微型燃气轮机，单机容量和发电规模都不大，因而不需要建设大规模的发电厂和变电站、配电站，土建和安装成本低，建设工期短，投资规模小而且不会有大的风险。

不过，分布式供能系统往往由于缺乏规模性效益，单位容量的造价要比集中式大机组发电高出很多。

【参考图文】

(2) 靠近用户，输配电简单，损耗小。分布式电源大多容量较小，而且靠近电力用户，一般可以直接就近向负荷供电，而不需要修建长距离的高压输电线路，输配电损耗较小，建设也简单廉价。

(3) 能源利用效率高。分布式发电可以结合冷热电联产，将发电的废热回收用于供热和制冷，科学合理地实现能源的梯级利用。而且由于分布式电源距离用电负荷较近，输配电过程中的电能损失和供暖、供热管道的热量损失也相当小。因而，分布式发电系统具有很高的能源利用效率，综合利用率可达 70%~90%。

(4) 污染少，环境相容性好。除了微型燃气轮机等小型化石燃料发电机组，分布式电源可以广泛采用各种可再生能源发电技术，如太阳能光伏发电技术、风力发电技术等，发电过程很少有污染物排放，噪声也不大。同时，分布式发电系统的电源等级较低(多为 400V)，而且没有大容量远距离高压输电线路，产生的电磁辐射也远远低于常规的集中发电方式，更不会因为高压输电线路的建设而大量占用土地和砍伐树木。因而，分布式发电系统与环境的相容性较好，可以减轻能源供应的环保压力。

(5) 运行灵活，安全可靠性有保障。分布式发电系统中的电源，单机容量小，机组数目多，彼此之间有一定的独立性，同时发生故障的概率很小，不容易发生大规模的停电事故，供电的连续可靠性有保障。用户具有可自行控制的分布式供电系统，常常在其他用户经历电力事故时能免受停电的困扰。发展分布式供电比通过改造电网加强供电安全更加简便快捷。

分布式发电系统还有很好的灵活性。多个小型的发电机组，便于分别操作和智能化控制；机组的启动和停运快速、灵活。分布式电源可作为备用电源为要求不间断供电的用户提供电能。不过，分布式电源的功率波动明显，系统容量不容易互为备用。

小知识

2008 年年初在我国南方发生了严重的雪灾，大量输电线路倒塌，但是在四川、贵州等地一些小火电厂却没有停运，还发挥了一定的作用。

(6) 联网运行，有提供辅助性服务的能力。分布式发电系统可与大电网联合运行，互为补充，既能够提高分布式系统本身的供电可靠性，还能为大电网提供一些辅助性的服务。例如，在用电高峰期的夏季和冬季，采用冷热电联产等手段，可满足季节供热或制冷的需要，同时节省一部分电力，从而减轻供电压力。

小知识

2003 年 8 月 15 日，美国东北部和加拿大东部联合电网发生大面积停电事故。这次"美加大停电"事故发生后，有专家估计，改造并完善美国东北部电网需投资 500 亿美元，但这也只能是减少事故的发生或减轻事故的影响。如果把这些投资用于建设分布式供电系统，至少可以解决 1 亿 kW 的发电容量，若再考虑供热、制冷及减少的输变电损耗，则可相当于增加 2 亿~3 亿 kW 的发电装机容量。

10.1.3 分布式发电的适用场合

与传统集中式大容量发电相比，分布式发电系统规模较小，可用于发电的一次能源种类多，对场地要求低，因而建设灵活，而且可以靠近用户，常可直接向其附近的负荷供电或根据需要向电网输出电能。

分布式发电系统的诸多特点，使其非常适合为边远乡村、牧区、山区、发展中区域及商业区和居民区提供电力。分布式电源是为学校、工厂、医院等企事业单位及住宅小区提供独立供能的理想装置。在许多欧洲国家，分布式能源供电已经成为满足电能与热能需求的最重要来源。

分布式发电系统可以独立运行，也可与公用电网联网运行。独立运行模式主要用于大电网覆盖不到的边远地区、农牧区。联网运行模式主要用于电网中负荷快速增长的区域和某些重要的负荷区域，分布式电源与公用电网共同向负荷供电。联网运行模式将是分布式发电系统未来发展的主要方向。

10.2 分布式电源

分布式电源就是分散的小规模电源。分布式发电系统广泛利用各种可用的资源进行小规模分散式发电，因资源条件和用能需求而异，发电方式包括以下三大类。

(1) 天然气分布式能源，主要是热电联产和冷热电三联产等。

(2) 可再生能源分布式发电，主要包括小型水能、太阳能、风能、生物质能、地热能等。

(3) 废弃资源综合利用，涵盖工业余压、余热、废弃可燃性气体发电和城市垃圾、污泥发电等。

此外一些储能装置，如蓄电池、飞轮、超级电容器等，具有容量小及安装在负荷当地的特点，因此也作为分布式发电装置的一种，将在10.4节进行介绍。

10.2.1 新能源分布式电源

1. 光伏电池

光伏电池发电技术，利用半导体材料的光电效应直接将太阳能转换为电能，基本不受地域限制，建设规模和场地选择灵活、安全可靠、维护简单、无污染。不过，其能量密度较低，容易受气象条件的影响，初期建设投资较高。(详见本书第2章)

中国之最：国内首个分布式光伏示范区项目并网发电

在合肥高新区合肥荣事达三洋二工厂，由阳光电源股份有限公司建设的合肥荣事达三洋屋面光伏电站一期项目于2014年2月正式并网发电，成为全国18个分布式光伏示范区中首个并网发电项目，如图10.3所示。

图 10.3　国内首个分布式光伏示范区项目

(来源: http://guangfu.bjx.com.cn)

该项目依托荣事达三洋厂区屋面资源，电站装机容量为 2.64MW，25 年内，每年平均发电 264 万 kW·h，可有效缓解工厂"迎峰度夏"等电力供应紧张局面，同时每年可减排二氧化碳 2600t，二氧化硫 79t。

作为国家首批示范区项目，"安全、高效、智能"成为分布式光伏的三大核心课题。该项目应用了集逆变、升压、监控、防护安全、电网接入和调度等功能于一体的系统解决方案等多项智能新技术，有效解决分布式电站所面临的安全、高效、智能、占地等主要问题，也为国内分布式光伏发电技术发展积累了有益的经验。

2014 年国家能源局提出"大力推进分布式光伏"产业战略，分布式光伏发电作为可再生绿色电力，能够减轻雾霾、降低化石能源消耗，为生态建设和经济发展不断提供新动力。

2. 风力发电机组

风力发电技术资源分布广泛，技术成熟，是近年来发展应用最广的发电技术。在各种可再生能源发电中，风力发电的成本最低，在不远的将来即可与常规能源发电技术相竞争。(详见本书第 3 章)

3. 海洋能发电站

海洋能包括潮汐能、波浪能、海流能、温差能和盐差能等多种能源形态，均可用于发电。不过整体而言，海洋能发电仍处于发展的初级阶段，技术和规模都亟待提高。相对而言，其中最成熟、应用规模最大的是潮汐发电。(详见本书第 4 章和第 5 章)

4. 地热发电站

地热发电以地下热水和蒸汽为动力源，其原理和火力发电类似，只是不需要燃料和锅炉。相对于太阳能和风能的不稳定，地热能发电的输出功率就显得较为稳定可靠。(详见本书第 6 章)

5. 生物质能发电机组

生物质能发电是将生物质转化为可驱动发电机的能量形式(如燃气、燃油、酒精等)，再按照常规发电技术发电。生物质能的分布最为广泛，总量也十分丰富，而且还常常可以"变废为宝"，在近几年的推广及应用比较成功。(详见本书第 7 章)

6. 燃料电池

燃料电池的工作原理是电解水的逆过程,即通过氢和氧的化合释放出电能,其排放物是水蒸气,燃料不经过燃烧,因而对环境无任何污染,不占空间且无噪声。与传统发电设备相比,燃料电池的发电效率很高(一般在35%~60%),温室效应气体的排放率明显降低。燃料可以是氢气、碳氢化合物、天然气、甲醇甚至汽油等。目前,燃料电池的成本较高,暂时还不能广泛地作商业化应用。(详见本书第8章)

10.2.2 微型燃气轮机

微型燃气轮机(Micro-Turbine)是一类新近发展起来的小型热力发动机,是以天然气、丙烷、汽油、柴油等为燃料的超小型燃气轮机。它的特点是体积小,质量小,功率范围在20~500kW。机组的成本高于相同功率的柴油发电机组,但维护费用低廉,总体运行费用可低于柴油发电机组。

微型燃气轮机的发电原理和内部结构,分别如图10.4和图10.5所示。

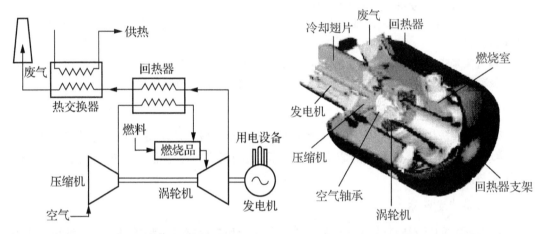

图10.4 微型燃气轮机的发电原理　　　图10.5 微型燃气轮机的内部结构

微型燃气轮机的发电效率不高,满负荷运行时效率只有30%,半负荷运行时效率为10%~15%,然而,若实行热电联产,系统总效率可达80%以上。

微型燃气轮机应用很广,最具代表性的是热电联产机组,是目前最成熟、最具有商业竞争力的分布式电源之一。

10.3　分布式供电系统和微电网

10.3.1　分布式供电系统

分布式供电系统就是分布式发电系统和由其供电的负荷等共同构成的本地电力系统。分布式供电系统可能包含很多分散在各处的分布式电源,而且分布式电源的种类也往往不止一种,再加上储能装置和附近用电的负荷,其结构可能也相当复杂,如图10.6所示。

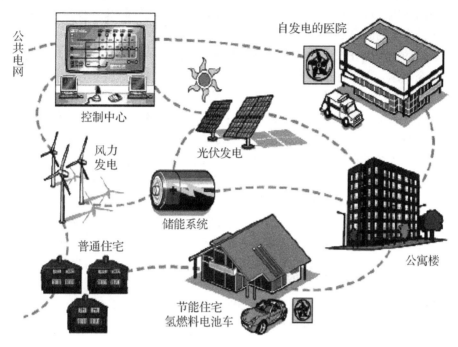

图 10.6　分布式供电系统示意图

实际的分布式供电系统比较复杂,而其最基本的构成要素却是类似的。简单来看,分布式供电系统一般都由若干分布式电源、储能设备、分布式供电网络及控制中心和附近的用电负荷构成,如果与公共电网联网运行就还包括并网接口。分布式供电系统的基本结构如图10.7所示。

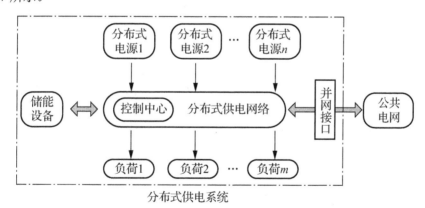

图 10.7　分布式供电系统的基本结构

分布式电源可以是本章10.2节所介绍的分布式电源中的任何一种或几种,其电力输出可能是交流电(如风力发电、微型燃气轮机发电机组),也可能是直流电(如光伏电池和燃料电池)。

分布式供电网络可以是交流系统，也可以是直流系统。要综合考虑用电负荷情况、建设成本、电磁干扰等因素。控制中心的作用是监控整个分布式供电系统的工作情况，包括分布式电源的发电情况、负荷的用电情况、储能设备的能量控制及分布式供电网络中的电压、电流、频率是否正常。

储能系统的作用是在发电量过大时储存系统中剩余的能量，或者在发电能力不足时释放能量以补充缺额。关于储能的更多内容，详见本章10.4节。

由于分布式电源、用电负荷、储能设备都有可能是交流电气设备，也可以是直流电气设备，因此分布式供电系统中可能根据需要会有一些电力变换设备。把交流电转换为直流电的设备称为整流器(AC/DC)，把直流电转换为交流电的设备称为逆变器(DC/AC)。

分布式供电系统的并网接口也是某种形式的电力变换设备，例如逆变器。并网接口可能不止一个，有时甚至是每一个分布式电源都通过一个并网接口与电网相连。

目前，世界上有许多国家或国际组织都在制定关于分布式电源的并网标准，例如，IEEE的P1547、加拿大的C22.3 NO9、德国的中低压并网、我国的Q/GDW 1480—2015标准等。其中德国的中低压并网标准对分布式电源系统的有功功率控制进行了详细规定。

我国Q/GDW 1480—2015标准规定分布式电源总容量原则上不宜超过上一级变压器供电区域内最大负荷的25%；分布式电源并网点的短路电流与分布式电源额定电流之比不宜低于10；200kW及以下分布式电源宜接入380V电压等级电网，200kW以上分布式电源宜接入10kV(6kV)及以上电压等级电网。

10.3.2 微电网

【参考视频】

微电网，最简单的理解，就是由负荷和为其供电的微型电源(即各种小型分布式电源)共同组成的小型局部电网。

实际上，微电网和分布式供电系统的概念类似，有时甚至难以区分。或许可以这样理解，微电网是能够独立运行或者作为一个整体与公共电网联网的分布式供电系统。

将分布式发电系统以微电网的形式接入公共大电网并网运行，互为补充和支撑，是发挥分布式发电系统效能的最有效方式。

在微电网的内部，主要由电力电子器件负责分布式电源的能量转换，并提供必要的控制。通过整合分布式发电单元与配电网之间的关系，在一个局部区域内直接将分布式发电单元、供电网络和电力用户联系在一起，既可以与大电网并网运行，也可以孤立运行。

在微电网系统中，用户所需能量由各种分布式电源、冷热电联产系统和公共电网提供，在满足用户供热和供冷需求的前提下，最终以电能作为统一的能源形式将各种分布式能源加以融合，满足特定的电能质量要求和供电可靠性。

微电网可以看作所连接的大电网中的一个可控单元，而不再是多个分散的电源和负荷。微电网和大电网的连接处，称为公共连接点(Point of Common Coupling，PCC)。

一个微电网系统的结构如图10.8所示，其中包括风力发电、光伏发电、燃料电池等多种分布式电源，还包括飞轮储能、蓄电池储能等多种储能措施，以及多个用电负荷。公共连接点处的微电网模式控制器，可以实现微电网并网运行与独立运行模式的转换。

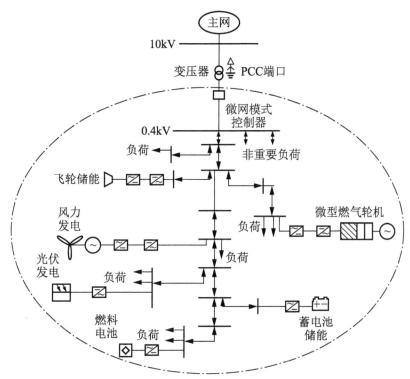

图 10.8　一个微电网系统的结构示意图

基于我国的实际情况，我国微电网建设可以分为以下几种类型。

(1) 城市微电网，我国城市微电网可以依托居民小区、宾馆、医院、商场及办公楼等进行建设，主要以提高供电可靠性和电能质量为目标。城市微电网可以在经济发达地区优先发展，这些地区一般负荷需求较大，部分负荷对供电可靠性的要求较高，而且环境压力很大。通过发展城市微电网可以提高供电的服务质量，同时提高可再生能源发电比例，有利于减轻城市的环境压力。

(2) 企业微电网，一般在中压配电网等级，容量较大，常见于石化、钢铁等大型企业，一般分布在城市的郊区。这类微电网主要满足企业对供电安全性和可靠性的较高要求，同时通过能源的综合利用提高企业的能源利用效率，降低成本，提高效益。

(3) 偏远农村微电网，主要建设在草原、山区等电力需求较低的偏远地区，将传统电力系统延伸到这类地区需要很大的成本。这类微电网以孤岛运行为主，主要靠本地分布式电源提供电能，能够有效解决偏远地区的供电难题。

微电网的具体结构取决于用户需求和可用资源情况。由于微电网中分布式电源的多样性及组合的灵活性，使得整个系统的运行和控制变得复杂，因此微电网中的控制与保护系统尤为重要。

10.3.3 微电网的运行控制

在微电网系统中，孤岛运行和并网运行是两种基本的运行模式。

孤岛现象(Islanding Phenomenon)是指电网断电时，分布式电源仍向本地负载供电，从而形成一个公共电网系统无法控制的自给供电孤岛。孤岛现象可能对整个配电网的系统设备及用户端的设备造成不利的影响，例如，对电力公司输电线路维修人员的安全危害，电力孤岛区域供电电压与频率不稳定，当电力公司供电恢复时可能造成相位不同步问题等。

基于逆变器侧的孤岛检测方法可分为被动检测法和主动检测法两大类。

被动检测法是直接监测选定的公共连接点的参数(电压、频率、谐波等)，同时控制逆变器在一定条件下停止并网运行。被动检测法包括过/欠电压、高/低频率保护电路法，电压谐波检测法，电压相位突变法等。

主动检测法是指在逆变器控制信号中加入相应的扰动，当电网正常工作时，由于电网的平衡作用，扰动信号几乎不起作用；若出现孤岛，扰动信号的存在会破坏系统的平衡，使得电压、频率等出现明显的变化，如果变化超出所规定的阈值范围，则可检测出孤岛。主动检测法包括功率扰动法、频率扰动法和相位偏移法等。

事实上，为了更好地发挥分布式发电的优势，采用一定的控制策略实现微电网孤岛和并网的平稳运行及两者之间的平稳转换已经成为研究热点。

当大电网发生故障并不能立即恢复时，微电网转入孤岛运行，从而保证部分重要负荷的不间断供电，此时对重要负荷的可靠供电放在首要地位，而对于非重要负荷和微网运行的经济优化等放在次要地位，必要时切除或断开非重要负荷以维持微电网中的能量平衡；当故障解除时，通过适当的控制，使微电网重新并网运行。

微电网并网运行时，微电网内部的各个分布式电源只需控制功率输出以保证微电网内部的功率平衡，而电压和频率由大电网来支持和调节，此时的逆变器可以采用恒功率(PQ)控制方法，按照设定值提供固定的有功功率和无功功率。

当微电网孤岛运行时，与大电网的连接断开。此时，需由一个或几个分布式电源来维持微电网的电压和频率。由一个逆变型分布式电源执行恒压恒频(CVCF)控制调节微电网频率和电压的情况构成主从结构的微电网；由多个逆变型分布式电源执行下垂(Droop)控制共同调节微电网频率和电压的情况构成对等结构的微电网。其余分布式电源逆变器仍然采用恒功率控制方法。近年来，在对等结构微电网的基础上，人们又提出了结构更复杂的微电网分层控制结构(也称多代理控制)，由微电网中央控制器(Microgrid Central Controller, MGCC)对微电网进行统一的协调控制，并负责微电网与大电网之间的通信与协调；微电源控制器(Microsource Controller, MC)和负荷控制器(Load Controller-LC)从属于 MGCC，分别控制具体的微电源和负荷。

【参考视频】

小知识

高压电力系统中同步发电机的频率和端电压与所输出的有功功率和无功功率之间存在下垂特性。下垂控制的思想是通过控制使逆变器的输出模拟下垂特性，采用频率有功和电压无功下垂特性将系统不平衡的功率动态分配给各个机组承担，保证微网系统中频率电压的统一，简单可靠。

10.4 分布式发电系统的储能装置

将在未来能源结构中占据重要位置的可再生能源,如风能、太阳能、波浪能等,往往由于自然资源的特性,用于发电时其功率输出具有明显的间歇性和波动性,其变化甚至可能是随机的,容易对电网产生冲击,严重时会引发电网事故。为了充分利用可再生能源并保障其作为电源的供电可靠性,就要对这种难以准确预测的能量变化进行及时的控制和抑制。分布式发电系统中的储能装置,就是用来解决这一问题的。

10.4.1 常用的储能技术

近年来,由于重要性提升和应用领域的扩展,储能技术发展很快,储能方式和规格也越来越多。

储能方式主要分为化学储能和物理储能,化学储能主要有蓄电池储能和超级电容器储能等;物理储能主要有飞轮储能、抽水储能、超导储能和压缩空气储能等。

下面对几种在分布式发电系统中应用前景较好的储能方式进行介绍。

1. 蓄电池储能

蓄电池储能系统(Battery Energy Storage System,BESS)由蓄电池、逆变器、控制装置、辅助设备(安全、环境保护设备)等部分组成。根据所使用的化学物质,蓄电池可以分为铅酸电池、镍镉电池、镍氢电池、锂离子电池等。

【参考视频】

性价比很高的铅酸蓄电池被认为最适合应用于分布式发电系统。目前采用蓄电池储能的分布式发电系统,多数采用传统铅酸电池。不过,传统的蓄电池存在着初次投资高、寿命短、对环境有污染等问题。

新型高能量二次电池——锂离子电池,工作电压高、体积小、储能密度高(每立方米可储存电能 300~400kW·h)、无污染、循环寿命长(若每次放电不超过储能的 80%,可反复充电 3000 次)、充放电转化率高达 90%以上,比抽水蓄能电站的转化率高,也比氢燃料电池的发电率(80%)高。锂离子电池由日本索尼公司于 1992 年率先推出,很快受到人们的重视和欢迎。

目前,蓄电池作为储能装置在分布式发电系统中应用最为广泛。虽然也有若干不足,但就目前的技术经济发展状况而言,蓄电池仍会在一段时间内得到广泛应用。

2. 超导储能

早在 1911 年,荷兰物理学家 Onnes 就观察到了超导体。20 世纪 70 年代,美国威斯康星大学应用超导中心的 Peterson 和 Boom 发明了一个超导电感线圈和三相整流电路组成的电能储存系统,并获得了专利,由此开始了超导储能(Superconducting Magnetic Energy Storage,SMES)系统在电力领域的应用研究与开发。高温超导和电力电子技术的发展促进了超导储能装置在电力系统中的应用,20 世纪 90 年代已被应用于风力发电系统。

目前在分布式发电系统中,超导储能单元常用于独立运行的风力发电系统和光伏电池发电系统。随着装置成本的降低,超导储能系统的规模和应用领域将进一步扩大。

提示

超导就是阻抗小到几乎为零的超级导体。

与其他储能技术相比,超导储能最显著的优点包括:可以长期无损耗地储存能量,能量返回效率很高,而且能量的释放速度很快,通常只需几毫秒。

超导储能系统的基本电路结构如图 10.9 所示,其储能核心部件是由超导材料制成的超导线圈(图 10.10)。通入励磁(即产生磁场)用的直流电流,在线圈中就会形成强磁场,把接收的电能以磁场能的形式储存起来。由于超导体的电阻几乎为零,电流在超导线圈中循环时产生的功率损耗很小(数值上等于电流的平方乘以电阻),因而储存的能量不易流失。在外部需要能量时,可以把储存的能量送回电网或实现其他用途。

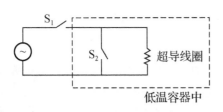

图 10.9 超导储能的电路结构

图 10.10 超导线圈的外观

【参考视频】

超导特性一般需要在很低的温度下才能维持。一旦温度升高,超导体就变为一般的导体,电阻明显增大,电流流过时将产生很大的功率损耗,损失的能量以发热的形式散失到周围环境中,储能的效果也就不复存在了。因此,超导储能系统的超导线圈需放置在温度极低的环境,一般是将超导线圈浸泡在温度极低的液体(液态氢等)中,然后封闭在容器中。因此,超导储能系统除了核心部件超导线圈以外,还包括冷却系统、密封容器及用于控制的电子装置。

超导储能系统的优点包括能量损失少,效率高;坚固耐用,超导线圈在运行过程中没有磨损,压缩器和水泵可以定期更换,因此超导蓄能系统具有很高的可靠性,适合高可靠性要求用户的需求。

超低温保存技术是目前利用超导储能的瓶颈。迄今为止,超导储能系统的成本比其他类型的储能系统的成本高得多,大概是铅酸蓄电池成本的 20 倍。高成本导致超导储能系统短期内不可能在分布式发电系统中大规模应用,但是在要求高质量和高可靠性的系统中可以应用。

3. 飞轮储能

飞轮储能是一种机械储能方式。

早在20世纪70年代就有人提出利用高速旋转的飞轮来储存能量，并应用于电动汽车的构想。由于飞轮材料和轴承问题等关键技术一直没有解决而停滞不前。20世纪90年代以来，由于高强度的碳纤维材料、低损耗磁悬浮轴承、电力电子学三方面技术的发展，飞轮储能才得以重提，并且得到了快速的发展。

图10.11所示为飞轮储能的原理图，外部输入的电能通过电力电子装置驱动电动机，电动机带动飞轮旋转，高速旋转的飞轮以机械能的形式把电能储存起来；当外部负载需要电能时，再由飞轮带动发电机旋转，将机械能转换为电能，并通过电力电子装置对输出电能进行频率、电压的变换，以满足用电的需求。

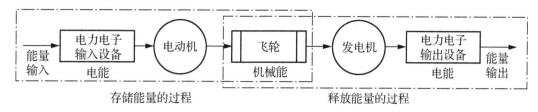

图10.11 飞轮储能的工作原理图

实际的飞轮储能系统(Flywheel Energy Storage System，FESS)基本结构由(图10.12)以下五部分组成：①飞轮转子，一般采用高强度复合纤维材料组成；②轴承，用来支承高速旋转的飞轮转子；③电动/发电机，一般采用直流永磁无刷电动/发电互逆式双向电机；④电力电子变换设备，将输入交流电转换为直流电供给电动机，将输出电能进行调频、整流后供给负载；⑤真空室，为了减小损耗，同时防止高速旋转的飞轮引发事故，飞轮系统必须放置于真空密封保护套筒(图10.13)内。此外，飞轮储能装置中还必须加入监测系统，监测飞轮的位置、振动、转速、真空度和电机运行参数等。

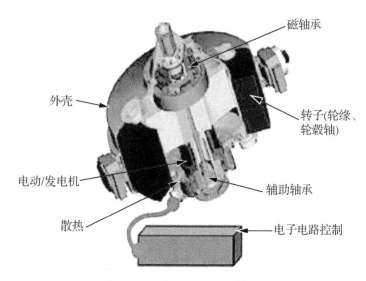

图10.12 飞轮储能系统结构图

图 10.13　储能飞轮的真空密封保护套筒

飞轮储能的优点很多，包括效率高、寿命长、储能量大，而且充电快捷，充放电次数没有限制，对环境无污染等。

不过目前飞轮储能的成本还比较高(费用主要用于提高其安全性能)，还不能大规模应用于分布式发电系统中，主要是用作蓄电池系统的补充。飞轮储能技术正在向产业化、市场化方向发展。

4. 电解水制氢储能

电解水制氢储能系统需与燃料电池联合应用。在系统运行过程中，当负荷减小或发电容量增加时，将多余的电能用来电解水，使氢和氧分离，作为燃料电池的燃料送入燃料电池中存储起来；当负荷增加或发电容量不足时，使存储在燃料电池中的氢和氧进行化学反应直接产生电能，继续向负荷供电，从而保证供电的连续性。(详见本书的第 8 章)

5. 超级电容器储能

超级电容器又称双电层电容器、电化学电容器，是一种电化学电容，兼具电池和传统物理电容的优点。根据电能的储存与转化机理，超级电容器分为双电层电容器和法拉第准电容器(又叫赝电容器)，其中法拉第准电容器又包括金属氧化物电容器和导电高分子电容器。

双电层电容器的基本原理是利用电极和电解质之间形成的界面双电层来储存能量的一种新型电子元件。其原理图如图 10.14 所示，它以双电层-双电层(Electrical double layer)为主要机制，即在充电时，正极和负极的炭材料表面分别吸附相反电荷的离子，电荷保持在炭电极材料与液体电解质的界面双电层中。这种电容器的储能是通过使电解质溶液进行电化学极化来实现的，并没有产生电化学反应，这种储能过程是可逆的。

法拉第准电容是以准电容-准电容(Pseudocapacitance)为主要机制，在电极表面或体相中的二维或准二维空间上，正极和负极表面分别以金属氧化物的氧化/还原反应为基础或以有机半导体聚合物表面掺杂不同电荷的离子为基础，产生与电极充电电位有关的电容。在相同的电极面积的情况下，容量是双电层电容的 10~100 倍。

根据电化学电容器的结构及电极上发生反应的不同，超级电容器又可分为对称型和非对称型。如果两个电极的组成相同且电极反应相同，反应方向相反，则被称为对称型；反之则被称为非对称型。非对称型电容器具有比常规电容器更高的比能量和比二次电池更高的比功率。

近年来开发出的一种新型的电容器——混合型超级电容器，一极采用传统的电池电极并通过电化学反应来储存和转化能量，另一极则通过双电层来储存能量。电池电极具有高的能量密度，同时两者结合起来会产生更高的工作电压，因此混合型超级电容器的能量密度远大于双电层电容器。又由于在充放电过程中正负极的储能机理不同，因此其具有双电层电容器和电池的双重特征。混合型超级电容器的充放电速度、功率密度、内阻、循环寿命等性能主要由电池电极决定，同时充放电过程中其电解液体积和电解质浓度会发生改变。

超级电容器作为一种绿色环保、性能优异的新型储能器件，可以作为独立电源或复式电源使用，应用在启动、牵引动力、脉冲放电和备用电源等领域，目前在国防、军工，以及电动汽车、计算机、移动通信等领域都有着广泛应用，受到了世界各国尤其是发达国家的高度重视，如图 10.15 所示为四组串联的超级电容。

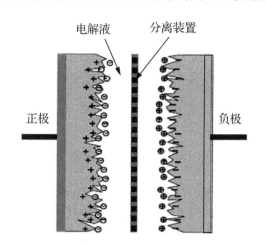

图 10.14 超级电容原理图

图 10.15 四组串联的超级电容

10.4.2 储能装置在分布式系统中的作用

在分布式发电系统中，储能装置扮演着相当重要的角色，其作用主要表现在以下几个方面。

1. 平衡发电量和用电量

图 10.16 为分布式发电系统的简化示意图，大致反映了分布式发电系统中最基本的构成要素。

分布式电源的能量之和与该区域的所有负荷总量往往并不相等，并且相对数量关系是动态变化的。当发电容量大于负荷总量

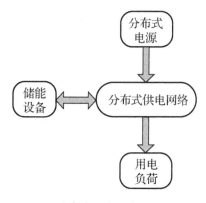

图 10.16 分布式发电系统的简化示意图

时,剩余的发电容量可以储存在储能设备中,也可以馈送给公共电力系统;当发电容量小于负荷总量时,能量的缺额可以从储能设备中提取,或者从公共电力系统引入能量,以便补充分布式电源的不足。通过储能设备的能量"吞吐",实现了发电量和用电量的供需平衡,自然维持分布式供电系统的稳定。

2. 充当备用或应急电源

考虑到太阳能、风能等可再生新能源的间歇性,在某些分布式电源因受自然条件影响而减少甚至不能提供电能时(如光伏电池在阴雨天和夜间,风电机组遭遇强风或无风时),储能系统就像备用电源,可以临时作为过渡电源使用,维持对用户的连续供电。

此外,基于系统的安全性考虑,分布式发电系统也可以保存一定数量的电能,用以应付突发事件,如分布式电源意外停运等。

3. 改善分布式系统的可控性

当分布式发电系统作为一个整体并入大电网运行时,储能系统可以根据要求调节分布式发电系统与大电网的能量交换,将难以准确预测和控制的分布式电源,整合为能够在一定范围内按计划输出电能的系统,使分布式发电系统成为大电网中像常规电源一样可以调度的发电单元,从而减轻分布式电源并网对大电网的影响,提高大电网对分布式电源的接受程度。

4. 提供辅助服务

储能装置通过对功率波动的抑制和快速的能量吞吐,可以明显改善分布式发电系统的电能质量。

增强了分布式发电系统可控性,就有可能在提供清洁能源的同时,为大电网提供一些辅助服务。如在用电高峰时分担负荷,在发生局部故障时提供紧急功率支持等。

综上所述,储能装置在分布式发电系统中的作用是非常重要的。

【参考图文】

10.5 分布式发电的发展应用

10.5.1 发展分布式发电的意义和存在的问题

正是由于分布式发电具有诸多优点,大力发展分布式发电具有非常重要的战略意义。

1. 充分利用可再生能源以解决能源与环保问题

在目前的经济技术条件下,除风电以外的各种可再生能源,还不容易做到集中的大规模利用。即使是技术最成熟的风力发电,也只有少数风资源极为丰富的地区才能达到和常规发电相比的规模。于是,分布式发电就成为大量利用可再生能源发电的重要手段,不但能实现能源利用的可持续发展,而且可以解决环境污染和温室气体排放问题。

2. 提高能源利用效率

分布式发电系统,通过就近供能、冷热电联产等方式,可以减少利用过程的能量损耗,提高能源的利用效率。燃料能源燃烧所产生的热能,在发电厂只有三分之一左右能转化为电能,有将近一半的能量会白白流失(除非也采用热电联产),在传输环节也有10%左右的损耗。而分布式发电系统的能量损失要少很多。

而且,有20%左右的发电装机容量只用于满足用电高峰期的需求,其运行时间只占全部机组运行时间的5%,发电量只占发电总量的1%。建设这么多的长期"闲置"机组,在经济上显得很浪费。此外,大量的电力传输只靠若干主要的高压长距离输电线路,集中供电系统的供电线路拥堵问题日益凸显。

3. 解决缺电地区的用电问题

有时由于自然条件太恶劣,现有电力系统到用户的输电线路根本无法架设或建成后会经常出现故障。或者负荷距离现有电力系统太远,输配电系统的投资将会过于巨大。于是,大电网的建设往往不会普及到那些偏远或孤立地区。采用小水电、风力发电、太阳能光伏发电和生物质能发电等分布式发电电源是解决偏远地区用电问题的最佳途径。

4. 为大电网提供补充和支撑

电力系统已经成为当今世界最大的人造动态系统。其规模不断扩大,结构日益复杂,这种发展所带来的安全问题不容忽视。

电力系统发生大面积停电事故后造成的损失与合理可行的恢复供电方案有很大关系。分布式发电中的水轮发电机和燃气轮机等很容易自行启动、恢复速度很快,可作为恢复供电的启动电源。可利用能够自启动的分布式电源在短时间内逐步恢复附近电网的重要负荷,提高对重要用户的供电可靠性。

其次,电力安全是国家安全的重要组成部分。大电网极易受到战争或恐怖势力的破坏,严重时将危害国家的安全。美国"9·11"事件后许多专家提出了战争或恐怖势力对电力安全威胁的问题,而发展分布式发电是解决这一问题的有效手段。

尽管合理的分布式发电可以给系统带来许多效益,但随着分布式发电在配电网的容量和渗透率不断提高,电能质量问题也日渐突出,比如给配电网电压调整造成困难,产生电压闪变,导致电压不平衡,产生谐波畸变和直流注入等,还会对继电保护产生影响。除此之外,分布式发电还存在自身的一些限制,我国油田、油气田数量有限,首先要保证居民的生活用气,因此用于分布式发电的天然气资源有限,使得燃料和价格问题在一定程度上也制约了分布式发电的发展。同时,我国对发展可再生能源的激励机制还不完善,在城市建设分布式发电存在占地问题、能源的双向计量问题等,这些都是我们发展分布式发电需要考虑的因素。

10.5.2 国外分布式发电的发展状况

早在20世纪70年代,分布式电源的概念就已出现,最初应用于通信电源中。1978年美国公共事业管理政策法公布后,分布式发电技术正式得以推广,并很快被其他国家接受。

经过了几十年的发展,分布式发电系统在很多国家已经颇具规模。尤其是"9·11"

【参考图文】

事件发生后，出于对供电安全的考虑，美国加快了分布式供电系统的研究和建设步伐。

美国分布式发电方式包括天然气多联供、中小水能、太阳能、风能、生物质能、垃圾发电等。截至 2008 年，美国小型风机装机总量达到 8 万 kW，主要用于家庭、农场、小企业、工厂、公共设施和学校；屋顶光伏装机已达 300MW；有 350 座生物质发电站，生物质发电的总装机容量已超过 1000 万 kW，占美国可再生能源发电装机的 40%以上。2015 年，风能和光伏电力的增长速度在美国能源增速中跃居首位，对美国新增发电能力的贡献达三分之二。同时，美国不少州和地方政府重申发展低碳经济的承诺，例如，纽约州州长表示，将按计划实现减排目标：到 2020 年将碳排放量在 2005 年基础上削减 26%～28%。他呼吁参加《地区温室气体排放限制计划》(Regional Greenhouse Gas Initiative，RGGI)的各州，在实现 2020 年减排目标之后继续努力，争取到 2030 年将总体排放水平再降低 30%。加利福尼亚州政府宣布，将继续推进全美最高的减排目标：到 2030 年将碳排放水平在 1990 年基础上降低 40%，并通过吸收新参加者扩大其率先建立的碳交易体制的地域范围。

欧盟国家的分布式发电以太阳能光伏、风能和热电联产为主。欧洲风电的发展侧重于分散接入，在正常情况下风电基本在本地或者区域电网范围内就可以消纳。2014 年欧盟委员会公布 2030 年气候和能源政策目标，规定欧盟成员国在 2030 年之前将温室气体排放量削减至比 1990 年水平减少 40%，并保证新能源在欧盟能源结构中至少占 27%。此外，2018 年欧盟委员会提出了 2050 年的气候愿景，这充分说明了欧盟愿意领导全球在应对气候变化方面做出努力，并支持到 2050 年实现全碳中和的目标。

日本的分布式发电以热电联产和太阳能光伏发电为主。2006 年，热电联产装机容量达到 870 万 kW，占日本电力装机 4%。光伏分布式发电应用广泛，不仅用于公园、学校、医院、展览馆等公用设施，还开展了居民住宅屋顶光电的应用示范工程。截至 2009 年年底，日本光伏发电装机总量达到 297.7 万 kW，其中户用光伏系统装机容量占比约 80%。

小知识

丹麦是世界上能源利用效率最高的国家，在过去的 20 年中，GDP 翻了一番，能源消耗却没有增加，污染排放反而大幅度下降。其主要的措施就是大力发展分布式能源，丹麦 80%以上的区域供热能源采用热电联产方式产生。丹麦分布式发电量超过全部发电量的 50%，分散接入低电压配电网的风电总装机容量有 300 万 kW。

10.5.3　我国分布式发电的发展状况

我国的能源利用水平距世界发达国家还有很大的差距，日益增长的电力需求远未得到满足，"大机组、大电厂、大电网"的大规模、集中式电网供电系统将依然是我国目前能源工业的主要发展方向，但大电网快速发展所带来的安全问题是不容忽视的。必须合理调整供电结构，将分布式供电和集中式供电有效地结合起来，建设更加安全稳定的电力系统。

尽管分布式发电在我国处于起步阶段，但分布式发电的特点适应中国电力发展的需求与方向，在中国有着广阔的发展前景。一方面，充分利用可再生能源发电对于中国调整能源结构、保护环境、开发西部、解决农村用能及边远地区用电、进行生态建设等具有重要意义；另一方面，中国可再生能源总的储量丰富，发展潜力十分巨大。中国与分布式发电相关的技术研究和开发已经广泛的展开。

上海、北京、广州等大城市，10多年前就尝试实施分布式供电系统，如今已有成功的范例(上海的浦东国际机场、北京的中燃大厦及广州大学城等)。2005年夏季，我国首个分布式电力技术集成工程中心落户广州，标志着我国分布式供电技术进入实质性发展阶段。冷热电联产技术在分布式供电技术中应用最广泛，发展前景较好，我国大部分地区的住宅、商业大楼、医院、公用建筑、工厂等，都有供电、供暖及制冷需求，而且很多地方配有自备发电设备，这些都为冷热电联产提供了市场。

虽然在相当长的一段时间内，分布式供电系统不会成为我国主要供电、供热形式，但可以预见，20年内将逐步成为我国电力供应系统的一个重要补充。

我国分散式风电发展尚处于起步和探索阶段，2009年，我国提出了分散式风电概念，2011年，国家能源局印发开发建设指导性文件，促进分散式风能资源合理开发利用，启动分散式风电示范项目18个。但受制于低风速风机成本高、项目选址和土地政策、审批手续复杂等多方面的因素，分散式风电发展缓慢。截至2016年底，全国分散式风电项目共有113个完成审核，57个建成发电，装机容量近400万kW，占当年风电全国总装机容量的2%~3%。2017年，国家能源局出台相关文件加快分散式风电发展，要求各省制定"十三五"分散式风电发展方案，并明确分散式风电项目不受年度指导规模的限制，鼓励建设部分和全部电量自发自用以及在微电网内就地平衡的分散式风电项目，并要求电网公司对于规模内的项目应技术确保项目接入电网。多个省(市、自治区)也陆续发布了地方性政策和规划。

2009年至2012年，我国分布式光伏实行初投资补贴政策，基于容量进行一次性投资补贴，开启了分布式光伏市场。随着分布式光伏发电商业模式的成熟，2016年至2018年上半年，我国分布式光伏发电呈现爆发式增长。截至2018年底，我国分布式光伏发电累计并网容量5062万kW，占光伏发电总装机的29%。2018年至2019年初，光伏发电发展政策发生重大调整，要求控制发展节奏，优化新增规模，从单纯的扩大规模向先进技术、扶贫、无补贴平价项目进行倾斜，以提高发展质量。

2016年国家发改委印发《可再生能源发展"十三五"规划》，计划中明确了2016年至2020年我国可再生能源发展的指导思想、发展目标、主要任务、优化资源配置等，为实现2020年非化石能源占一次能源消费比重15%的目标，加快建立清洁低碳、安全高效的现代能源体系，促进可再生能源产业持续健康发展指明了方向。

2017年，国家发改委、国家能源局联合印发《清洁能源消纳行动计划(2018—2020年)》为全面提升清洁能源消纳能力确定明确目标：2018年，清洁能源消纳取得显著成效。到2020年，基本解决清洁能源消纳问题。

2020年4月，国家能源局发布《国家能源局综合司关于做好可再生能源发展"十四五"规划编制工作有关事项的通知》，明确了可再生能源发展"十四五"规划重点。优先开发当地分散式和分布式可再生能源资源，大力推进分布式可再生电力、热力、燃气等在用户侧直接就近利用，结合储能、氢能等新技术，提升可再生能源在区域能源供应中的比重。

中国之最：国内首个正式并网的居民分布式光伏电源

【参考视频】

2013年4月22日，根据国家电网山东青岛供电公司的实时监测数据，位于青岛市的国内首个正式并网的居民分布式光伏电源——徐鹏飞的家庭小"发电厂"(图10.17)，发电收益超过了其家庭同期使用的电网公司电量的支出，实现了用电、卖电的收支平衡，意味其个人光伏电站开始盈利。

该项目建在徐鹏飞所住居民楼楼顶，项目装机总容量2kW，并网电压为220V，采用电量自发自用，余量上网方式并入电网。考虑到阴雨天等特殊天气的影响，预计每年发电2600kW·h，可以节省标准煤0.91t，减少2.6t的二氧化碳排放量。

图10.17 徐鹏飞的家庭小"发电厂"

大电网与分布式电网的结合，被世界许多能源和电力专家公认为是节省投资、降低能耗、提高电力系统稳定性和灵活性的主要方式，是21世纪电力工业的发展方向。

习　　题

一、填空题

1. 新能源分布式电源主要有太阳能光伏电池组、风力发电机组、_____、_____、_____和_____等。

2. 简单来看，分布式供电系统一般都由若干分布式电源、_____、分布式供电网络及控制中心和_____构成。

3. 储能方式主要分为化学储能和物理储能。化学储能主要有_____和_____等，物理储能主要有_____、_____、_____和_____等。

第 10 章 　分布式发电技术

二、选择题

1. 下列说法正确的是(　　)。
   A．分布式发电,是指在一定的地域范围内,由多个甚至多种形式的发电设备共同产生电能,可就地满足较大规模的用电要求
   B．分布式发电一般独立于公共电网而靠近用电负荷,可以包括任何安装在用户附近的发电设施,而不论其规模大小和一次能源种类
   C．分布式发电有很多优点,所以能够替代传统大容量发电系统
   D．分布式电源可广泛采用各种可再生能源发电技术,发电过程中没有污染物排放,噪声也不大

2. 下列(　　)适合应用分布式发电。
   A．边远乡村　　　B．住宅小区　　　C．城市工厂　　　D．学校

3. 下列关于储能的说法正确的是(　　)。
   A．储能装置可以解决分布式发电的波动随机性
   B．超导特性一般需要在很低的温度下才能维持,一旦温度升高,超导体就变为一般的导体,电阻明显增大
   C．电流在超导线圈中循环时没有功率损耗
   D．储能装置可以充当备用或应急电源

三、分析设计题

1. 想一想,在你的家乡或者其他熟悉的地方,是否有建设分布式发电系统的条件?如果有,应该怎样设计?
2. 为西沙群岛的有人居住的岛屿设计一个分布式发电系统。
3. 比较各种分布式电源。
4. 查阅关于储能技术的资料,总结对比目前比较成熟的和未来最有前途的储能技术。
5. 设想一下,如果不希望在分布式发电系统中配置大量的储能装置,有什么可行的思路?

附 录

附录 A 能源的计量

1. 能量及其单位

能量即物体(或系统)对外做功的能力。

能量的基本单位是 J。物体在 1N 力的作用下,在力的方向上移动 1m 距离所做的功,就是 1J。即

$$1J = 1N \cdot m$$

在实际工程中,J 作为能量单位显得太小,也常用 kJ(即 10^3 J)或 MJ(即 10^6 J)。

热量也是能量的一种表现形式,在国际单位制中,热量也是以 J 为单位。在日常生活中,热量的单位也常用 cal(卡路里,简称卡),其与焦耳的换算关系为

$$1 \text{ cal} = 4.1858 \text{ J}$$

2. 功率及其单位

功率是指单位时间内所做的功,是做功快慢程度或能量变化速度的度量。

功率的基本单位是 W,其定义为

$$1W = 1 \text{ J/s}$$

在实际工程中,W 作为功率单位显得太小,也常用 kW(即 10^3W)、MW(即 10^6W)、GW(即 10^9W)。

3. 能量密度和能流密度

在单位空间或单位面积内,能够从某种能源获得的能量,称为能量密度。

在单位空间或单位面积内,能够从某种能源获得的功率,称为能流密度或功率密度。例如,太阳能的能流密度,用 W/m^2 表示;而盐差能的能流密度,有时可以用 W/m^3 表示。

4. 标准煤

由于各种燃料的热值是互不相同的,在统计能源的生产和消费,特别在计算能耗指标时,通常定义一种假想的标准燃料,即标准煤,标准煤的热值为 2.9×10^4 J/kg。

各种燃料均可按平均发热量折算成标准煤。中国各种燃料折算成标准煤的比率是:原煤为 0.714,石油为 1.429,天然气为 1.33,生物燃料或柴草约为 0.6,每千瓦电力的能耗,一般按当年火力发电的实际耗煤量折算成标准煤。

西方国家常用"桶"作为石油计量单位。每桶原油约为 137kg,平均发热量约为 0.2t 标准煤。

附录 B 数量等级

国际通用的数量级及其代表符号见表附-1。

表附-1 国际通用的数量级(103 进制)

数量级	SI 前缀	SI 符号	含 义
1 000 000 000 000 $=10^{12}$	tera	T	太(拉)，万亿
1 000 000 000 $=10^{9}$	giga	G	十亿，千兆
1 000 000 $=10^{6}$	mega	M	兆，百万
1 000 $=10^{-3}$	kilo	k	千
0.001 $=10^{-3}$	milli	m	毫，千分之一
0.000 001 $=10^{-6}$	micro	μ	微，百万分之一
0.000 000 001 $=10^{-9}$	nano	n	纳，十亿分之一
0.000 000 000 001 $=10^{-12}$	pico	p	皮，兆分之一

我国常用的其他数量级见表附-2。

表附-2 我国常用的其他数量级(104 进制)

数量级	名 称	与 SI 符号的对应关系
1,0000,0000,0000 $=10^{12}$	万亿	1 T =1 万亿
1,0000,0000 $=10^{8}$	亿	1 G =10 亿
1,0000 $=10^{4}$	万	10 k =1 万

很多中文文献在介绍数据时，往往把上述数量级混用。需要熟练地掌握这些数量级的对应关系，才能准确地理解数据的具体含义。

例如，表征发电装机容量(安装的全部发电机的额定功率之和)的常用单位有 kW、MW、GW。描述一个装机容量为 5 万 kW 的风电场，也可以说其装机容量为 50MW。说明一个地区的年发电量为 7GW·h，也可以描述为 70 亿 kW·h。

附录 C 常规能源发电技术

C1 火力发电

火力发电，简称火电，是把煤、石油(通常是提取汽油、煤油、柴油后的渣油)、天然气等化石燃料中的化学能通过燃烧转换成热能，并通过热力循环实现电能生产的过程。其基本能量转换过程是"化学能-热能-机械能-电能"。

火电厂按所用燃料可分为燃煤发电厂、燃油发电厂、燃气发电厂等。如果在发电的同时还向外供应热能，就称为热电厂。

火电厂由锅炉、汽轮机和发电机这三大主要设备及相应的辅助设备组成，这些设备通过管道或线路相连构成生产主系统，包括燃烧系统、汽水系统和电气系统。

我国的火电厂大多以煤为燃料。据统计，我国用于发电的煤约占总产量的二分之一，主要靠铁路运输，约占铁路全部运输量的40%。这里就以采用煤粉炉的火电厂为例，介绍火力发电的生产过程。

1. 燃烧系统

燃烧系统的作用是使燃料的化学能在锅炉燃烧中转换为热能，用于加热使锅炉中的水变成蒸汽。

燃烧系统包括锅炉(燃烧部分)和输煤、磨煤、除灰和烟气排放系统等，工作流程如图附.1所示。

煤由传送带输送到锅炉车间的原煤斗，进入磨煤机磨成煤粉。然后与经过预热器预热的空气一起喷入锅炉内燃烧，将煤的化学能转换成热能，烟气经除尘器清除灰分后，由送风机抽出，经高大的烟囱排入大气。炉渣和除尘器下部的细灰则由灰渣泵排至灰场。

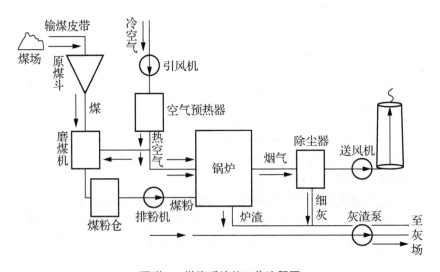

图附.1 燃烧系统的工作流程图

2. 汽水系统

汽水系统的作用是使锅炉产生的蒸汽进入汽轮机，冲动汽轮机的转子旋转，从而将热能转换为机械能。

汽水系统由锅炉、汽轮机、凝汽器、除氧器、加热器等设备及管道构成，包括给水系统、循环水(冷却水)系统和补充给水系统，工作流程如图附.2所示。

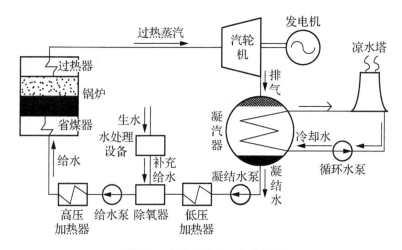

图附.2 汽水系统的工作流程图

水在锅炉中受热后蒸发成蒸汽,被过热器进一步加热,成为具有规定压力和温度的过热蒸汽,然后经过管道送入汽轮机。

在汽轮机中,蒸汽不断膨胀,高速流动,冲击汽轮机的转子,以很高的转速(如 3000r/min)旋转,将热能转换成机械能,从而带动与汽轮机同轴的发电机发电。

在膨胀过程中,蒸汽的压力和温度不断降低。做功后的蒸汽(称为乏汽)从汽轮机下部排出,进入凝汽器,在冷却水的作用下凝结成水。

凝汽器下部所凝结的水由凝结水泵升压后进入低压加热器和除氧器,提高水温并除去水中的氧(防止腐蚀炉管等),再由给水泵进一步升压,然后进入高压加热器,回到锅炉,完成"水-蒸汽-水"的循环。

汽水系统中的蒸汽和凝结水在循环过程中总有一些损失,因此,必须不断向给水系统补充经过化学处理的水。补给水进入除氧器,同凝结水一块由给水泵打入锅炉中。

3. 电气系统

火电厂的电气系统,包括发电机及其辅助设备、输配电系统和厂用电系统。

发电机的轴与汽轮机的轴相连接,由汽轮机拖动发电机旋转,在旋转过程中,发电机把汽轮机输出的机械能转换为电能。发电机发出的三相交流电(额定电压一般在 10~20kV 之间,额定电流可达 20kA 甚至更大),其中一部分(占发电机容量的 4%~8%),通过变压器降低电压后,由电缆供给水泵、送风机、磨煤机等各种辅机和电厂照明等用电,称为厂用电;其余大部分电能,经输配电设备(由变压器、断路器、隔离开关、杆塔、输电线路等组成),输入电力系统或送至用户。

火电厂的主要缺点:①燃料消耗量大,加上运煤费用和大量用水,其单位电量发电成本比水电站要高出 3~4 倍;②动力设备繁多,发电机组控制操作复杂,厂用电量和运行人员都较多,运行费用高;③大型发电机组启动慢,由停机到开机并带满负荷需要几小时到几十小时,并附加耗用大量燃料;④火电厂对空气和环境的污染很大;⑤化石燃料资源有短缺的可能。

C2 水力发电

水力发电,简称水电,是利用天然水资源的位能和动能生产电能。水力发电的基本生产过程:从河流较高处或水库内引水,利用水的压力或流速冲击水轮机旋转,将水能转换为机械能,然后由水轮机带动发电机旋转,将机械能转换为电能。

因为水的能量与其流量和落差(水头)成正比,所以利用水能发电的关键是集中大量的水和造成大的水位落差。天然水能存在的状况不同,开发利用的方式也有所差异。

按集中落差(水头)的方式,水电的开发方式可以分为堤坝式、引水式和混合式等。

水电站建设和生产都受到河流的地形、水量及季节气象条件限制,受到水文气象条件的制约,有丰水期和枯水期之别,因而发电不均衡。大型水力发电会明显影响水质及水流,导致水中的氧气溶解度降低,对岸边生存环境有害;维持水电设施下游的水流最小,对岸边生态环境的存续也是不利的。大型水电站建设投资较大,工期较长,而且兴建水库,还可能淹没土地,造成移民搬迁,并给农业生产带来一些不利,还可能在一定程度上破坏自然界的生态平衡。目前,可用于建设大型水电站的河流大多数已完全开发,发展潜力不大。

不过小型水力发电的影响要小得多,适应性强,适用范围更广,具有很好的发展前景,目前也被认为是一种适合大力发展的可再生新能源。

C3 核电

核能发电,简称核电,主要是利用核燃料裂变反应产生热能,由载热剂(冷却剂)带出,进入蒸汽发生器,再按火电厂的发电方式,将热能转换为机械能,再转换为电能。其产生动力的核心部分是反应堆,相当于火电厂的锅炉。

在核电站中,反应堆和蒸汽发生器所在的部分称为核岛,汽轮机和发电机所在的部分称为常规岛。一座反应堆及相应的设施和它带动的汽轮机、发电机称为一套发电机组。

核能的能量密度很高,铀235(235U)全部裂变时所释放的能量为8×10^{10}J/g,相当于2.7t标准煤完全燃烧时所释放的能量。作为发电燃料,其运输量非常小,发电成本低。利用核能发电还可避免化石燃料燃烧所产生的日益严重的温室效应,节省下来的煤、石油和天然气都是重要的化工原料。

目前世界上应用最多、最有竞争力的是轻水堆核电站,包括压水堆(Pressurized Water Reactor,PWR)核电站和沸水堆(Boiling Water Reactor,BWR)核电站等。轻水堆的堆芯紧凑,作为慢化剂和冷却剂的水具有优越的慢化性能、物理性能和热工性能,与堆芯和结构材料不发生化学作用,价格低廉。这种反应堆具有良好的安全性和经济性。

1. 压水堆核电站

压水堆核电站由两个回路组成,一回路为反应堆冷却剂系统,由反应堆堆芯、主冷却剂泵、稳压器和蒸汽发生器组成。稳压器的作用是使一回路系统的水的压力维持恒定。二回路由蒸汽发生器、水泵、汽水分离器、汽轮机、蒸汽凝结器(凝汽器)组成。一、二回路经过蒸汽发生器进行热交换,一回路的水将核裂变产生的热量带至蒸汽发生器,将二回路的水变成蒸汽,推动汽轮机后,冷凝成水,回到蒸汽发生器再加热变成蒸汽。汽轮机带动发电机发电。图附.3 为压水堆核电站的生产流程示意图。

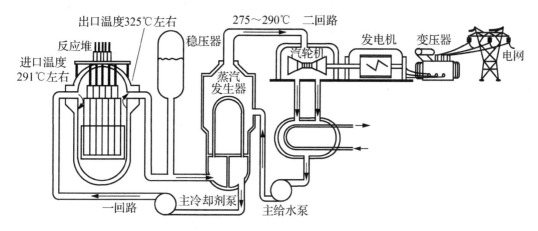

图附.3　压水堆核电站生产流程示意图

压水堆核电站以轻水作慢化剂和冷却剂,反应堆体积小,建设周期短,造价较低;加之一回路系统和二回路系统分开,运行维护方便,需处理的放射性废气、废液、废物少,因此在核电站中占主导地位。

2. 沸水堆核电站

图附.4 为沸水堆核电站的生产流程示意图。沸水堆燃料裂变产生的热量使堆芯中的冷却剂水汽化产生蒸汽,饱和蒸汽经分离器和干燥器除去水分后直接进入汽轮机,推动汽轮机带动发电机发电,因此不需要蒸汽发生器,也没有一回路和二回路之分,系统非常简单。这是沸水堆与压水堆的主要区别,也是沸水堆的主要优点。但沸水堆的蒸汽带有放射性,需将汽轮机归为放射性控制区并加以屏蔽,这增加了检修的复杂性。由于沸水堆芯下部含汽量低,堆芯上部含汽量高,因此下部核裂变的反应性高于上部。为使堆芯功率沿轴向分布均匀,与压水堆不同,沸水堆的控制棒是从堆芯下部插入的。

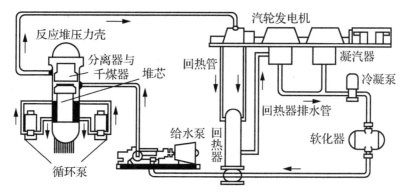

图附.4　沸水堆核电站生产流程示意图

沸水堆在压力容器内冷却剂水处于沸腾的工况下运行。在适当高的压力下(约为70大气压)，沸腾情况稳定，使反应堆能够处于热工稳定的状态下，不过其功率密度低于压水堆。在沸水堆核电站中反应堆的功率主要由堆芯的含汽量来控制。

核电站与传统的热电厂很相似。总效率也相近(介于30%～40%)，且必须有冷却系统。与火电厂相比，核电站的建设费用高，但燃料所占费用较低。核电站在运行过程中，会产生气态、液态和固态的放射性废物，必须遵照核安全的规定进行妥善处理，以确保工作人员和居民的健康。

附录D 国外著名新能源研究机构

作为当今世界耗能最多的大国，美国对新能源的研究利用非常重视，从事新能源领域研究工作的国家级实验室就有好几个，最大的几个见表附-3。

表附-3 美国的新能源领域的国家实验室

实验室英文名称	简称	中文名称
National Energy Technology Laboratory	NETL	国家能源技术实验室
National Renewable Energy Laboratory	NREL	国家可再生能源实验室
Sandia National Laboratory	SNL	圣地亚国家实验室

欧洲在很多可再生新能源的研究利用领域都走在世界前列，从事新能源领域研究工作的大型实验室也有不少，其中比较著名的见表附-4。

表附-4 欧洲新能源领域的著名实验室

实验室英文名称	简称	中文名称	资助国家
National Laboratory for Sustainable Energy	Risø	可持续能源国家实验室	丹麦
German Wind Energy Institute	DEWI	德国风能学会	德国
European Academy of Wind Energy	EAWE	欧洲风能学会	德国、丹麦、希腊、荷兰、西班牙、英国、挪威

附录E 推荐网站

1. 上海交通大学能源研究所网站 http://energy.sjtu.edu.cn
2. 美国可再生能源国家实验室(NREL)网站 http://www.nrel.gov
3. 加拿大自然资源部(CANMET)能源技术中心网站 http://www.retscreen.ca
4. 欧洲可再生能源组织(EREC)网站 http://www.erec-renewables.org
5. 世界新能源网 http://www.86ne.com

6. 国际能源网 http://www.in-en.com
7. 中国新能源网 http://www.newenergy.org.cn
8. 中国新能源信息网 http://newenergy.nengyuan.net
9. 地热资源委员会网站 http://www.geothermal.org
10. 国际地热协会网站 http://www.geothermal-energy.org
11. 中国农业网 http://www.zgny.com.cn
12. 百度百科网站 http://baike.baidu.com
13. 北极星电力网 http://www.bjx.com.cn
14. 中国能源网 https://www.china5e.com/
15. 能源中国 http://www.nengyuancn.com/
16. 中国科学院广州能源研究所 http://www.giec.ac.cn/
17. 全球风能协会网站 https://library.wwindea.org/global

附录 F 光伏发电组件参数与能耗

1. 太阳能电池板规格(简单列举见表附-5)

表附-5 太阳能电池板规格

型号	材料	峰值功率 Pm(watt)	峰值电压 Vmp(V)	峰值电流 Imp(A)	开路电压 Voc(V)	短路电流 Isc(A)	尺寸 (mm)
APM18M5W27x27	单晶硅	5	8.75	0.57	10.5	0.66	265*265*25
APM36M5W27x27	单晶硅	5	17.5	0.29	21.5	0.32	265*265*25
APM18P5W27x27	多晶硅	5	8.75	0.57	10.5	0.66	265*265*25
APM36P5W27x27	多晶硅	5	17.5	0.29	21.5	0.32	265*265*25
APM36M10W36x30	单晶硅	10	17.5	0.57	21.5	0.65	301*356*25
APM36P25W68x36	多晶硅	25	17.5	1.43	21.5	1.61	356*676*28
APM72M100W108x80	单晶硅	100	35	2.86	43	3.23	800*1080*40
APM72M150W158x81	单晶硅	150	34.4	4.36	43.2	4.9	1580*808*35
APM72P150W158x81	多晶硅	150	35	4.3	44	4.7	1580*808*35
APM54P200W148x99	多晶硅	200	26.2	7.63	33.4	8.12	990*1480*46

2. 太阳能电池板寿命

钢化玻璃层压封装的太阳能电池板寿命为 25 年，PET 层压封装的太阳能电池板寿命为 5-8 年，滴胶封装的太阳能电池板寿命为 2～3 年。现在市场上的太阳能电池板 95%以上是钢化玻璃层压封装的太阳能电池板。

光伏组件的寿命是由其发电效率决定的，而 PN 结的结合程度和硅片的纯度决定了太阳能电池板在同样光的照射下产生电能的强度，随着时间的推移，PN 结会不断破裂，这样效率会不断下降,15 年后转换效率为 90%以上,25 年后将下降到 85%左右,所以光伏组件的寿命基本在 20 年以上。

3. 太阳能电池板价格(参考价)

单晶硅太阳能电池板 5W(约¥17.00)、10W(约¥20.00)、100W(约¥180.00)、150W(约¥240.00)、250W(约¥390.00)、370W(约¥620.00)。

多晶硅太阳能电池板 25W(约¥45.00)、70W(约¥145.00)、150W(约¥230.00)、200W(约¥300.00)、250W(约¥370.00)、300W(约¥430.00)。

4. 光伏组件的能耗

以最常见的 310W(60 片)单晶 PERC 组件为例,展示该组件从生产到发电所需的总能耗情况,如表附-6 所示。

表附-6 310W 组件从生产到发电所需的总能耗

生产环节	310W(60 片)用量		单位耗能		总耗能(kW·h)
	用量	单位	用电量	单位	
硅砂-金属硅	2.91	kg	12.00	kW·h/kg	34.93
金属硅-太阳能级硅	1.10	kg	60.00	kW·h/kg	66.15
太阳能级硅-硅棒	0.98	kg	37.16	kW·h/kg	36.58
硅棒-硅片	60.00	片	0.08	kW·h/kg	4.50
硅片-电池片	310.00	W	0.10	kW·h/kg	29.64
电池片-组件	310.00	W	0.29	kW·h/kg	90.68
逆变器、支架等设备	310.00	W	0.25	kW·h/kg	77.50
设备运输、土建工程	310.00	W	0.11	kW·h/kg	34.10
60 片、310W 光伏组件实现发电的总能耗(kW·h)					374.07

附录 G 风力机规格与参数

1. 风机型号及参数

目前,我国有大型风力发电机组制造企业若干,小规模企业也有很多,它们生产的风机型号也有所差别。选择风机类型时要考虑的参数有很多,例如下列参数。

运行数据:额定功率、额定风速、切入风速、切出风速、运行温度、风场等级等;
风轮:风轮直径、扫风面积、转速范围等;
其他:齿轮箱结构、发电机类型、塔筒类型、寿命等。
下面列举其中一种型号的基本参数(如表附-7),仅供大家参考。

表附-7 BY-1.5MW系列叶片参数

叶片长度	l	37.5m	40.3m	±20mm
最大弦长	C_{root}	3.1m	3.13m	
最大弦长位置		距离叶根7.5m处	距离叶根7.5m处	
叶片面积		169m²	170m²	
挥舞方向一阶频率	玻纤	0.91	0.871	
	碳纤维/玻纤混杂		0.91	
摆动方向一阶频率	玻纤	1.63	1.51	
	碳纤维/玻纤混杂		1.55	
叶片重量(含螺栓)	玻纤	6050Kg	6100Kg	±3.0%
	碳纤维/玻纤混杂		5810Kg	±3.0%
旋转方向		顺时针	顺时针	
节圆直径	D_{in}	1800mm	1800mm	
切入风速	V_{in}	3.5m/s	3m/s	
切出风速	V_{out}	25m/s	25m/s	
额定风速	V	s11.0m/s	s10.5m/s	
额定功率	K	1500Kw	150OKw	
风轮额定转速		17.4rpm	17.4rpm	
电机额定转速		1800rpm	1800rpm	
设计尖速比		8.5	8.7	
根部连接		M30-54	M30-54	
风场等级		IEC ⅡA	IEC ⅢA	
材料体系	叶片壳体、加强筋	玻纤增强环氧树脂	玻纤增强环氧树脂 碳纤、玻纤混杂增强环氧树脂	
	夹心增强	Balsa、PVC	Balsa、PVC	
	粘结胶	环氧基材料	环氧基材料	
	根部螺栓	42CrMo	42CrMo	
	叶根法兰	Q345E 热镀锌	Q345E 热镀锌	
叶片数		3	3	
运行温度	℃	-30~+50	-30~+50	

2. 风轮直径

风轮直径即风机叶片扫过圆的直径,风轮直径与风机功率有很大的相关性,一般来说,风机发电功率越大,其叶轮直径越大。目前我国常见的风轮直径如表附-8。

表附-8　我国常见的风轮直径

发电功率/MW	风轮直径/m
1.5	65、70、77、82、88 等
2.5	80、90、100、117 等
3	90、110 等
4.5	125 等
6	130 等

参 考 文 献

白瑞明, 2007. 浅述太阳能热发电的发展历史和现状[J]. 中国建设动态(阳光能源), (01): 65–66.
保罗·克留格尔, 2007. 可再生能源开发技术[M]. 朱红, 译. 北京: 科学出版社.
曾国揆, 谢建, 尹芳, 2005. 沼气发电技术及沼气燃料电池在我国的应用状况与前景[J]. 可再生能源, (01): 38–40.
陈泽宇, 邢献军, 李永玲, 等, 2020. 城市生活垃圾与生物质成型燃料混合热解特性及动力学研究[J]. 太阳能学报, 41(10): 340–346.
程逢科, 等, 2006. 中小型火力发电厂生产设备及运行[M]. 北京: 中国电力出版社.
程时杰, 文劲宇, 孙海顺, 2005. 储能技术及其在现代电力系统中的应用[J]. 电气应用, (04): 1-2+4-6+8-19.
邓隐北, 熊雯, 2004. 海洋能的开发与利用[J]. 可再生能源, (03): 70–72.
冯垛生, 2007. 太阳能发电原理与应用[M]. 北京: 人民邮电出版社.
郭新生, 2007. 风能利用技术[M]. 北京: 化学工业出版社.
韩雪, 任东明, 胡润青, 2019. 中国分布式可再生能源发电发展现状与挑战[J]. 中国能源, 41(06): 32-36+47.
韩中合, 祁超, 丁敬, 等, 2019. 基于太阳能和生物质能的农村分布式供能系统研究[J]. 太阳能学报, 40(11): 3164–3171.
洪明子, 崔明灿, 2005. 燃料电池发电技术[J]. 吉林化工学院学报, (03): 23–27.
胡兴军, 2008. 世界太阳能发电产业的发展形势及可借鉴政策[J]. 中国照明电器, (01): 18-20+24.
胡学浩, 2008. 分布式发电与微型电网技术[J]. 电气时代, (12): 77–78.
胡亚范, 马予芳, 张永贵, 2007. 绿色能源——氢能[J]. 节能技术, (05): 466–469.
黄玉文, 钟奇振, 2017. 探秘世界最大生物质发电厂[J]. 环境, (07): 56–58.
靳智平, 2004. 燃料电池发电技术在我国电力系统的应用[J]. 电力学报, (01): 4-6, 11.
李国俊, 2007. 浅谈新能源发电技术的潜力[J]. 内蒙古石油化工, (03): 133–134.
李国全, 2005. 21世纪我国太阳能发电的趋势[J]. 农村电工, (04): 43.
李华明, 肖劲松, 2005. 全球风能技术——2003—2004年发展回顾[J]. 太阳能, (01): 49-51+34.
李书恒, 郭伟, 朱大奎, 2006. 潮汐发电技术的现状与前景[J]. 海洋科学, (12): 82–86.
李志茂, 朱彤, 2007. 世界地热发电现状[J]. 太阳能, (08): 10–14.
刘刚, 沈镭, 2007. 中国生物质能源的定量评价及其地理分布[J]. 自然资源学报, (01): 9–19.
刘江华, 2007. 氢能源——未来的绿色能源[J]. 新疆石油科技, (01): 72–77.
刘时彬, 2005. 地热资源及其开发利用和保护[M]. 北京: 化学工业出版社.
刘伟民, 刘蕾, 陈凤云, 等, 2020. 中国海洋可再生能源技术进展[J]. 科技导报, 38(14): 27–39.
刘伟民, 麻常雷, 陈凤云, 等, 2018. 海洋可再生能源开发利用与技术进展[J]. 海洋科学进展, 36(01): 1–18.
马冬娜, 2015. 海洋能发电综述[J]. 科技资讯, 13(21): 246–247.
马隆龙, 唐志华, 汪丛伟, 等, 2019. 生物质能研究现状及未来发展策略[J]. 中国科学院院刊, 34(04): 434–442.
马栩泉, 2005. 核能开发与应用[M]. 北京: 化学工业出版社.
毛宗强, 2007a. 氢能知识系列讲座(2)——氢从哪里来?[J]. 太阳能, (02): 20–22.
毛宗强, 2007b. 氢能知识系列讲座(3)——如何把氢储存起来?[J]. 太阳能, (03): 17–19.

牛微, 李珊珊, 2005. 我国新能源发电技术应用现状及发展[J]. 沈阳工程学院学报(自然科学版), (04): 34–36.

彭景平, 陈凤云, 刘伟民, 等, 2012. 海洋温差发电技术的现状及其商业化可行性探讨[J]. 绿色科技, (11): 241–243.

邱国福, 汤志成, 2019. 我国海洋能发电的现状及前瞻——写在舟山LHD模块化潮流发电并网试运行三周年之际[J]. 中国电力企业管理, (16): 54–56.

戎志梅, 2006. 从战略高度认识开发生物质能产业的重要意义[J]. 精细化工原料及中间体, (07): 7–10.

施涛, 马海艳, 高山, 2006. 燃料电池发电技术介绍[J]. 江苏电机工程, (04): 82–84.

苏亚欣, 毛玉如, 赵敬德, 2006. 新能源与可再生能源概论[M]. 北京: 化学工业出版社.

汪秀丽, 2007. 世界发达国家可再生能源发展及启示[J]. 水利电力科技, (04): 9–16.

王斌, 2008. 可再生能源与电力开发[J]. 中国电力教育, (14): 12–15.

王成山, 王守相, 2008. 分布式发电供能系统若干问题研究[J]. 电力系统自动化, (20): 1-4, 31.

王革华, 2006. 新能源概论[M]. 北京: 化学工业出版社.

王宏伟, 李亚峰, 林豹, 等, 2002. 地热能在我国的应用[J]. 可再生能源, (05): 32–34.

王金全, 王春明, 张永, 等, 2002. 氢能发电及其应用前景[J]. 解放军理工大学学报(自然科学版), (06): 50–56.

王恰, 2020. 中国风电产业40年发展成就与展望[J]. 中国能源, 42(09): 28-32, 9.

王晓蓉, 王伟胜, 戴慧珠, 2004. 我国风力发电现状和展望[J]. 中国电力, (01): 85–88.

王信茂, 2007. 分布式能源系统发展相关问题探讨[J]. 电力技术经济, (03): 6-8, 38.

王燕, 刘邦凡, 赵天航, 2017. 论我国海洋能的研究与发展[J]. 生态经济, 33(04): 102–106.

魏晓霞, 刘士玮, 2010. 国外分布式发电发展情况分析及启示[J]. 能源技术经济, 22(09): 58-61, 65.

吴治坚, 2006. 新能源和可再生能源的利用[M]. 北京: 机械工业出版社.

伍赛特, 2019. 微型燃气轮机技术特点研究及其应用于分布式发电领域的前景展望[J]. 通信电源技术, 36(06): 45–48.

邢运民, 陶永红, 2007. 现代能源与发电技术[M]. 西安: 西安电子科技大学出版社.

熊信银, 2004. 发电厂电气部分[M]. 北京: 中国电力出版社.

徐锦才, 董大富, 张巍, 2007. 可再生能源多能互补发电综述[J]. 小水电, (03): 12–14.

许世森, 朱宝田, 2001. 探讨我国电力系统发展燃料电池发电的技术路线[J]. 中国电力, (07): 12-15, 84.

严俊杰, 黄锦涛, 何茂刚, 2006. 冷热电联产技术[M]. 北京: 化学工业出版社.

杨策, 刘宏伟, 李晓, 等, 2003. 微型燃气轮机技术[J]. 热能动力工程, (01): 1-4, 104.

杨建锋, 王尧, 马腾, 等, 2019. 美国干热岩地热资源勘查开发现状、战略与启示[J]. 国土资源情报, (06): 8-14, 56.

杨培宏, 刘文颖, 2007. 分布式发电的种类及前景[J]. 农村电气化, (03): 54–56.

杨勇平, 董长青, 张俊姣, 2007. 生物质发电技术[M]. 北京: 中国水利水电出版社.

叶锋, 2008. 新能源发电——实现人类的可持续发展[J]. 农业工程技术(新能源产业), (01): 18–22.

中国可再生能源学会光伏专业委员会, 2020a. 2019年中国光伏技术发展报告——新型太阳电池的研究进展(2)[J]. 太阳能, (06): 5–16.

中国可再生能源学会光伏专业委员会, 2020b. 2020年中国光伏技术发展报告——晶体硅太阳电池研究进展(1)[J]. 太阳能, (10): 5–12.

袁振宏, 雷廷宙, 庄新姝, 等, 2017. 我国生物质能研究现状及未来发展趋势分析[J]. 太阳能, (02): 12-19, 28.

张蓓蓓, 胡林, 2018. 我国生物质原料资源及能源潜力评估[D]. 中国农业大学.

张洪楚, 1994. 水电站[M]. 北京: 水利水电出版社.

张理，李志川，2016．潮流能开发现状、发展趋势及面临的力学问题[J]．力学学报，48(05)：1019–1032．
张世敏，张无敌，尹芳，等，2008．21世纪的绿色新能源——燃料电池[J]．科技创新导报，(18)：116–117．
赵铁珏，2009．超导储能装置介绍及其提高电力系统暂态稳定性的研究[J]．广东输电与变电技术，11(02)：1–5．
赵豫，于尔铿，2004．新型分散式发电装置——微型燃气轮机[J]．电网技术，(04)：47–50．
郑剑，刘克，申金平，2006．分布式供电系统对电网的影响[J]．东北电力技术，(04)：4-6，24．
郑克棪，潘小平，2009．中国地热发电开发现状与前景[J]．中外能源，14(02)：45–48．
中国国家发展和改革委员会，2007．国际可再生能源现状与展望[M]．北京：中国环境科学出版社．
中国可再生能源学会光伏专业委员会，2020．2019年中国光伏技术发展报告——新型太阳电池的研究进展(3)[J]．太阳能，(07)：5–9．
中国石油新闻中心，2010．请经济照照能源的镜子[J]．中国石油报，(2)：2．
周晓曼，2008．风光互补发电系统[J]．农村电气化，(01)：48–49．
朱成章，2007．聚焦中国节能减排[J]．大众用电，(12)：3–5．
朱家玲，等，2006．地热能开发与应用技术[M]．北京：化学工业出版社．
左然，施明恒，王希麟，2007．可再生能源概论[M]．北京：机械工业出版社．
PATEL M R，2005．Wind and Solar Power System：Design，Analysis，and Operation[M]．2版．CRC Press．

北大版·本科电气类专业规划教材

图文案例　精美课件　在线答题　课程平台　教学视频

部分教材展示

 扫码进入电子书架查看更多专业教材，如需申请样书、获取配套教学资源或在使用过程中遇到任何问题，请添加客服咨询。